# 機器分析化学

津田孝雄　廣川　健
〔編著〕

| | | |
|---|---|---|
| 北川慎也 | 伊藤一明 | 宮部寛志 |
| 早川慎二郎 | 内田哲男 | 堀　靖郎 |
| 山崎重雄 | 酒井忠雄 | 木谷　晧 |
| 吉野明広 | 升島　努 | 平川靖之 |
| 沢辺恭一 | 栗原一嘉 | 鈴木孝治 |
| 真鍋　敬 | 伏見公志 | |

〔著〕

朝倉書店

■編 集
津 田 孝 雄
廣 川   健

■執筆者
津 田 孝 雄　名古屋工業大学インキュベーション施設
廣 川   健　広島大学大学院工学研究科
北 川 慎 也　名古屋工業大学大学院工学研究科
伊 藤 一 明　近畿大学工学部生物化学工学科
宮 部 寛 志　富山大学工学部物質生命システム工学科
早 川 慎 二 郎　広島大学大学院工学研究科
内 田 哲 男　名古屋工業大学大学院工学研究科
堀   靖 郎　名古屋工業大学大学院工学研究科
山 崎 重 雄　岡山理科大学理学部基礎理学科
酒 井 忠 雄　愛知工業大学工学部応用化学科
木 谷   晧　広島大学大学院工学研究科
吉 野 明 広　名古屋工業大学テクノイノベーションセンター
升 島   努　広島大学大学院医歯薬学総合研究科
平 川 靖 之　広島大学大学院医歯薬学総合研究科
沢 辺 恭 一　名古屋大学大学院工学研究科
栗 原 一 嘉　独立行政法人 情報通信研究機構基礎先端部門
鈴 木 孝 治　慶應義塾大学理工学部応用化学科
真 鍋   敬　愛媛大学理学部物質理学科
伏 見 公 志　北海道大学大学院工学研究科

(執筆順)

# 序

　化学物質の計量，組成分析の操作は機器に頼っている．ヒトの手では，重さを感じ，運んだり，混ぜたりできるが，物を正確に把握することはできない．正確に把握するには，いろいろな作動原理を複合化した機器分析装置を用いることになる．この作動原理を把握することが，装置の有効利用に欠かせない．

　試料を存在状態のまま把握することは，非常に難しい．少し手を加え，できるだけもとの状態が想定できるようにして，計測する．この方法論の発達こそが，科学の進歩を示す．自然を把握することは難しく，それに限りなく近づくことにより，新たな自然の摂理や躍動をとらえることができる．

　機器分析の発達は，新しい科学分野を開く．また，新たな科学分野の進展の要求による道具づくりから，新装置が生まれてくる．しかしながら，複雑な装置や巨大な装置であっても，その動作原理は，日常の生活で用いている原理を巧みに利用しているに過ぎない．このことがわかると，非常に身近に科学に近づくことができ，理解しやすくなる．ヒトの作った物は，私たちの理解を超えるものでもなく，むしろその巧みな利用に感嘆することが多い．

　本書を学び，機器分析装置のなりたちを理解し，機器分析装置・器材の原理的な把握をしていただきたい．執筆者は実際に装置を駆使し，活発に研究活動を推進している方にお願いした．文章の合間から，研究者の科学への情熱を感じていただけよう．そのことは読者の理解を深め，その利用を助けることになる．

　本書が，読者諸氏の新たな科学への創造への一助になれば非常な喜びである．ご意見をお寄せいただき，本書をユニークな"機器分析化学入門書"に育てていただければ幸いである．

　本書の出版に際して，努力いただいた朝倉書店に感謝する．

　2004 年 11 月

津田孝雄

廣川　健

# 目　　次

## Ⅰ．分析化学の基礎

**1. 分析法の要素と単位** ……………………………………………………（廣川　健）…2
　1.1　各種分析法の要素 ………………………………………………………………2
　1.2　SI 単位と濃度表記 ………………………………………………………………3
　1.3　測定誤差 …………………………………………………………………………3

**2. 基礎溶液化学** ……………………………………………………………（廣川　健）…5
　2.1　酸・塩基平衡 ……………………………………………………………………5
　　a. 電解質溶液の化学平衡と 3 種の基本則 ………………………………………5
　　b. 電解質溶液のイオン強度 ………………………………………………………6
　　c. 酸と塩基 …………………………………………………………………………6
　　d. 酸・塩基の強さ …………………………………………………………………7
　　e. 非水溶媒系での $pK_a$ ……………………………………………………………8
　　f. $pK_a$ と解離度 ……………………………………………………………………8
　　g. 多塩基酸の解離と逐次解離定数 ………………………………………………9
　　h. 両性電解質の解離平衡 …………………………………………………………10
　　i. 電解質溶液の pH ………………………………………………………………10
　　j. pH 緩衝溶液 ……………………………………………………………………12
　　k. 中和滴定における pH 変化 ……………………………………………………13
　2.2　錯形成平衡 ………………………………………………………………………16
　　a. 単座配位子による錯形成 ………………………………………………………16
　　b. キレート錯体の生成 ……………………………………………………………17
　　c. キレート錯体生成における pH の影響 ………………………………………18
　　d. キレート滴定 ……………………………………………………………………19
　　e. クラウンエーテルの錯形成 ……………………………………………………20
　2.3　沈殿形成反応と溶解度積 ………………………………………………………20
　2.4　電解質溶液の電気伝導とイオン移動度 ………………………………………21
　　a. 当量伝導度の極限値 ……………………………………………………………22
　　b. イオン独立移動の法則 …………………………………………………………22
　　c. 電気泳動移動度 …………………………………………………………………22
　　d. 電気浸透流 ………………………………………………………………………25

2.5 酸化と還元 ……………………………………………………………………… 26
　a. 酸化還元滴定 ………………………………………………………………… 26
　b. 電極反応 ……………………………………………………………………… 26
　c. 電気化学検出 ………………………………………………………………… 27

# II. 機器分析と応用

## 1. 分　　離

1.1 クロマトグラフィー ………………………………………(北川慎也・津田孝雄)… 30
　a. クロマトグラフィーの基礎 ………………………………………………… 30
　b. ガスクロマトグラフィー …………………………………………………… 34
　c. 液体クロマトグラフィー …………………………………………………… 36
　d. 薄層クロマトグラフィー・ペーパークロマトグラフィー ……………… 38
　e. クロマトグラフィー分離の理論 …………………………………………… 41
　f. クロマトグラフィーのパラメーター ……………………………………… 45
　g. イオンクロマトグラフィー …………………………………(伊藤一明)… 47

1.2 キャピラリー電気泳動法 ……………………………………………(廣川　健)… 53
　a. キャピラリー電気泳動法の概要 …………………………………………… 54
　b. キャピラリー電気泳動装置 ………………………………………………… 56
　c. 定性分析 ……………………………………………………………………… 57
　d. 定量分析 ……………………………………………………………………… 58
　e. 検出濃度下限 ………………………………………………………………… 58
　f. オンライン前濃縮 …………………………………………………………… 58

1.3 遠心分離, 抽出, 超臨界抽出, 沈殿 …………………………………(宮部寛志)… 60
　a. 遠心分離 ……………………………………………………………………… 60
　b. 抽　出 ………………………………………………………………………… 60
　c. 超臨界抽出 …………………………………………………………………… 63
　d. 沈　殿 ………………………………………………………………………… 63

1.4 分析のための試料の前処理 …………………………………………(宮部寛志)… 64
　a. 分析を妨害するマトリックスからの目的成分の分離と濃縮 …………… 65
　b. 分析試料調製のための前処理 ……………………………………………… 65

## 2. 電磁波を用いる分析法 ………………………………………………………………… 68

2.1 赤外線分光法 ……………………………………………………………(廣川　健)… 68
　a. 水分子の分子振動 …………………………………………………………… 68
　b. 分子振動の対称性と選択律 ………………………………………………… 70
　c. 特性吸収 ……………………………………………………………………… 70
　d. 赤外線分光光度計 …………………………………………………………… 70

 2.2 ラマン分光法 ……………………………………………(廣川　健)…71
  a. ラマン分光法の特徴 …………………………………………………72
  b. ラマン分光光度計 ……………………………………………………72
 2.3 紫外・可視分光法 …………………………………………(廣川　健)…73
  a. ランベルト-ベールの法則 ……………………………………………74
  b. 紫外・可視分光光度計 ………………………………………………74
 2.4 X線分析法 ………………………………………………(早川慎二郎)…75
  a. X線回折法 ……………………………………………………………76
  b. 蛍光X線法 ……………………………………………………………77

## 3. 温度を用いた分析法 …………………………………………………………79
 3.1 原子吸光法，誘導結合プラズマ原子発光法，および誘導結合
   プラズマ質量分析法 ………………………………………(内田哲男)…79
  a. 原子スペクトル法の基礎 ……………………………………………79
  b. 原子吸光分析法 ………………………………………………………80
  c. 原子発光分析法 ………………………………………………………81
  d. ICP-MS分析法 ………………………………………………………83
 3.2 示差熱分析法 ………………………………………………(堀　靖郎)…83
  a. はじめに ………………………………………………………………83
  b. 示差熱分析の原理 ……………………………………………………84
  c. TG-DTAの実際 ………………………………………………………86
  d. 示差走査熱量計 ………………………………………………………87
  e. DSC測定例 ……………………………………………………………88

## 4. 化学反応を利用した分析法 …………………………………………………90
 4.1 発光分析法と原理 …………………………………………(山崎重雄)…90
  a. 発光試薬と反応機構 …………………………………………………90
  b. 化学発光の量子収率 …………………………………………………92
  c. 装置と測定 ……………………………………………………………92
  d. 応用例 …………………………………………………………………93
 4.2 蛍光分析 ……………………………………………………(山崎重雄)…96
  a. 蛍光放射 ………………………………………………………………97
  b. 試料濃度と蛍光強度 …………………………………………………98
  c. 量子収率 ………………………………………………………………98
  d. 蛍光の消光 ……………………………………………………………99
  e. 測定装置 ………………………………………………………………99
 4.3 リン光分析法 ………………………………………………(山崎重雄)…101
  a. 原　理 …………………………………………………………………101

b. 測定方法 ……………………………………………………………102
　4.4　フローインジェクション分析 ……………………………(酒井忠雄)…103
　　　a. フローインジェクション分析の原理 ………………………………103
　　　b. 反応システムの構成 …………………………………………………104
　　　c. カラムを組み込んだフローシステム ………………………………106
　　　d. 溶媒抽出／FIA 法 ……………………………………………………107
　　　e. 多成分同時分析システム ……………………………………………108

## 5. 電子移動，イオン，移動を伴う分析法 ……………………(木谷　晧)…111
　5.1　電気化学，ボルタンメトリー ………………………………………111
　　　a. 電流-電位曲線の測定 …………………………………………………111
　　　b. 電極反応速度論 ………………………………………………………111
　　　c. 電極と測定 ……………………………………………………………113
　　　d. ポーラログラフィー …………………………………………………115
　　　e. ボルタンメトリー ……………………………………………………116
　　　f. 他の電気化学測定法 …………………………………………………118
　　　g. アンペロメトリーの応用 ……………………………………………119
　5.2　イオン選択性電極 ……………………………………………………121
　　　a. ポテンシオメトリー …………………………………………………121
　　　b. 電気化学の平衡論 ……………………………………………………122
　　　c. 測定システム …………………………………………………………123
　　　d. pH メーター …………………………………………………………125
　　　e. 種々のイオン選択性電極 ……………………………………………126
　　　f. ポテンシオメトリーの応用 …………………………………………130

## 6. 核磁気共鳴法 ……………………………………………………(吉野明広)…132
　　　a. 測定装置と試料調製 …………………………………………………132
　　　b. NMR と原子核 ………………………………………………………133
　　　c. NMR の原理 …………………………………………………………133
　　　d. 電子遮へいからくる化学シフト ……………………………………134
　　　e. 近傍の原子核との相互作用：スピン-スピン結合定数 …………134
　　　f. プロトン NMR のデータ解析 ………………………………………135
　　　g. カーボン NMR のデータ解析 ………………………………………136
　　　h. NMR から得られる情報 ……………………………………………137
　　　i. 固体における NMR の進歩 …………………………………………138
　　　j. NMR 影像法（MRI）…………………………………………………139

## 7. 電子スピン共鳴法 ………………………………………………(堀　靖郎)…140

a. 測定原理 …………………………………………………………………… 140
　　b. 測定装置 …………………………………………………………………… 142
　　c. 試料調製 …………………………………………………………………… 142
　　d. 付属装置 …………………………………………………………………… 143
　　e. 等方的 ESR スペクトル …………………………………………………… 144
　　f. 固体中の異方的 ESR スペクトル ………………………………………… 145

**8. 質量分析法** ………………………………………………（升島　努・平川靖之）… 147
　　a. 質量分析器の概要 ………………………………………………………… 147
　　b. 分子イオン化法 …………………………………………………………… 147
　　c. 質量分析システム ………………………………………………………… 150

**9. 走査プローブ顕微鏡** ………………………………………………（沢辺恭一）… 157
　9.1 走査プローブ顕微鏡の歴史 ………………………………………………… 157
　　a. 走査トンネル顕微鏡の出現 ……………………………………………… 157
　　b. 原子間力顕微鏡の出現 …………………………………………………… 158
　　c. 走査プローブ顕微鏡 ……………………………………………………… 159
　　d. トンネル効果 ……………………………………………………………… 160
　　e. 走査プローブ顕微鏡の分解能 …………………………………………… 160
　9.2 走査トンネル顕微鏡 ………………………………………………………… 162
　　a. STM で見える原子と見えない原子 ……………………………………… 162
　　b. STM の測定モード ………………………………………………………… 165
　　c. STM を利用した単一分子の化学反応 …………………………………… 165

**10. 分子間力を用いる分析法：表面プラズモン共鳴** …………（栗原一嘉・鈴木孝治）… 167
　　a. 生体高分子間相互作用 …………………………………………………… 167
　　b. 表面プラズモン共鳴現象 ………………………………………………… 167
　　c. リガンドとアナライト …………………………………………………… 171
　　d. センサーグラム …………………………………………………………… 172
　　e. SPR センサーの実際 ……………………………………………………… 173

**11. タンパク質分析法・DNA 分析法** …………………………………（真鍋　敬）… 175
　11.1 タンパク質分析法 …………………………………………………………… 175
　　a. タンパク質の構造と分離精製法 ………………………………………… 175
　　b. タンパク質のアミノ酸配列の決定あるいは立体構造解析 …………… 184
　11.2 DNA の性質と機器分析 …………………………………………………… 187
　　a. DNA の検出・分離法 ……………………………………………………… 188
　　b. DNA の検出・構造解析法 ………………………………………………… 188

## 12. 光学活性体の分離 ……………………………………………(津田孝雄)…190
   a. 生命体の光学活性認識 ……………………………………………………190
   b. 化学物質相互作用による光学活性体の分離 ……………………………190
   c. 固定相-溶質間の光学異性体認識 …………………………………………190
   d. 光学活性認識の基本 ………………………………………………………192

## 13. 腐食現象への走査型電気化学顕微鏡でのアプローチ …………(伏見公志)…194
   a. 界面で起こる反応が見える！ ……………………………………………194
   b. SECMの動作原理 …………………………………………………………194
   c. 不均一な純鉄の表面 ………………………………………………………195
   d. 選択的に起きる腐食の起点を探る ………………………………………196
   e. 不働態皮膜の破壊メカニズム ……………………………………………196
   f. SECMの可能性 ……………………………………………………………197

索　　引 …………………………………………………………………………199

# I

## 分析化学の基礎

# 1 分析法の要素と単位

　分析 (analysis) の語源はギリシャ語で，おのおのに (ana) 分解する (lysis) という意味である．R. Boyle (英) が1680年ごろ初めて使用したといわれている．「分」は刀を持って切り分けること，「析」は斧を持って木を割り砕くことであり，「要素還元論」の立場から複雑な物質系や種々の事象を解析するという意味で広く使用されている．基礎科学における分析の目的は自然（物質系）の認識，応用科学においては対象物の挙動の予測，挙動の制御などがあげられる．

　自然科学における分析は，大きく化学分析と物理分析とに分類できる．化学分析は物質を解析し，化学種や存在比を決定する化学的な手法を意味し，pH変化や沈殿生成など，物質間の化学的相互作用（化学反応）を利用する．一方物理分析は物質を解析し，化学種や存在比を決定する物理的な手法を意味し，物質と熱・電磁波・磁場などの物理的相互作用（吸収・放射など）を利用する．現代の分析化学は両者を総合的に利用し，「物質系から化学情報（化学組成・存在状態）を抽出する科学・技術に関する学問領域」であり，物質系から化学情報を抽出する（キャラクタリゼーションを行う）科学（計測科学）といえよう．いわゆる環境問題の重要性が認識されてきた過程は，高感度な計測手法の発展と密接に関係していることからも明らかなように，分析化学に対する社会の要求は他の学問と同様に時代により変化し，新しい機能材料の開発，生命現象の解明，工業プラントにおける生産の監視，製品の品質管理，汚染監視などに役立つ方法で，迅速・正確・高感度・非侵入的で非破壊的・低廉な分析法の開発・改良が求められている．

　これらの目的のため，先端的な分析法は多くは高度に装置化され，各種の機器分析法として利用されている．特にコンピューターの進歩により，制御・解析の自動化が著しく，分析装置はブラックボックス化する傾向がある．進化した各種機器分析装置を使いこなすためには，各分析法の基礎を十分に理解する必要がある．

## 1.1　各種分析法の要素

　分析法（化学情報の測定法）は必ず次のような5要素から構成されている．

　① サンプリング：試料採取（分離操作その他の前処理を含むことがある）．

　② プローブ (probe, 探針)：試料に作用し，信号を励起する源で，化学分析における分析試薬や物理分析における電磁波などが相当する．

　③ 現象：プローブと試料の相互作用（化学反応，物理現象）で起こる現象で，測定試料から情報を取り出す本質的な部分である．

　④ 信号発生と検出：現象（相互作用）の結果．

　⑤ データ処理：分析結果の算出（統計処理），グラフ化など最終的に分析者とのインタフェースとなる．

化学分析でのプローブは各種試薬であり，中和，酸化・還元，錯形成，沈殿生成などの現象の結果としてpH変化，沈殿，色調変化（指示薬）などを信号として検出している．また，物理分析では電磁波，電場，磁場，電子，イオン，熱などがプローブとして使用され，分析対象による電磁波・熱の吸収，電磁波の散乱，発光，蛍光，磁気共鳴などの結果として，電磁波，電場，磁場，電子，イオン，熱などを信号として検出している．

各種機器分析法の理解にあたっては，まずそれぞれの方法における5要素を把握して基本原理を理解したうえで，ハードウェアについても知識を深めることが望ましい．

表1.2 SI接頭語

| 大きさ | 接頭語 | 記号 |
|---|---|---|
| $10^{-1}$ | デシ (deci) | d |
| $10^{-2}$ | センチ (centi) | c |
| $10^{-3}$ | ミリ (mili) | m |
| $10^{-6}$ | マイクロ (micro) | $\mu$ |
| $10^{-9}$ | ナノ (nano) | n |
| $10^{-12}$ | ピコ (pico) | p |
| $10^{-15}$ | フェムト (femto) | f |
| $10^{-18}$ | アト (atto) | a |
| 10 | デカ (deca) | da |
| $10^{2}$ | ヘクト (hect) | h |
| $10^{3}$ | キロ (kilo) | k |
| $10^{6}$ | メガ (mega) | M |
| $10^{9}$ | ギガ (giga) | G |
| $10^{12}$ | テラ (tera) | T |

## 1.2 SI単位と濃度表記

分析条件や結果を表示するにあたって表1.1に示す国際単位系（SI），表1.2に示すSI接頭語が使用される．

モルは，質量数12の炭素0.012 kg中に存在する炭素原子の数と同数の単位粒子（原子，分子，イオン，電子など）を含む系の物質量を表す．

溶液の濃度表示には，主として容量モル濃度（mol/m³またはmol/dm³，dm³は旧単位系で$l$）が使用されるが，慣例上mol/LやM（=mol/dm³）の使用は認められている．そのほか，質量濃度（溶質の質量/溶液の体積，kg/m³またはkg/dm³），質量パーセント（wt%，[溶質の質量/溶液の質量]×100），容量パーセント（vol%，[溶質の体積/溶液の体積]×100），規定度（N），質量モル濃度（mol/kg），モル分率などが用いられる．後者の二つは物理化学分野で使用されることが多い．

一方固体の場合，質量パーセント，ppm（成分の質量/試料全体の質量×$10^6$），ppb（同×$10^9$），ppt（同×$10^{12}$）などが使用される．ppmなどは無名数であり，すべての相の濃度表示に適用できる．しかし，たとえば質量濃度1 mg/Lの溶液を近似的に1 ppmと表記することは正確な表現としては認められていない．

## 1.3 測定誤差

測定には必ず誤差が付随するため，分析結果には必ず誤差を併記する．誤差の種類には次の3種類がある．①ひどい誤り（gross error）は実験結果を放棄すべき重大な誤りである．②偶然誤差（random error）は測定者に制御できない誤差で，不確定誤差ともいい，実験の精度（精密さ）あるいは再現性

表1.1 SI基本単位

| 物理量 | 記号 | SI単位名称 | SI単位記号 |
|---|---|---|---|
| 長さ | $l$ | メートル | m |
| 質量 | $m$ | キログラム | kg |
| 時間 | $t$ | 秒 | s |
| 電流 | $I$ | アンペア | A |
| 温度 | $T$ | ケルビン | K |
| 光度 | $Iv$ | カンデラ | cd |
| 物質量 | $n$ | モル | mol |

に影響を与える．③系統誤差（systematic error）は，機器や個人の読み取り癖に起因する誤差で正確さに影響を与える．確定誤差ともいう．

精度と正確さは，測定結果を評価する重要な因子である．精度（precision）は，ばらつきの少なさ（精密さ）を表す．すなわち，精度が高いとは偶然誤差が小さいことを意味する．また正確さ（accuracy）は測定データの片寄りの少なさ（真値への近さ）を表す．すなわち，「正確さが高い」とは片寄りが小さいことを意味する．図1.1にこれらの関係を示した．実際のところ「真値」は知るべくもないので，しばしば検定試料（標準試料）を測定して評価することが多い．

具体的な分析結果の表示においては，一般に測定を繰り返して平均値を求め，回数と標準偏差を併記するが，再現性のよい測定であっても，系統誤差がある可能性に注意すべ

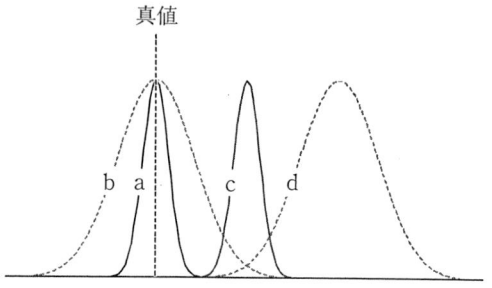

a：正確さが高く片寄りの小さい測定
b：正確さが低く片寄りの小さい測定
c：正確さが高く片寄りの大きい測定
d：正確さが低く片寄りの大きい測定
図1.1　測定誤差

きである．$n$回測定の標準偏差$\sigma$は次式で与えられる．

$$\sigma = \sqrt{\frac{1}{n-1}\sum(x_i - x_{av})^2} \qquad (1.1)$$

ここで，$x_i$は$i$番目の測定値，$x_{av}$は$x_i$の平均値である．

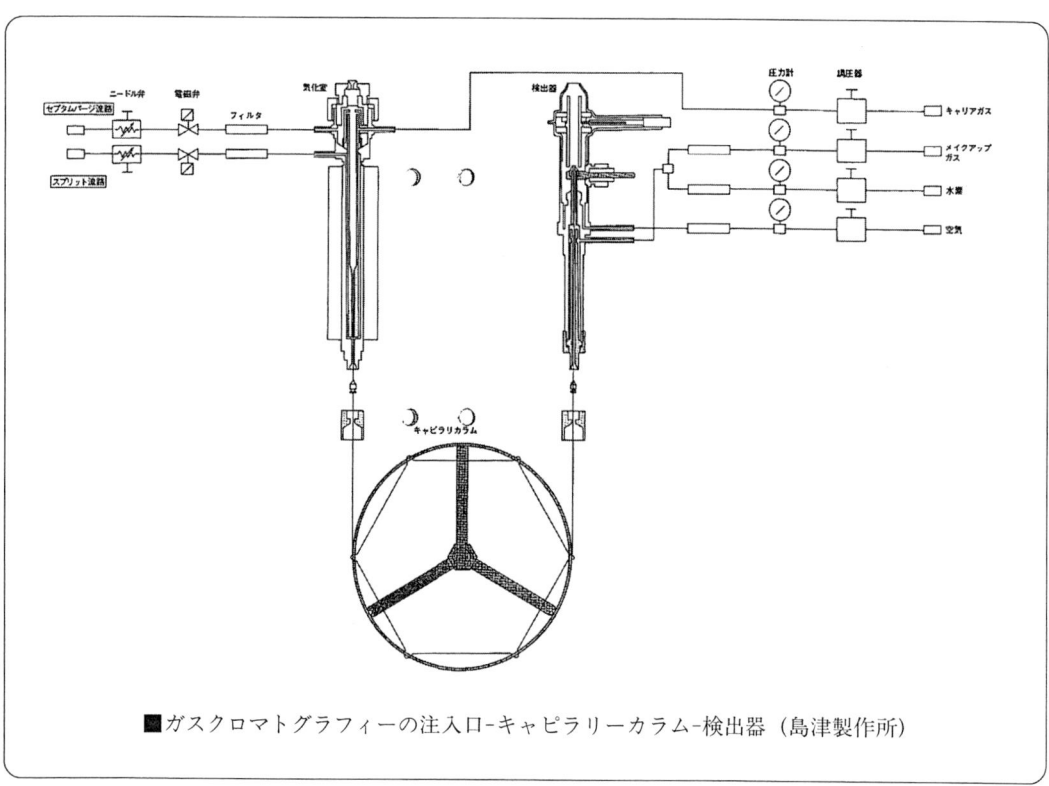

■ガスクロマトグラフィーの注入口-キャピラリーカラム-検出器（島津製作所）

# 2 基礎溶液化学

本章では機器分析法の基礎，特に種々の分離分析法の基礎となる電解質溶液の性質，酸塩基平衡，錯形成平衡，電解質の電気伝導，酸化・還元などに重点をおいて述べる．

## 2.1 酸・塩基平衡

### a. 電解質溶液の化学平衡と3種の基本則

化学反応は，平衡状態に向かって進行する．自然の変化は，自由エネルギーが減少する方向に進み，平衡に達すると自由エネルギー変化はなくなる．電解質の場合，水などの溶媒に溶けて電離し，図2.1に示したように溶媒和したイオンとなって安定に存在している．

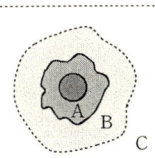

A：構造化した水の領域
B：水の構造化が部分的に破壊された領域
C：通常の水の領域

図2.1 イオン周辺の水の構造
(Frank-Wen のモデル)

溶液中に存在する化学種の間には，化学平衡が成り立ち，各イオン種および非イオン種の濃度は一定となる．このような電解質溶液における化学平衡を解離平衡あるいは電離平衡と呼ぶ．

電解質溶液中では，次の3種の基本則が一般に成立している．

**1) 質量作用の法則** (law of mass action)

分子・イオンなどの粒子集団の反応は，平衡定数 ($K$) を用いて記述できる．和訳は本来「集団作用の法則」とすべきである．化学種 A, B, ……が反応して P, Q, ……を生成する反応が次式で示されるとき，

$$a\mathrm{A} + b\mathrm{B} + \cdots = p\mathrm{P} + q\mathrm{Q} + \cdots$$

次式で表されるこの系の平衡定数 $K$ は一定である．

$$\frac{[\mathrm{P}]^p[\mathrm{Q}]^q\cdots}{[\mathrm{A}]^a[\mathrm{B}]^b\cdots} \tag{2.1}$$

[A] は本来活量と呼ばれる一種の熱力学的濃度であり，理想溶液ではモル分率に等しい．活量/モル分率を活量係数 ($f$) といい，実際の系では $1 > f > 0$ の範囲の値をとる．$f$ の値は後述するイオン強度に依存し，特にイオン強度 0 ($f=1$) の $K$ 値を熱力学的平衡定数と呼ぶ．希薄溶液については $f=1$ と見なしてよい．なお，$K$ はイオン強度のほか温度に依存するので必ず温度を併記する．

たとえば，酢酸水溶液では次のような解離平衡が成立しており，

$$\mathrm{CH_3COOH} \rightleftarrows \mathrm{CH_3COO^-} + \mathrm{H^+}$$

このときの平衡定数は，次式で与えられる．

$$K_a = \frac{[\mathrm{CH_3COO^-}][\mathrm{H^+}]}{[\mathrm{CH_3COOH}]} \tag{2.2}$$

水中で 25℃ 無限希釈（イオン強度=0）の場合，酢酸の $K_a$ 値は $1.754 \times 10^{-5}$ である．

**2) 物質不滅の法則**（物質均衡または質量均衡）

系内の化学種は，ある反応によって他の化

学種に変化したり，また一つの系から他の相に移動する．しかし，それぞれの化学平衡により相互に関連している化学種の量の総和は常に一定である．

酢酸種の総濃度を $C^t$ とすれば，$C^t$ は平衡が移動しても変化しない．

$$C^t = [CH_3COO^-] + [CH_3COOH] \quad (2.3)$$

### 3) 電気的中性 (electroneutrality) または電荷均衡 (charge balance) の法則

溶液は，常に電気的に中性である．したがって，溶液中の正の電荷量と負の電荷量は等しい．成分イオン種の濃度を $C_i$，電荷を $z_i$ とすればすべてのイオン種 $N$ について次式が成立する．

$$\sum_{i=1}^{N} C_i z_i = 0 \quad (2.4)$$

酢酸水溶液の場合，水の電離も考慮に入れて次のようになる．

$$[H^+] - [CH_3COO^-] - [OH^-] = 0 \quad (2.5)$$

### b. 電解質溶液のイオン強度

ある濃度における平衡定数 $K$ は，イオン強度と呼ばれるイオン雰囲気の強さに影響を受ける．ここで，イオン強度は次式で定義される量である．

$$I = \frac{1}{2} \sum_{i=1}^{n} c_i z_i^2 \quad (2.6)$$

$n$, $c_i$, $z_i$ はそれぞれ溶液中に存在するイオン種の数，イオン種 $i$ の濃度，イオン種 $i$ の電荷である．

たとえば，0.1 M の NaCl 溶液，$BaCl_2$ 溶液ではそれぞれ完全解離するとして

$I$(NaCl 溶液)
$= (0.1 \times (1)^2 + 0.1 \times (-1)^2)/2$
$= 0.1$

$I$($BaCl_2$ 溶液)
$= (0.1 \times (2)^2 + 0.2 \times (-1)^2)/2$
$= 0.3$

となる．活量係数 $f$ は $\sqrt{I}$ の関数である．

$$-\log f = \frac{Az^2 \sqrt{I}}{1 + Bd\sqrt{I}} \quad (2.7)$$

ここで，$A$, $B$ は温度に依存する定数，$d$ はイオン最近接距離（平均イオン直径）である．

### c. 酸と塩基

電解質溶液の中には，酸性や塩基性を示すものがある．アレニウスは，酸とはプロトン ($H^+$) を放出しうるもの，塩基とは水酸化物イオンを放出しうる物質と定義した (1884)．これは最も古典的な酸・塩基の定義である．

酸　　HCl $\longrightarrow H^+ + Cl^-$
塩基　NaOH $\longrightarrow Na^+ + OH^-$

実際に，水中ではプロトンは $H^+$ ではなく $H_3O^+$（オキソニウムイオン）として存在し，次のように平衡式を書くのが適当であるが，しばしば省略される．

$HCl + H_2O \longrightarrow H_3O^+ + Cl^-$

ブレンステッドとローリーは，1923年アレニウスの定義を修正し，$H^+$ を放出しうるものが酸，プロトンを受容し得るものが塩基であるとした．この定義によると，塩基にプロトンが結合すると酸に，酸がプロトンを放出すると塩基になる．

酸 $\rightleftarrows$ 塩基 + $H^+$

ブレンステッド-ローリーの定義に従えば，先述した酢酸の解離平衡において $CH_3COO^-$ は塩基となり，このとき $CH_3COO^-$ は $CH_3COOH$ の共役塩基と呼ばれる．

アミン類は代表的な塩基である．メチルアミンについては，アレニウス塩基として次のような平衡式が書ける．

$CH_3NH_2 + H_2O \rightleftarrows CH_3NH_3 + OH^-$

一方，ブレンステッド-ローリーの定義によれば，$CH_3NH_3^+$ は

$CH_3NH_3^+ \rightleftarrows CH_3NH_2 + H^+$

のように右辺に $H^+$ が現れる平衡式として表現でき，ここでは $CH_3NH_3^+$ が共役酸，$CH_3$

$NH_2$ が塩基である．

ルイスはさらに定義を拡張し，酸とは電子対の受容体（acceptor）であり，塩基は電子対の供与体（donor）であるとした．この定義によれば，たとえば次式のような錯形成平衡において

$$Cu^{2+} + 4NH_3 \rightleftharpoons Cu(NH_3)_4^{2+}$$

電子対を有する $NH_3$ は塩基，$Cu^{2+}$ は酸となる．

### d. 酸・塩基の強さ

酸・塩基の強さは，解離平衡定数で表す．酸としての解離を表す定数を酸解離定数（$K_a$），塩基の解離を表す定数を塩基解離定数（$K_b$）という．

$$HA + H_2O \rightleftharpoons H_3O^+ + A^-$$
$$B + H_2O \rightleftharpoons HB^+ + OH^-$$

$$\left. \begin{array}{l} K_a = \dfrac{[H^+][A^-]}{[HA]} \\ K_b = \dfrac{[HB^+][OH^-]}{[B]} \end{array} \right\} \quad (2.8)$$

ここで，$[H^+]$ などは化学種の濃度で，慣用的に容量モル濃度（mol/$l$，M と略記する）を単位とする．便宜のため，$K_a$ のかわりに

$$pK_a = -\log K_a \quad (2.9)$$

を用いることが多い．強酸の $pK_a$ は負の値を弱酸では正の値をとる（塩酸＝－8，酢酸 $pK_a$＝4.756）．強酸・強塩基の場合ほぼ完全解離するため，正確な値を求めることは困難である．

塩基 B についても，その共役酸 $HB^+$ について次のような解離平衡を考える．

$$HB^+ \rightleftharpoons H^+ + B$$

このとき

$$K_a = \frac{[H^+][B]}{[HB^+]} \quad (2.10)$$

このように，塩基であってもその共役酸の酸解離定数を使用するのが普通であり，ブレンステッド-ローリーの定義はこの意味で大変重要である．なお，塩基の場合，酸とは逆に，$pK_a$ が大きいほど強い塩基である．

代表的な酸・塩基の $pK_a$ を表 2.1 に示した．

**表 2.1** $pK_a$ 値の例

| 電解質 | $pK_a$ | 電解質 | $pK_a$ |
|---|---|---|---|
| 〔有機酸〕 | | 〔塩基〕 | |
| ギ酸 | 3.752 | メチルアミン | 10.624 |
| 酢酸 | 4.756 | エチルアミン | 10.631 |
| プロピオン酸 | 4.874 | プロピルアミン | 10.530 |
| 酪酸 | 4.820 | アンモニア | 9.25 |
| カプロン酸 | 4.857 | アニリン | 4.596 |
| クロル酢酸 | 2.865 | ピリジン | 5.18 |
| ジクロル酢酸 | 1.257 | 〔無機酸・塩基〕 | |
| トリクロル酢酸 | 0.635 | HCN | 9.32 |
| 安息香酸 | 4.200 | HF | 3.173 |
| フェノール | 9.998 | $H_2CO_3$ | 6.352 |
| | | | 10.329 |
| | | HCl | －8 |
| | | $H_2SO_4$ | －3.0 |
| | | | 1.99 |
| | | LiOH | 13.8 |

具体的にアンモニアを例として $K_a$ と $K_b$ の関係を調べてみよう．$K_a$，$K_b$ は次のように表される．

$$K_a = \frac{[NH_3][H^+]}{[NH_4^+]} \quad (2.11)$$

$$K_b = \frac{[NH_4^+][OH^-]}{[NH_4OH]} \quad (2.12)$$

両者を掛け合わせると

$$K_a \cdot K_b = [H^+][OH^-]/[H_2O] \quad (2.13)$$

ここで，水の解離はきわめてわずかであるので，$[H_2O]$ を一定とすれば $K_a \cdot K_b$ は水のイオン積 $K_w$（$10^{-14}$）に等しい．したがって $pK_a + pK_b = 14$ であり，アンモニアの $pK_a$ 9.25（表 2.1）から $pK_b$ は 4.75 となる．こうして水溶液中の酸（共役酸）の $pK_a$ と共役塩基（塩基）の $pK_b$ の和は常に 14 である．

### e. 非水溶媒系での p$K_a$

電解質が解離してイオンとして安定に存在するためには，図2.1に示したように溶媒がイオンによる電場で分極してイオンに配向する必要がある（溶媒和）．すなわち，分極しやすい溶媒（極性溶媒）ほどイオンを安定化する溶媒である．表2.2に代表的な溶媒の比誘電率を示した（真空の比誘電率＝1）．誘電率の低い溶媒（非極性溶媒）に対する電解質の溶解度は低い．

**表 2.2** 溶媒の比誘電率（括弧内は温度℃）

| | | | |
|---|---|---|---|
| ヘプタン | 1.92(20) | エタノール | 24.3(25) |
| ジオキサン | 2.21(25) | メタノール | 32.6(25) |
| ベンゼン | 2.28(20) | アセトニトリル | 37.5(20) |
| エーテル | 4.34(20) | 水 | 78.5(25) |

電解質は極性溶媒ほど解離しやすいため，p$K_a$は溶媒によって異なる．この傾向は，カルボン酸のようにカチオン（プロトン）とアニオンに解離するものについて顕著にみられ，誘電率が低い有機溶媒や水-有機溶媒混合溶媒中ではp$K_a$は大きくなる（弱い酸になる）．これに対して，塩基のp$K_a$はあまり変化しない（表2.3）．

### f. p$K_a$ と解離度

完全解離する強酸0.01 M水溶液のpHは2であるが，同じ濃度の弱酸のpHはより高いはずである．具体的にp$K_a$とpHはどのように関係しているかを酢酸の例で示す．

$$K_a = \frac{[\mathrm{H^+}][\mathrm{CH_3COO^-}]}{[\mathrm{CH_3COOH}]} \quad (2.14)$$

両辺の$-\log$をとると

$$\mathrm{p}K_a = \mathrm{pH} - \log\frac{[\mathrm{CH_3COO^-}]}{[\mathrm{CH_3COOH}]} \quad (2.15)$$

したがって，$[\mathrm{CH_3COO^-}]=[\mathrm{CH_3COOH}]$のとき（すなわち，解離度が0.5であるとき），p$K_a$＝pHとなる．通常解離度とはイオン種の分率をいうが，一般化のため非イオン

**表 2.3** 有機溶媒，水-有機溶媒混合系中での p$K_a$

| 電解質 | 溶媒 | p$K_a$(25℃) |
|---|---|---|
| 酢酸 | 水 | 4.756 |
| 20% | ジオキサン＋水 | 5.292 |
| 45% | | 6.307 |
| 70% | | 8.321 |
| 82% | | 10.509 |
| 10% | メタノール＋水 | 4.904 |
| 20% | | 4.998 |
| 40% | | 5.308 |
| 60% | | 5.764 |
| 80% | | 6.432 |
| 95% | | 7.764 |
| アニリン | 水 | 4.596 |
| 10% | メタノール＋水 | 4.904 |
| 20% | | 4.450 |
| 40% | | 4.296 |
| 60% | | 4.124 |
| 80% | | 4.000 |
| 95% | | 4.519 |

種についても同様な分率（未解離度）を考える．酢酸を例とすると，酢酸全濃度に対する非イオン濃度の割合は，次のように定義される．

未解離度($\alpha_0$)

$$= \frac{[\mathrm{CH_3COOH}]}{[\mathrm{CH_3COOH}]+[\mathrm{CH_3COO^-}]} \quad (2.16)$$

一方，全濃度に対する1価イオン濃度の割合は，

解離度($\alpha_1$)

$$= \frac{[\mathrm{CH_3COO^-}]}{[\mathrm{CH_3COOH}]+[\mathrm{CH_3COO^-}]} \quad (2.17)$$

となる．したがって

$$\alpha_0 + \alpha_1 = 1 \quad (2.18)$$

次に，$\alpha_0$を$K_a$を用いて表す．式(2.14)を変形して

$$[\mathrm{CH_3COO^-}] = \frac{K_a}{[\mathrm{H^+}]}[\mathrm{CH_3COOH}] \quad (2.19)$$

式 (2.19) を式 (2.16) に代入すると

$$\alpha_0 = \frac{1}{1+K_a/[H^+]} = \frac{[H^+]}{[H^+]+K_a} \quad (2.20)$$

上式より $[H^+]=K_a$ で $\alpha_0$ は 0.5 となる．

式 (2.19) を式 (2.17) に代入すると

$$\alpha_1 = \frac{K_a/[H^+]}{1+K_a/[H^+]} = \frac{K_a}{[H^+]+K_a} \quad (2.21)$$

同様にして，$[H^+]=K_a$ で $\alpha_1$ も 0.5 となる．以上のように，$K_a$ とは解離度 $\alpha_0$，$\alpha_1$ ともに 0.5 となる水素イオン濃度 $[H^+]$ の値である．したがって，$pK_a$ とは解離度 $\alpha_0$，$\alpha_1$ ともに 0.5 となる pH の値である．式 (2.21) を用いて pH が $pK_a \pm 1$ (すなわち $[H^+]$ が $10\,K_a$，$0.1\,K_a$) の場合について $\alpha_1$ を計算すると，それぞれ 0.909，0.091 となる．

一方，電解質の実効電荷 $Z$ は，$n$ 段解離するイオンについて次のように表される．

$$Z = \sum_{i=1}^{n} z_i \alpha_i \quad (2.22)$$

$z_i$，$\alpha_i$ はそれぞれ化学種 $i$ の電荷と分率である．$Z$ はイオン間，イオン溶媒間およびイオン固体相間などの相互作用の大きさやイオンの電気伝導に関係する重要な量である．図 2.2 に酢酸の解離度および実効電荷の pH 依存性を示した．

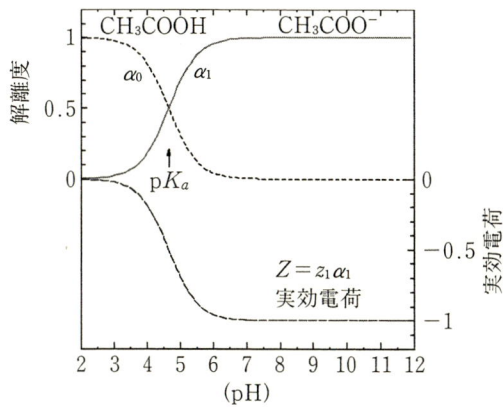

図 2.2 酢酸の解離度と実効電荷の pH 依存性

### g. 多塩基酸の解離と逐次解離定数

多塩基酸，多酸塩基は段階的に解離する．以下クエン酸（三塩基酸）の例を示す．

R(COOH)$_3$ $\rightleftarrows$ H$^+$ + R(COOH)$_2$COO$^-$  $K_1$
濃度 $C_0$ $\qquad\qquad C_H \qquad C_1$

R(COOH)$_2$COO$^-$ $\rightleftarrows$ H$^+$ + RCOOH(COO$^-$)$_2$  $K_2$
$C_1$ $\qquad\qquad C_H \qquad C_2$

RCOOH(COO$^-$)$_2$ $\rightleftarrows$ H$^+$ + R(COO$^-$)$_3$  $K_3$
$C_2$ $\qquad\qquad C_H \qquad C_3$

クエン酸の総濃度 $C^t$ は各化学種濃度の総和として，また各酸解離平衡の解離定数（逐次解離定数 $K_1$-$K_3$）はそれぞれ次式で与えられる．

$$C^t = C_0 + C_1 + C_2 + C_3 \quad (2.23)$$

$$K_1 = \frac{C_H \cdot C_1}{C_0}, \quad K_2 = \frac{C_H \cdot C_2}{C_1}, \quad K_3 = \frac{C_H \cdot C_3}{C_2} \quad (2.24)$$

解離度は定義より次式で与えられる．

$$\alpha_0 = C_0/C^t, \quad \alpha_1 = C_1/C^t, \quad \alpha_2 = C_2/C^t, \quad \alpha_3 = C_3/C^t \quad (2.25)$$

上式の解離度を逐次解離定数と水素イオン濃度で表す．式が複雑になるが，一塩基酸と同じような取扱いで導くことができる．

$$C_1 = K_1 C_0/C_H \quad (2.26)$$

$$C_2 = K_2 C_1/C_H = K_1 K_2 C_0/C_H^2 \quad (2.27)$$

$$C_3 = K_3 C_2/C_H = K_1 K_2 K_3 C_0/C_H^3 \quad (2.28)$$

$$\alpha_0 = \frac{C_0}{C_0 + C_1 + C_2 + C_3}$$
$$= \frac{C_0}{C_0 + K_1 C_0/C_H + K_1 K_2 C_0/C_H^2 + K_1 K_2 K_3 C_0/C_H^3}$$
$$= \frac{1}{1 + K_1/C_H + K_1 K_2/C_H^2 + K_1 K_2 K_3/C_H^3} \quad (2.29)$$

$\alpha_0$ と同様にして $\alpha_1$，$\alpha_2$，$\alpha_3$ を求めると

$$\alpha_1 = \frac{K_1/C_H}{1 + K_1/C_H + K_1 K_2/C_H^2 + K_1 K_2 K_3/C_H^3} \quad (2.30)$$

$$\alpha_2 = \frac{K_1 K_2/C_H^2}{1 + K_1/C_H + K_1 K_2/C_H^2 + K_1 K_2 K_3/C_H^3} \quad (2.31)$$

$$\alpha_3 = \frac{K_1K_2K_3/C_H^3}{1+K_1/C_H+K_1K_2/C_H^2+K_1K_2K_3/C_H^3} \tag{2.32}$$

これらの解離度から各化学種のイオンの部分濃度は次式で計算できる.

$$C_0 = C^t\alpha_0, \quad C_1 = C^t\alpha_1, \quad C_2 = C^t\alpha_2,$$
$$C_3 = C^t\alpha_3$$

図2.3にクエン酸の解離度（式（2.29）～（2.32））, 実効電荷（式（2.22））のpH依存性を示した.

解離度を表す式には規則性があり, 最大$N$段解離する電解質から生成する$n$価イオンの解離度$\alpha_n$は次のように表される.

$$\alpha_n = \frac{\prod_{i=1}^{n}(K_i/C_H)}{1+\sum_{j=1}^{N}\left(\prod_{i=1}^{j}(K_i/C_H)\right)} \tag{2.33}$$

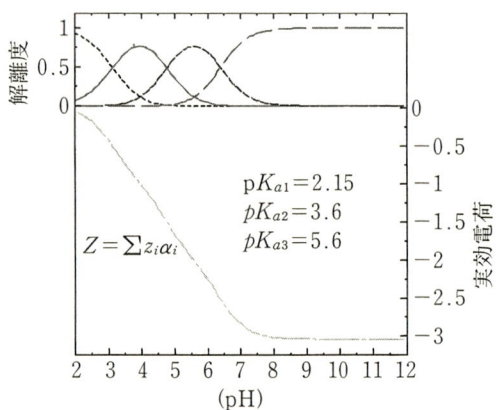

図2.3 クエン酸の解離度および実効電荷のpH依存性

### h. 両性電解質の解離平衡

グリシンや$\beta$-アラニンなどのアミノ酸はpHによりアニオンにもカチオンにもなりうる. すなわち, 低いpHではカルボキシル基は解離しないが, アミノ基はイオン化しており, 次のような解離平衡が成立している.

$$R(COOH)NH_3^+ \rightleftarrows R(COO^-)NH_3^+ + H^+ \quad K_{a1}$$

一方, 高いpHではカルボキシル基が解離し, アミノ基は非イオン化するため, 次のような平衡が成立している.

$$R(COO^-)NH_3^+ \rightleftarrows R(COO^-)NH_2 + H^+ \quad K_{a2}$$

$(pK_{a1}+pK_{a2})/2$を等電点（pI）という. このpH付近ではアミノ酸は双性イオン（zwitter ion）になっており, 実効電荷はpH=pIで0である. 図2.4に$\beta$-アラニンの解離度, 実効電荷のpH依存性を示した.

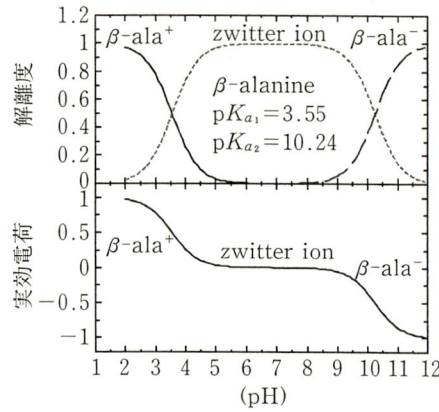

図2.4 $\beta$-アラニンの解離度と実効電荷のpH依存性

### i. 電解質溶液のpH
### 1) 酢酸溶液のpH

電解質溶液のpHはa.で述べた基本則によって一義的に決まる. 例として, 酢酸水溶液の濃度が変化すると, pHがどのように変化するか調べてみよう（酢酸のp$K_a$は4.8とする）.

酸解離定数の定義（式（2.14））より

$$[H^+] = \frac{K_a[CH_3COOH]}{[CH_3COO^-]} \tag{2.34}$$

酢酸の総濃度（式（2.3））から

$$[CH_3COOH] = C_A^t - [CH_3COO^-] \tag{2.35}$$

式（2.35）を式（2.34）に代入すると次式を得る.

$$[H^+] = \frac{K_a(C_A^t - [CH_3COO^-])}{[CH_3COO^-]} \tag{2.36}$$

電気的中性の法則（式（2.5））より

$$[CH_3COO^-]=[H^+]-[OH^-] \quad (2.37)$$

式 (2.37) および $[OH^-]=K_w/[H^+]$ の関係を式 (2.36) に代入し変形すると，

$$[H^+]^3+K_a[H^+]^2-(K_w+K_aC_A^t)[H^+]+K_wK_a=0 \quad (2.38)$$

こうして一塩基酸であっても溶液の pH を正確に求めるには，3次方程式を解く必要がある．結果を表 2.4 に示した．当然ながら，溶液を希薄にしていくと次第に pH=7 に漸近する．

表 2.4 酢酸水溶液の pH と解離度（ここで，pC=-log C である．すなわち pC=1 の場合，濃度は 0.1 M）

| pC | C/M | pH | $\alpha_1$ |
|---|---|---|---|
| 1.0 | 0.1000000 | 2.90273 | 0.01251 |
| 1.5 | 0.0316228 | 3.15486 | 0.02214 |
| 2.0 | 0.0100000 | 3.40864 | 0.03903 |
| 2.5 | 0.0031623 | 3.66537 | 0.06833 |
| 3.0 | 0.0010000 | 3.92732 | 0.11822 |
| 3.5 | 0.0003162 | 4.19851 | 0.20021 |
| 4.0 | 0.0001000 | 4.48589 | 0.32667 |
| 4.5 | 0.0000316 | 4.80069 | 0.50040 |
| 5.0 | 0.0000100 | 5.15796 | 0.69514 |
| 5.5 | 0.0000032 | 5.56873 | 0.85447 |
| 6.0 | 0.0000010 | 6.02928 | 0.94430 |
| 6.5 | 0.0000003 | 6.55940 | 0.98290 |

なお，溶液が酸性であることを考慮すると，次のような簡略解が可能である．式 (2.36) で $[OH^-]$ を無視すると，

$$[CH_3COO^-]=[H^+] \quad (2.37')$$

上式を式 (2.36) に代入し変形すると

$$[H^+]^2+K_a[H^+]-K_aC_A^t=0 \quad (2.38')$$

上式を解くと，表 2.5 に示す結果を与える．

表 2.5 から明らかなように，簡略解では低濃度で誤差が増大し pH が 7 を超えており問題になるが，高濃度ではよい近似といえる．

### 2) 酢酸ナトリウム溶液の pH

同様にして塩の溶液の pH を求めることができる．一例として，10 mM 酢酸ナトリウ

表 2.5 酢酸水溶液の pH の簡略解

| 酢酸濃度(pC) | $\alpha_1$ | pH |
|---|---|---|
| 1 | 0.01251 | 2.903 |
| 2 | 0.03903 | 3.409 |
| 3 | 0.1182 | 3.927 |
| 4 | 0.3267 | 4.486 |
| 5 | 0.6951 | 5.158 |
| 6 | 0.9438 | 6.025 |
| 7 | 0.9938 | (7.003) |
| 8 | 0.9995 | (8.000) |

ム水溶液の pH を求めてみよう．ただし，酢酸ナトリウムは完全解離するものとし，酢酸の $pK_a$ は 4.8 とする．

この溶液がアルカリ性となることは，次のようにして定性的に説明できる．

$$CH_3COONa \longrightarrow CH_3COO^-+Na^+$$
（完全解離）
$$CH_3COO^-+H_2O \rightleftharpoons CH_3COOH+OH^-$$
$$H^++OH^- \rightleftharpoons H_2O$$

電気的中性則より

$$[H^+]+[Na^+]=[OH^-]+[CH_3COO^-] \quad (2.39)$$

であるが，この場合 $[Na^+]>[CH_3COO^-]$ であるため，$[H^+]<[OH^-]$ となりアルカリ性を示す．すなわち，弱酸の強塩基塩は加水分解してアルカリ性を示す．

10 mM 酢酸ナトリウム水溶液中で成立している関係式は次のとおりである．

$$K_a=\frac{[H^+][CH_3COO^-]}{[CH_3COOH]}=10^{-4.756} \quad (2.40)$$

$$[H^+][OH^-]=K_w=10^{-14} \quad (2.41)$$

$$[CH_3COO^-]+[CH_3COOH]=0.01M \quad (2.42)$$

$$[Na^+]=0.01M \quad (2.43)$$

酢酸の場合と同様に，式 (2.39)～(2.43) を使用すると，$[H^+]$ を表す次式を得る．

$$[H^+]^3+(K_a+0.01)[H^+]^2-K_w[H^+]-K_aK_w=0 \quad (2.44)$$

上式を解くと pH=8.378 となる．これは厳

密解であるが，電気的中性則（式(2.5)）において $[H^+]$ を無視すると次式を得る．

$$0.01[H^+]^2 - K_w[H^+] - K_aK_w = 0 \quad (2.44')$$

上式を解くとpH=8.40を得る．表2.5で酢酸について示したように，塩の場合も濃度が高い場合にのみ有意な値が得られることに注意する．

ここで，10 mM 酢酸ナトリウム水溶液中の部分濃度を求めておこう．

$$[CH_3COO^-] = C_A^t \frac{K_a}{[H^+]+K_a} = 0.01$$
$$\times \frac{10^{-4.8}}{10^{-8.4}+10^{-4.8}}$$
$$= 0.0099749 \text{M}$$

$$\text{CH}_3\text{COONa} \longrightarrow \text{CH}_3\text{COO}^- + \text{Na}^+ \begin{pmatrix}\text{完全}\\\text{解離}\end{pmatrix}$$
$$\quad 0 \text{ M} \qquad 0.0099749 \text{ M} \quad 0.01 \text{ M}$$

$$\text{CH}_3\text{COO}^- + \text{H}_2\text{O} \rightleftharpoons \text{CH}_3\text{COOH} + \text{OH}^-$$
$$0.0099749 \text{ M} \qquad\qquad 0.00000251 \text{ M} \quad 0.00000251 \text{ M}$$

$$\text{H}^+ \quad + \quad \text{OH}^- \quad \rightleftharpoons \text{H}_2\text{O}$$
$$10^{-8.4}\text{M} \quad 0.00000251 \text{ M}$$

### j. pH 緩衝溶液

弱酸とその塩あるいは弱塩基とその塩を適切に混合すると，他の物質（水，酸，塩基）の添加に対してpH変化の少ない溶液を調製できる．このような溶液をpH緩衝溶液といい，溶液自身がpHを保持しようとする性質を緩衝作用という．いま弱酸HAとその塩BAからなる系を考える．それぞれの濃度を $C_a$，$C_s$ とする．解離平衡は

$$\text{HA} \rightleftharpoons \text{H}^+ + \text{A}^-$$
$$\text{BA} \longrightarrow \text{B}^+ + \text{A}^-$$

ここで，HAの解離定数を $K_a$ とする．BAは完全解離すると，この酸性溶液では次のような関係が成立する．

$$[HA]+[A^-] = C_a + C_s \quad (2.45)$$
$$[H^+]+[B^+] = [A^-] \quad (2.46)$$

解離定数の定義より

$$[H^+] = K_a \frac{[HA]}{[A^-]}$$
$$= K_a \frac{C_a + C_s - [A^-]}{[A^-]} \quad (2.47)$$

ここで，$[A^-] = C_s$ と置けば

$$[H^+] = K_a \frac{C_a}{C_s} \quad (2.48)$$

したがって

$$\text{pH} = \text{p}K_a + \log \frac{C_a}{C_s} \quad (2.49)$$

$C_a = C_s$ であれば pH=p$K_a$ となる．

**緩衝溶液の例**

① 弱酸-強塩基型（弱酸のp$K_a$付近で緩衝能）

例：酢酸 20 mM＋酢酸ナトリウム 20 mM 等量(体積比1：1)混合溶液(pH=4.8)

$$\text{CH}_3\text{COOH} \rightleftharpoons \text{H}^+ + \text{CH}_3\text{COO}^-$$
濃度 10 mM

$$\text{CH}_3\text{COONa} \longrightarrow \text{Na}^+ + \text{CH}_3\text{COO}^-$$
濃度　0 M　　10 mM　　10 mM

上の溶液は酢酸40 mM，NaOH 20 mM を等量混合しても同一の結果を与える（電気的中性則より酢酸10 mMがアニオン）．

② 弱塩基-強酸型（弱塩基のp$K_a$付近で緩衝能）

例：β-アラニン 20 mM＋β-アラニン塩酸塩 20 mM の等量混合液 (pH=3.6)

あるいはβ-アラニン 40 mM，塩酸 20 mM の等量混合液

(電気的中性則よりβ-アラニン 10 mM がカチオン)．

③ 弱酸-弱塩基型

両者のp$K_a$が近い物質を等モル濃度になるよう混合する (superbuffer)．

例：酢酸とクレアチニンの等モル混合液 (pH=4.8)

pH緩衝液は，pH制御の必要な系でよく使用される．濃度が高い方が緩衝能も高いが，系のイオン強度 ($I$) には制約のある場合もあるので，状況に応じて濃度を決める必

要がある．なお，p$K_a$ が適当な弱酸・弱塩基さえあれば，強塩基強酸と組み合わせて希望する pH の緩衝液を調製できる．中性領域には適当な物質が少ないが，特に生化学分野で要求がある．Good らはこの目的にかなったアミノエタンスルホン酸誘導体などを合成し，広く利用されている（表 2.6）．

表 2.6 グッド緩衝剤と pH 緩衝領域

| 略号 | pH 領域 | p$K_a$ |
|---|---|---|
| MES | 5.5〜7.0 | 6.15 |
| Bis-Tris | 5.7〜7.3 | 6.46 |
| ADA | 5.8〜7.4 | 6.6 |
| PIPES | 6.1〜7.5 | 6.8 |
| ACES | 6.0〜7.5 | 6.9 |
| MOPSO | 6.2〜7.4 | 6.95 |
| BES | 6.6〜8.0 | 7.15 |
| MOPS | 6.5〜7.9 | 7.2 |
| TES | 6.8〜8.2 | 7.5 |
| HEPES | 6.8〜8.2 | 7.55 |
| DIPSO | 6.9〜8.1 | 7.6 |
| TAPSO | 7.0〜8.2 | 7.7 |
| POPSO | 7.2〜8.5 | 7.85 |
| HEPPSO | 7.4〜8.6 | 7.9 |
| EPPS | 7.5〜8.5 | 8 |
| Tricine | 7.8〜8.8 | 8.15 |
| Bicine | 7.7〜9.1 | 8.35 |
| TAPS | 7.7〜9.1 | 8.4 |
| CHES | 8.6〜10.0 | 9.5 |
| CAPSO | 9.3〜10.7 | 10 |
| CAPS | 9.7〜11.1 | 10.4 |

**k．中和滴定における pH 変化**

酸と塩基が等当量ずつ反応して塩や水を生成する反応を中和反応といい，中和滴定として酸・塩基の濃度決定に使用される（容量分析）．

**1) 中和反応の例**

例 1) 強酸-強塩基

$HCl + NaOH \longrightarrow NaCl + H_2O$

例 2) 弱酸-強塩基

$CH_3COOH + NaOH$
$\longrightarrow CH_3COONa + H_2O$

例 3) 強酸-弱塩基

$HCl + NH_4OH \longrightarrow NH_4Cl + H_2O$

例 4) 弱酸-弱塩基

$CH_3COOH + NH_4OH$
$\longrightarrow CH_3COONH_4 + H_2O$

酸・塩基が当量ずつ反応し，理論的に中和反応が完結した点（当量点）での pH は滴定に使用される酸あるいは塩基の強さ（解離定数の大きさ）に依存する．

例 1) $HCl + NaOH \longrightarrow NaCl + H_2O$

$NaCl \longrightarrow Na^+ + Cl^-$ （完全解離）

$H^+ + OH^- \rightleftharpoons H_2O$

電気的中性則 $[H^+] + [Na^+] = [OH^-] + [Cl^-]$ において

$[Na^+] = [Cl^-] = NaCl$ の濃度
$[H^+] = [OH^-] = 10^{-7}$

したがって，pH は $K_w$ にのみ支配されるため，当量点では pH = 7 となる．

例 2) $CH_3COOH + NaOH$
$\longrightarrow CH_3COONa + H_2O$

先述のようにアルカリ性となる．

$CH_3COO^- + H_2O \rightleftharpoons CH_3COOH + OH^-$

こうして，当量点において溶液の pH が大きく変化することを利用すれば，濃度未知試料溶液の濃度を決定することが可能である（中和滴定，酸・塩基滴定）．当量点での pH は，酸・アルカリの強さ（解離定数の大きさ）に依存するため，濃度未知試料溶液の濃度を中和滴定で決定しようとする場合，pH に関する適切な情報を滴定中に得ることが必要である．そのため，種々の pH 指示薬が使用されている．

酸・塩基の濃度を規定度で表せば，当量点におけるグラム当量数は等しい．規定度（normality, N）とは 1 $l$ あたりのグラム当量数であり，次のように，プロトンや水酸化物イオン 1 モル（molarity, mol）に対応する量として定義される．

酸(塩基)の 1 グラム当量

$$= \frac{\text{酸(塩基)の1モルの質量 (g)}}{\text{酸(塩基)の価数}}$$
(2.50)

例) HCl 1モルは1グラム当量 1M=1N

H$_2$SO$_4$ 1モルは2グラム当量 1M=2N

酸の規定度を$n$, 体積を$V$とすると, 含まれる酸の当量数は$nV/1000$, 塩基の規定度を$n'$, 体積を$V'$とすると, 含まれる塩基の当量数は$n'V'/1000$となる. したがって, $nV=n'V'$となる (中和の式).

**2) 滴定曲線** (滴下標準液の体積とpHの関係)

1価の酸, 塩基による中和反応滴定曲線を求めてみよう. 酸溶液を塩基溶液で滴定するものとする. ここで, 滴定される酸の溶液の原濃度を$C_{A,0}^t$, 滴下する塩基の濃度を$C_{B,0}^t$, 試料とする酸の体積を$V_A$, 加えた塩基の体積を$V_B$とすると次式が成立する.

滴定中の酸濃度 : $C_A^t = \dfrac{V_A}{(V_A+V_B)} C_{A,0}^t$
(2.51)

滴定中の塩基濃度 : $C_B^t = \dfrac{V_B}{(V_A+V_B)} C_{B,0}^t$
(2.52)

酸に由来する1価アニオン (陰イオン) の濃度$C_A$は$C_A^t \alpha_A$, 塩基に由来する1価カチオン (陽イオン) の濃度は$C_B = C_B^t \alpha_B$となるので, 次式の電気的中性則が成立する.

$C_H - K_w/C_H + C_B - C_A = 0$ (2.53)

上式を基本に, 先述の方法でpHを算出する. 図2.5に強酸と強塩基の場合を, 図2.6に弱酸-強塩基の場合を示した. 後者の場合中和点は中性ではないが, これはすでに酢酸ナトリウム溶液のpH算出で述べたとおりである. ただし, 溶液が希薄になると中和点は中性に近づく.

中和点に関する情報を得るには, 次のような方法がある.

① pH指示薬 (color indicator) をプ

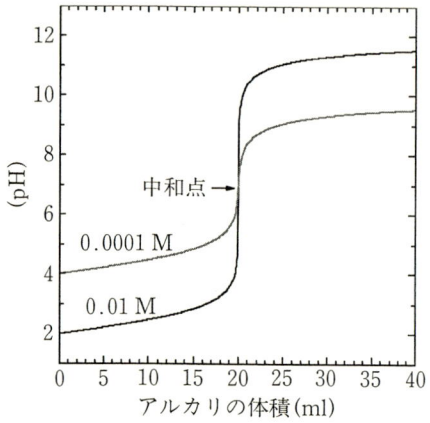

図2.5 滴定曲線の例(1) 強酸-強塩基系
(HCl+NaOH → NaCl+H$_2$O)

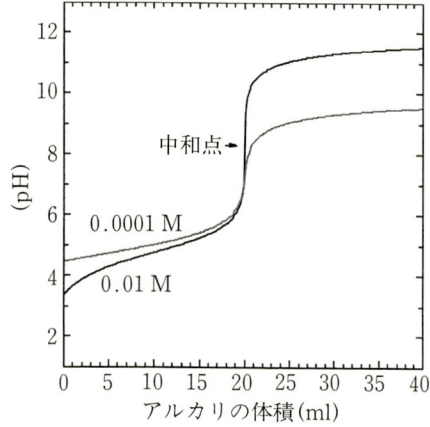

図2.6 滴定曲線の例(2) 弱酸-強塩基系
CH$_3$COOH+NaOH → CH$_3$COONa+H$_2$O

ローブとして使用し, pHによる変色をモニターする.

② pHメーターを使用し直接pHを測定する.

③ 中和に関係する他の量, たとえば電気伝導度 (後述) を測定する.

代表的な指示薬を表2.7に示した. これら指示薬の変色の原因は, すべて$pK_a$近傍での光吸収スペクトルが変化することによる. フェノールフタレインの例を図2.7に示した.

表 2.7 代表的な酸塩基指示薬と変色域

| 指示薬 | 酸性色-塩基性色 | pH 範囲 |
|---|---|---|
| チモールブルー | 赤-黄 | 1.2〜2.8 |
| 2,6-ジニトロフェノール | 無-黄 | 2.4〜4.0 |
| メチルオレンジ | 赤-黄 | 3.1〜4.4 |
| メチルレッド | 赤-黄 | 4.2〜6.3 |
| 4-ニトロフェノール | 無-黄 | 5.0〜7.0 |
| ブロモチモールブルー | 黄-青 | 6.0〜7.6 |
| クレゾールレッド | 黄-赤 | 7.2〜8.8 |
| フェノールフタレイン | 無-紅 | 8.3〜10.0 |
| チモールフタレイン | 無-青 | 9.3〜10.5 |
| アリザリンイエロー GG | 無-黄 | 10.0〜12.0 |

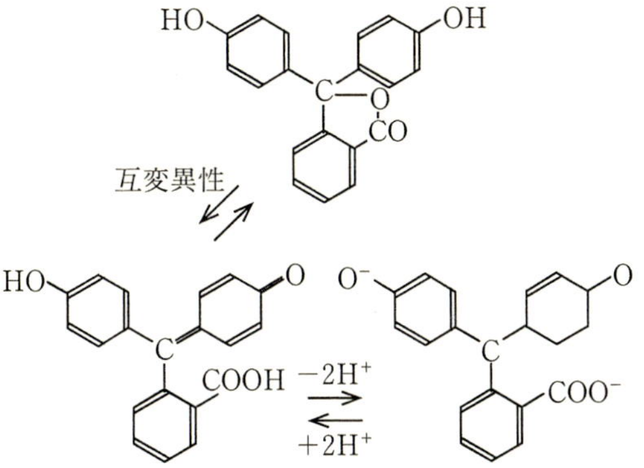

$H_2CO_3 \rightleftarrows H^+ + HCO_3^-$　$pK_1 = 6.352$

$HCO_3^- \rightleftarrows H^+ + CO_3^{2-}$　$pK_2 = 10.329$

$H_2O \rightleftarrows H^+ + OH^-$

ここで，炭酸ナトリウム標準液の原濃度を $C_{B,0}^t$，滴下する塩酸の濃度を $C_{A,0}^t$，炭酸ナトリウム標準液の体積を $V_B$，滴下する塩酸の体積を $V_A$ とすると，滴定中の塩酸濃度 $C_A^t$ は $C_{A,0}^t V_A/(V_A+V_B)$，滴定中の炭酸ナトリウム濃度 $C_B^t$ は $C_{B,0}^t V_B/(V_A+V_B)$ となる．

さらに，$Cl^-$ イオンの濃度 $C_{Cl}$ は $C_A^t$（完全解離），$Na^+$ イオンの濃度 $C_{Na}$ は $2C_B^t$（完全解離），$HCO_3^-$ イオンの濃度 $C_{HCO_3}$ は $C_B^t \alpha_1$，$CO_3^{2-}$ イオンの濃度 $C_{CO_3}$ は $C_B^t \alpha_2$ となる．したがって，電気的中性条件は次式で表される．

$$C_H - C_{OH} + C_{Na} - C_{Cl} - C_{HCO_3} - 2C_{CO_3} = 0 \tag{2.54}$$

これらの条件を考慮すると，溶液の pH を求めるには次式を解けばよい．

$$C_H - K_w/C_H + 2C_B^t - C_A^t - C_B^t$$
$$\times \frac{K_1/C_H}{1 + K_1/C_H + K_1 K_2/C_H^2}$$
$$- 2C_B^t \frac{K_1 K_2/C_H^2}{1 + K_1/C_H + K_1 K_2/C_H^2} = 0 \tag{2.55}$$

こうして炭酸ナトリウムの滴定曲線として図 2.8 が得られる．図から炭酸ナトリウム溶

図 2.7 フェノールフタレインの解離平衡
（変色は酸解離平衡に起因する）

### 3) 塩酸濃度の滴定例

塩酸濃度の秤定には，高純度試薬が得られ取扱いの容易な炭酸ナトリウムが標準物質として使用されることが多い．この例を以下に示す．

無水炭酸ナトリウムを秤量し，溶解させて標準溶液とした後，濃度未知の塩酸で滴定する．滴定の終点は，メチルオレンジの変色で知る（変色 pH 領域：赤 3.1-4.4 黄）．なぜ終点の判定をメチルオレンジで行うか考えてみよう．

この中和反応は次式で表される．

$$Na_2CO_3 + 2HCl \longrightarrow 2NaCl + H_2CO_3$$

溶液中での電離平衡は，下記のようになる．

$$NaCl \longrightarrow Na^+ + Cl^- \quad (完全解離)$$

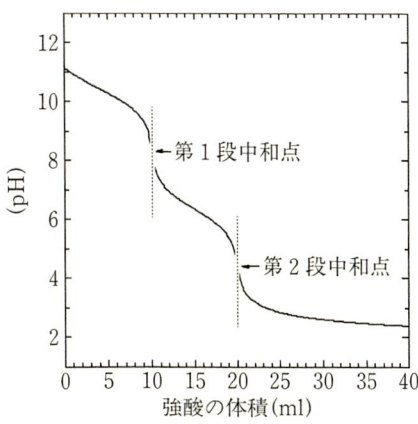

図 2.8 0.01 M 炭酸ナトリウム溶液 (10 ml) に 0.01 M 塩酸を滴下した際の滴定曲線

液の中和反応が次のような2段階反応であることがわかる．

$$Na_2CO_3 + HCl = NaCl + NaHCO_3$$
$$NaHCO_3 + HCl = NaCl + H_2CO_3$$

第2段の中和点では，炭酸（$HCO_3^-$）の$pK_a$ 6.352がpHを決め，弱酸性となる（中和点のpHは4.42）．このため，滴定ではこのpH付近に変色域をもつメチルオレンジが使用される．

## 2.2 錯形成平衡

溶媒中の金属イオンは溶媒和した金属イオンとして存在しているが，適当な錯形成剤（不対電子をもつ原子を含む分子・イオン）が存在すると溶媒分子を置換し，錯体を形成する．たとえば，$Cu^{2+}$イオンは水溶液内では水和し$[Cu(H_2O)_6]^{2+}$として存在しているが，アンモニア水を加えてpHが上がると次第に水酸化物の青白色の沈殿が生成し，さらに多量にアンモニア水を加えると，水酸化物は溶解し安定な銅アンミン錯イオンを生成し，深青色の溶液となる．

銅アンミン錯イオン$[Cu(H_2O)_2(NH_3)_4]^{2+}$の構造は図2.9に示したように正8面体構造をしているが，$H_2O$を省略して$[Cu(NH_3)_4]^{2+}$と書かれることが多い．図2.9の$NH_3$や$H_2O$のように，錯体の中心原子に配位結合している原子あるいは原子団のことを配位子

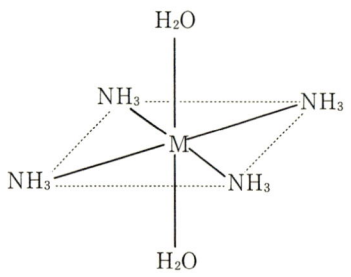

**図2.9** 銅アンミン錯イオン$[Cu(H_2O)_2(NH_3)_4]^{2+}$の形状（$Cu^{2+}$イオンは6配位）

と呼び，この場合$Cu^{2+}$は6配位であると表現する．

### a．単座配位子による錯形成

アンモニアのような配位子による錯形成反応では，中心金属イオンに対して一度に配位が起こるわけではなく，次に示すように逐次進行する．

$$\begin{aligned}
Cu^{2+} + NH_3 &\rightleftarrows Cu(NH_3)^{2+} \quad K_1 \quad 10^{4.1}\\
Cu(NH_3)^{2+} + NH_3 &\rightleftarrows Cu(NH_3)_2^{2+} \quad K_2 \quad 10^{3.5}\\
Cu(NH_3)_2^{2+} + NH_3 &\rightleftarrows Cu(NH_3)_3^{2+} \quad K_3 \quad 10^{2.9}\\
Cu(NH_3)_3^{2+} + NH_3 &\rightleftarrows Cu(NH_3)_4^{2+} \quad K_4 \quad 10^{2.1}
\end{aligned}$$
(2.56)

これらの生成反応における平衡定数$K_1$–$K_4$を逐次生成定数あるいは逐次安定度定数という．ここで，たとえば$K_4$は次のように定義される．

$$K_4 = \frac{[Cu(NH_3)_4^{2+}]}{[Cu(NH_3)_3^{2+}][NH_3]] \quad (2.57)$$

平衡式（2.56）は$M + nL \rightleftarrows ML_n$のようにも表される．

$$\begin{aligned}
Cu^{2+} + NH_3 &\rightleftarrows [Cu(NH_3)]^{2+} \quad \beta_1 \quad 10^{4.1}\\
Cu^{2+} + 2NH_3 &\rightleftarrows [Cu(NH_3)_2]^{2+} \quad \beta_2 \quad 10^{7.6}\\
Cu^{2+} + 3NH_3 &\rightleftarrows [Cu(NH_3)_3]^{2+} \quad \beta_3 \quad 10^{10.5}\\
Cu^{2+} + 4NH_3 &\rightleftarrows [Cu(NH_3)_4]^{2+} \quad \beta_4 \quad 10^{12.6}
\end{aligned}$$
(2.58)

ここで，$\beta_1$–$\beta_4$を生成定数あるいは安定度定数，また$\beta_4$を全生成定数または全安定度定数という．たとえば，$\beta_4$は次のように表される．

$$\beta_4 = \frac{[Cu(NH_3)_4^{2+}]}{[Cu^{2+}][NH_3]^4} \quad (2.59)$$

これらの定数は，通常logをとって表記される．なお，平衡式から明らかなように，$\beta_1 = K_1$，$\beta_2 = K_1 K_2$，$\beta_3 = K_1 K_2 K_3$，$\beta_4 = K_1 K_2 K_3 K_4$なる関係がある．

上記の平衡が成立するとき，錯形成していない遊離の$Cu^{2+}$の濃度$[Cu^{2+}]$はCuの全濃度$C_{Cu}^t$および錯形成していない遊離アンモ

ニアの濃度 [NH₃] を用いて次のように表される．

$$[Cu^{2+}] = \frac{C_{Cu}^t}{1+\beta_1[NH_3]+\beta_2[NH_3]^2+\beta_3[NH_3]^3+\beta_4[NH_3]^4} \quad (2.60)$$

上式および平衡定数の定義から，遊離アンモニア濃度に対する各錯イオン種の存在率の変化を計算できる．

図 2.10 は，元の銅イオン濃度 $C_{Cu}^t$ が 1 mM の場合であるが，遊離アンモニア濃度が 100 mM (pC=1) と大過剰であっても，$[Cu(NH_3)_4]^{2+}$，$[Cu(NH_3)_4]^{2+}$ の存在率はそれぞれ 92.6%，7.35% であり，4 配位錯体で $\log K=12.6$ という数値は必ずしも大きな値ではないことに注意を要する．

配位子がもつ配位原子の数により単座配位子，2 座配位子，2 座以上を多座配位子 (polydentate ligand) という．よく知られた単座配位子からなる錯イオンに次のようなものがある．

$$Fe^{2+}+6CN^- \rightleftharpoons Fe(CN)_6^{4-}$$
ヘキサシアノ鉄(II)酸イオン
$$Co^{3+}+6NH_3 \rightleftharpoons Co(NH_3)_6^{3+}$$
ヘキサアンミンコバルト(III)酸イオン

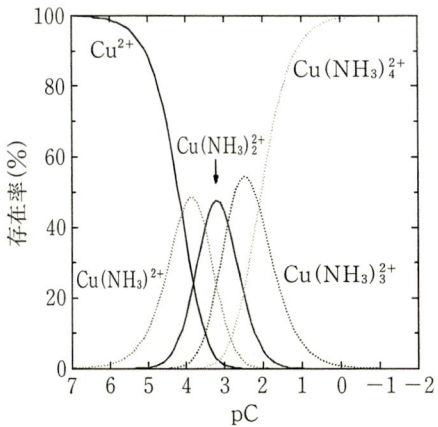

図 2.10 アンミン錯イオンとアンモニア濃度の相関

### b. キレート錯体の生成

$Co^{3+}$ に $NH_3$ が配位するような場合，N の孤立電子対が配位結合に関与するため，配位子一つが金属の配位座一つを占める．このような錯形成反応において，配位子が多座配位子であって 1 分子で金属の配位座二つ以上を占めるような場合，生成した錯体を特にキレート (chelate) またはキレート錯体といい，このような配位子をキレート剤という．特に，金属イオンと 1:1 で安定なキレートを生成する試薬は後述するキレート滴定法による定量分析に使用される．よく知られたキレート剤には，エチレンジアミン四酢酸 (EDTA) がある（図 2.11）．1 価金属以外のほとんどすべての金属イオンに対して一般に 6 座配位子として作用し，モル比 1:1 の安定な水溶性錯体を生成する．

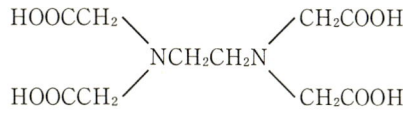

図 2.11 EDTA の構造式
（通常 2Na 塩として使用される）

エチレンジアミン四酢酸は 4 塩基酸であり，$H_4Y$ と略記すれば解離平衡は次のように表される．

$$H_4Y \rightleftharpoons H^+ + H_3Y^- \quad pK_1=2.0$$
$$H_3Y^- \rightleftharpoons H^+ + H_2Y^{2-} \quad pK_2=2.67$$
$$H_2Y^{2-} \rightleftharpoons H^+ + HY^{3-} \quad pK_3=6.16$$
$$HY^{3-} \rightleftharpoons H^+ + Y^{4-} \quad pK_4=10.26$$

図 2.12 に EDTA の解離度の pH 依存性を示した．

EDTA の平衡式中 $H_4Y$，$H_3Y^-$，$H_2Y^{2-}$，$HY^{3-}$，$Y^{4-}$ のどのイオン種も金属イオンと 1:1 のキレートを生成する．したがって，EDTA と金属イオン $M^{2+}$ との錯形成平衡は

$$M^{2+}+H_4Y \rightleftharpoons MY^{2-}+4H^+ \quad K_{MY(4)}$$
$$M^{2+}+H_3Y^- \rightleftharpoons MY^{2-}+3H^+ \quad K_{MY(3)}$$

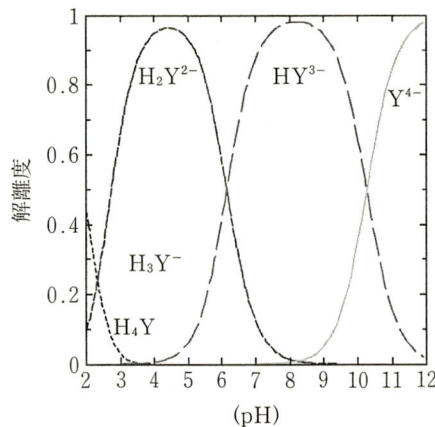

図2.12 EDTA解離度のpH依存性

$$M^{2+} + H_2Y^{2-} \rightleftarrows MY^{2-} + 2H^+ \quad K_{MY(2)}$$
$$M^{2+} + HY^{3-} \rightleftarrows MY^{2-} + H^+ \quad K_{MY(1)}$$
$$M^{2+} + Y^{4-} \rightleftarrows MY^{2-} \quad K_{MY}$$

と表される．$M^{2+} + Y^{4-} \rightleftarrows MY^{2-}$ の平衡定数 $K_{MY}$ を代表的な金属イオンについて表2.8に示した．

表2.8 おもな金属イオンのEDTAキレート生成定数

| イオン | $\log K_{MY}$ | イオン | $\log K_{MY}$ |
|---|---|---|---|
| $Mg^{2+}$ | 8.7 | $Zn^{2+}$ | 16.5 |
| $Ca^{2+}$ | 10.6 | $Pb^{2+}$ | 18.0 |
| $Mn^{2+}$ | 14.0 | $Ni^{2+}$ | 18.6 |
| $Al^{3+}$ | 16.1 | $Cu^{2+}$ | 18.9 |
| $Co^{2+}$ | 16.3 | $Hg^{2+}$ | 21.8 |
| $Cd^{2+}$ | 16.5 | $Fe^{3+}$ | 25.1 |

### c. キレート錯体生成における pH の影響

上のキレート生成平衡反応は，pHが低いほど進行しにくく，逆に高いほどよく進行することが明らかである．これらの反応の平衡定数は $M^{2+} + Y^{4-} \rightleftarrows MY^{2-}$ の平衡定数 $K_{MY}$ を用いて表現できる．たとえば，$M^{2+} + HY^{3-} \rightleftarrows MY^{2-} + H^+$ の反応は

$$K_{MY(1)} = \frac{[MY^{2-}]C_H}{[M^{2+}][HY^{3-}]}$$

$$= \frac{[MY^{2-}]}{[M^{2+}][Y^{4-}]} \cdot \frac{C_H[Y^{4-}]}{[HY^{3-}]}$$
$$= K_{MY} \cdot K_4 \quad (2.61)$$

**条件安定度定数**

EDTAの総濃度を $C^t$ とすると $[Y^{4-}]$ は4段目の解離度（$Y^{4-}$ の占める割合，$\alpha_4$）を用いて次のように書ける．

$$[Y^{4-}] = C^t \alpha_4 \quad (2.62)$$

そこで，平衡定数 $K_{MY}$ を $C^t$ と $\alpha_4$ で書き改めると

$$K_{MY} = \frac{[LnY^-]}{[Ln^{3+}][Y^{4-}]} = \frac{[LnY^-]}{[Ln^{3+}]C^t \alpha_4} \quad (2.63)$$

次式で定義される $K_H$ を条件安定度定数といい，あるpHにおける安定度定数の大きさを見積もるために重要である．

$K_H = K_{MY} \cdot \alpha_4$，したがって
$$\log K_H = \log K_{MY} + \log \alpha_4 \quad (2.64)$$

ここで，$\alpha_4$ は次式で与えられる．

$$\alpha_4 = \frac{K_1 K_2 K_3 K_4 / C_H^4}{1 + K_1/C_H + K_1 K_2/C_H^2 + K_1 K_2 K_3/C_H^3 + K_1 K_2 K_3 K_4/C_H^4} \quad (2.65)$$

なお，$1/\alpha_4$ を $\alpha_H$ として $\log K_H = \log K_{MY} - \log \alpha_H$ と表示することがある．図2.13に

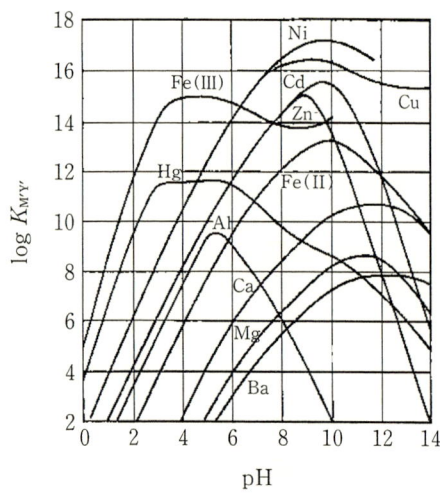

図2.13 EDTAキレートの条件安定度定数
（日本分析化学会編：錯形成反応，より転載）

条件安定度定数のpH依存性を示す.図2.13中の条件安定度定数に極大がみられるのは,水酸化物生成反応と競合した結果である.

図より明らかなようにpHが低下すると条件安定度定数が小さくなるため,キレート滴定ではpH調整が最も重要なポイントであり,このためしばしば適切なpH緩衝剤存在下で使用される.一般に$\log K_H$が8以上であれば滴定可能とされている.

図2.14は,EDTAキレートMYの生成におけるpHの影響を$\log K = 6 \sim 16$の場合について計算したものである.金属イオン総濃度$C_M^t$とEDTAの濃度はともに1mMと固定した.図より,金属イオンを1:1でキレート化するにはpHが適切に設定されていなければならないことがわかる.

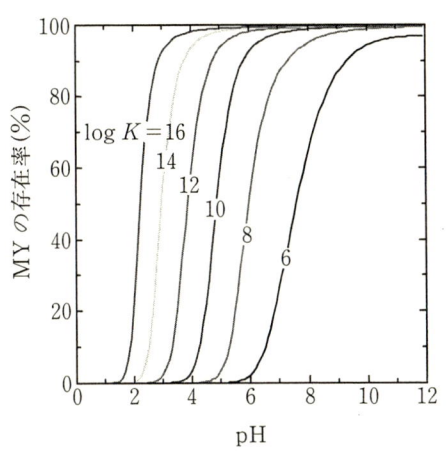

図2.14 EDTAキレートの生成に対するpHの影響

### d. キレート滴定

EDTAのようなキレート試薬は条件を適切に設定すれば,溶液中の金属イオンの定量に有用である(Scwarzenbach, 1945).特に,EDTAは適用可能な元素の種類が多い特徴がある.生成したキレートは安定で水溶性であるため操作性に優れている.現在でもキレート滴定として中和滴定のような方法で比較的高い濃度の金属イオンの定量分析に使用されている.また,キレートの中には強い発色を示すものもあり,後述するように吸光光度法と結合し高感度な分析法として使用されている.

**1) キレート滴定におけるpMジャンプ**

キレート滴定を行うと,図2.15に示したように溶液内の遊離金属イオン濃度が等量点(等モルとなる点)で大きく減少する.この変化をpM($=-\log(C_M)$,$C_M$は遊離金属イオン濃度)で表すと,当量点でpMは急激な増加を示す.これをpMジャンプという.図より安定度定数が十分大きくないと,等量点が不明瞭になることが明らかである.

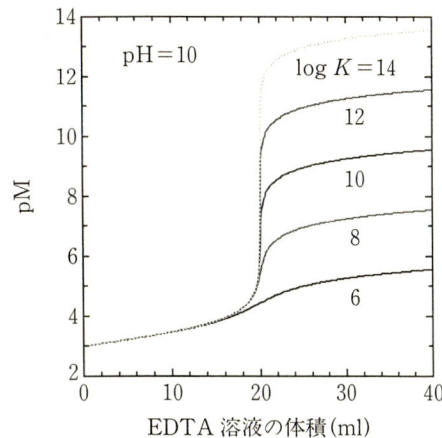

図2.15 1mM金属イオン溶液を1mM EDTA溶液で滴定した場合のpMジャンプ(pH=10)

**2) 金属指示薬**

キレート滴定の終点判定にはEBT(図2.16),NN指示薬などのいわゆる金属指示薬を使用する.これらは,有色の錯形成剤で溶液内にあって,初めは目的イオンと錯形成しているが,より強力な(安定度定数の大きな)錯形成剤で滴定すると目的イオンが奪われ変色する.EBTの場合,キレートは赤色であるが,イオンは青色である.金属指示薬

図 2.16 金属指示薬 EBT の構造

は，このような競合反応に伴う変色を利用した指示薬である．

EDTA 以外にも図 2.17 に示した例のほか，種々の多座配位子が使用される．

1,10-フェナントロリン

1-(2-ピリジルアゾ)-2-ナフトール(PAN)

図 2.17 代表的なキレート試薬の構造

### e. クラウンエーテルの錯形成

クラウンエーテル（大環状ポリエーテル）は代表的な非イオン性配位子である．空孔内に，アルカリ金属やアルカリ土類金属を取り込むことができる．図 2.18 に，2 種のクラウンエーテルの構造を示した．x-crown-y-ether の名称から構造が推定できる（$x$：環サイズ，$y$：酸素原子の数，ether は省略可）．環の空孔サイズと取り込む金属カチオ

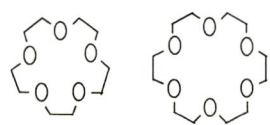

15-crown-5　　18-crown-6

図 2.18 クラウンエーテル 2 種

ンには選択性があり，金属イオンの半径に依存する．

クラウンエーテル中の酸素はアルカリ，アルカリ土類金属などと親和性を示すが（表 2.9）遷移金属や重金属などとの錯形成能は低い．

表 2.9 クラウンエーテルの安定度定数(25℃)

| | log $K$ | | | | |
| --- | --- | --- | --- | --- | --- |
| | Li$^+$ | Na$^+$ | K$^+$ | Rb$^+$ | Cs$^+$ |
| 12-crown-4 | – | 1.7 | 1.74 | – | – |
| 15-crown-5 | 1.20 | 3.48 | 3.35 | 2.81 | 2.18 |
| 18-crown-6 | 1.00 | 4.35 | 6.08 | 5.32 | 4.79 |
| 21-crown-7 | 0.50 | 2.54 | 4.35 | 4.86 | 5.20 |
| 24-crown-8 | – | 2.35 | 3.53 | – | 4.15 |

## 2.3 沈殿形成反応と溶解度積

電解質水溶液では，イオンは水和により安定化しているが，化学反応してより安定な化学種を形成し沈殿する場合がある．沈殿形成反応は，定量分析や各種試料の前処理（分別沈殿）などに有効である．

一例として，$Ba^{2+}$ が硫酸根 $SO_4^{2-}$ と反応して $BaSO_4$ の難溶性白色沈殿を生成する場合を考えよう．

$$BaSO_4(s) \rightleftharpoons Ba^{2+} + SO_4^{2-}$$

平衡定数 $K = \dfrac{[Ba^{2+}][SO_4^{2-}]}{[BaSO_4(s)]}$ (2.66)

ここに，$BaSO_4(s)$ は固体で活量 1 とすれば

$$K_{sp} = [Ba^{2+}][SO_4^{2-}] = 1.3 \times 10^{-10}$$
(2.67)

ここで，$K_{sp}$ を溶解度積（solubility product）という．$[Ba^{2+}]$ と $[SO_4^{2-}]$ が同濃度のときのみならず，どちらかが過剰に存在する場合でも $K_{sp}$ の値は一定となる．

$[Ba^{2+}] \cdot [SO_4^{2-}]$ の値を $K_{sp}$ と比較することにより，沈殿が生成するかどうかが判定できる．

① $[Ba^{2+}]\cdot[SO_4^{2-}] > K_{sp}$ ② となるまで沈殿が生成.
② $[Ba^{2+}]\cdot[SO_4^{2-}] = K_{sp}$ 沈殿の増減なし.
③ $[Ba^{2+}]\cdot[SO_4^{2-}] < K_{sp}$ 沈殿は生成しない.

したがって，もし$Ba^{2+}$を徹底的に沈殿させようとすれば，過剰の$SO_4^{2-}$を溶液に添加すること，またもし$SO_4^{2-}$を徹底的に沈殿させようとすれば過剰の$Ba^{2+}$を添加する必要がある．一般に沈殿の成分と同じイオンを共存させると溶解度が小さくなる（共通イオン効果）．

表2.10に，難溶性塩の溶解度積を示したが，このほか金属水酸化物の中には大きな溶解度積をもつものが多い（たとえば，$Fe(OH)_3$は$2.5\times10^{-39}$，$Al(OH)_3$は$1.1\times10^{-33}$など）．また，硫化物も大きな$K_{sp}$をもつものが多い（たとえば，CuSの$2.5\times10^{-36}$）．さらに，金属の中には錯形成により難溶性の錯体を形成するものがあり，これらは溶媒抽出と併用して定量分析に使用される．

**表2.10** おもな難溶性塩の溶解度積 $K_{sp}$ (25℃)

| 塩 | $K_{sp}$ | 塩 | $K_{sp}$ |
|---|---|---|---|
| AgBr | $2.1\times10^{-13}$ | $CaF_2$ | $4.9\times10^{-11}$ |
| AgCl | $1.8\times10^{-10}$ | $Ca_3(PO_4)_2$ | $3.1\times10^{-23}$ |
| AgI | $1.5\times10^{-15}$ | $CaSO_4$ | $2.3\times10^{-5}$ |
| $BaCO_3$ | $5.1\times10^{-9}$ | $Hg_2Cl_2$ | $1.3\times10^{-18}$ |
| $BaSO_4$ | $2.0\times10^{-11}$ | $PbCO_3$ | $3.3\times10^{-14}$ |
| $CaCO_3$ | $2.9\times10^{-9}$ | $ZnCO_3$ | $1.4\times10^{-11}$ |

沈殿生成反応は，機器分析に使用されることはまれであるが，沈殿滴定として容量分析に使用される．滴定終点の判別が容易でなければ終点判定が困難であるため，沈殿の溶解度が小さくかつ沈殿速度が速いことが条件となる．終点判定には，中和滴定同様，指示薬を用いたり電気伝導度の変化を用いることがある．

## 2.4 電解質溶液の電気伝導とイオン移動度

電解質溶液の重要な性質の一つは，電気伝導性である．溶液の電気伝導に対してオームの法則が成立する場合，長さ$L$(cm)，断面積$A$(cm$^2$)の溶液柱の電気抵抗$R$は次式で与えられる．

$$R = \frac{V}{JA} = \frac{EL}{JA} \quad (2.68)$$

ここで，$V$は長さ$L$の間に印加されている電圧，$E$は電場の強さ（電位勾配），$J$はイオン泳動による電流密度である．さらに，溶液の比伝導度$\kappa$に対しては，

$$\kappa = \frac{1}{R}\cdot\frac{L}{A} = \frac{J}{E} \quad (2.69)$$

の関係が成立する．イオンの泳動電流密度$J$は次式で与えられる．

$$J = \sum J_i = \sum |z_i|FC_im_iE/1000$$
$$= \sum |z_i|C_i\lambda_iE/1000 \quad (2.70)$$

ここで，$J_i$はイオン$i$による部分電流密度，$z_i$はイオン電荷，$F$はファラデー定数，$C_i$はイオン$i$のモル濃度，$m_i$は移動度，$\lambda_i$は当量イオン伝導度である．

式(2.70)を式(2.69)に代入すると比伝導度$\kappa$は次式で与えられる．

$$\kappa = \sum |z_i|C_i\lambda_i/1000 \quad (2.71)$$

$\kappa$の単位は通常S（ジーメンス）/cmである．

こうして溶液の伝導度は，溶液中に存在するすべてのイオンの濃度および伝導度の関数となる．伝導度を測定すれば，単純な溶液の濃度決定や，伝導度変化を用いて滴定終点を求める伝導度滴定に利用できる．濃度$C$の溶液の伝導度を$\kappa$とするとモル伝導度$\Lambda$は次式で与えられる．

$$\Lambda = 1000\,\kappa/C \quad (2.72)$$

伝導度を正確に測定するためには，できるだけ伝導度の低い純粋な水を使用する必要がある．純粋な水の比伝導度の理論値は25℃

で約 $5.5×10^{-8}$ S/cm であるが，空気中の炭酸ガスの溶解，その他不純物のため，このような伝導度の超純水を得ることは簡単ではない．

### a. 当量伝導度の極限値

電解質溶液の当量伝導度は，図 2.19 に示したように，濃度の減少とともに増大し，十分希薄な溶液ではある限界値に到達する．この極限値を無限希釈における当量伝導度 $\Lambda_0$（極限当量伝導度）という．

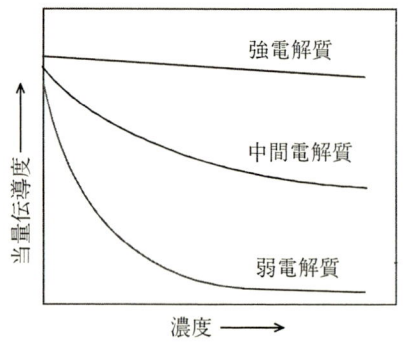

図 2.19 当量伝導度の濃度依存性

KCl など強電解質類の当量伝導度は，濃度に対して単調減少するのに対して，弱電解質では濃度による pH 変化により解離度が変化し，その結果当量伝導度は特に低濃度領域で大きく変化する．

Kohlrausch は，希薄溶液中における強電解質の当量伝導度が濃度の平方根と直線関係を示すことを見出し，次のような経験式を導いた．

$$\Lambda = \Lambda_0 - A\sqrt{C} \qquad (2.73)$$

ここで，$A$ は比例である．この関係は当量伝導度に関する Kohlrausch の式と呼ばれ，後に Onsager によって理論的に解明された．Kohlrausch の式を用いると，十分希薄な溶液の $\Lambda$ の実測値を $\sqrt{C}$ に対してプロットし，その直線を $\sqrt{C} \to 0$ に補外することによって，強電解質の $\Lambda_0$ を正確に決定することができる．

### b. イオン独立移動の法則

Kohlrausch は，$\Lambda_0$（極限当量伝導度）が，その電解質を構成しているカチオンとアニオンの極限当量伝導度 $\lambda_0^+$ と $\lambda_0^-$ の和として表されることを示した．

$$\Lambda_0 = \lambda_0^+ + \lambda_0^- \qquad (2.74)$$

すなわち，電解質溶液を無限希釈すると，イオン間の相互作用がなくなり（完全解離），固有の伝導度を示す．この関係を Kohlrausch のイオン独立移動の法則と呼ぶ．

各イオンの $\lambda_0$ は，そのイオンを含む強電解質の $\Lambda_0$ と問題のイオンの輸率 $T$ から次のようにして決めることができる．

$$\left.\begin{array}{l}\lambda_0^+ = T_0^+ \cdot \Lambda_0 \\ \lambda_0^- = T_0^- \cdot \Lambda_0\end{array}\right\} \qquad (2.75)$$

詳細は省略するが，こうして多くのイオンについて表 2.11 に示すように $\lambda_0$ の値が測定されている．

表 2.11 代表的なイオンの $\lambda_0$ (25℃)

| カチオン | $\lambda_0$ | アニオン | $\lambda_0$ |
|---|---|---|---|
| $H^+$ | 349.8 | $OH^-$ | 198.3 |
| $Li^+$ | 38.7 | $F^-$ | 55.4 |
| $Na^+$ | 50.1 | $Cl^-$ | 76.4 |
| $K^+$ | 73.5 | $Br^-$ | 78.1 |
| $Rb^+$ | 77.8 | $I^-$ | 76.8 |
| $Cs^+$ | 77.3 | $NO_3^-$ | 71.5 |
| $NH_4^+$ | 73.6 | $ClO_3^-$ | 64.6 |
| $Ca^{2+}$ | 59.5 | $BrO_3^-$ | 55.7 |
| $Mg^{2+}$ | 53.0 | $IO_3^-$ | 40.5 |
| $CH_3NH_3^+$ | 58.7 | $HCOO^-$ | 54.6 |
| $NMe_4^+$ | 44.9 | $CH_3COO^-$ | 40.9 |
| $NBu_4^+$ | 19.5 | $ClCH_2COO^-$ | 42.2 |

### c. 電気泳動移動度

溶液中に存在する種々のイオン性物質に電場が与えられたとき，イオンが移動する現象が電気泳動であり，単位電位勾配（V cm$^{-1}$）

あたりの泳動速度を電気泳動移動度と呼ぶ（以下移動度と略）．イオン成分の移動度差を利用する電気泳動法ではイオン成分分離の可否を左右する重要な要素である．

定義よりイオンの移動度と電位勾配の積がイオンの泳動速度（$v_{ep}$）を与える．

$$v_{ep} = \bar{m} E \qquad (2.76)$$

ここで，$\bar{m}$ は実効移動度，$E$ は電位勾配である．移動度の単位は cm/s/V/cm＝cm$^2$ V$^{-1}$ s$^{-1}$ である．

イオンの移動度は，イオン半径と密接に関連している．すなわち，電場中のイオンは電気力（$F_E = zE$，$z$ はイオンの電荷）による移動と溶媒の摩擦力（$F_F = -6\pi \eta r v$，$\eta$ は溶媒の粘度，$r$ はイオン半径，$v$ は泳動速度＝$\bar{m} E$）とのつり合いを保ちながら泳動するので，イオンの移動度 $m$ は次の Stokes の式で表される．

$$m = z / 6\pi \eta r \qquad (2.77)$$

移動度に影響するファクターとしては，式 (2.77) に現れているイオンの電荷・大きさなどのイオン固有の性質や溶媒の粘度だけでなく，イオンの存在する雰囲気の温度，誘電率，イオン強度，pH，錯形成剤の有無などがある．電気泳動分離を行うにあたっては，これらのファクターを考慮し，分離に適切な分離用電解液（イオン雰囲気）を調製することが最も重要となる．

実際の溶液における移動度を実効移動度と呼び，これに対して無限希釈（イオン強度 0）における完全解離状態の移動度を絶対移動度（$m_0$）と呼ぶ．$m_0$ の値は 25℃で通常 $10^{-4}$ cm$^2$ V$^{-1}$ s$^{-1}$ のオーダーである．$m_0$ には 1℃あたり約 2% の温度依存性がある．図 2.20 に当量イオン伝導度（$\lambda_0$）の温度依存性を示したが，移動度とは次のように関係している．

$$\lambda_0 = F m_0 \qquad (2.78)$$

ここで，$F$ はファラデー定数である．

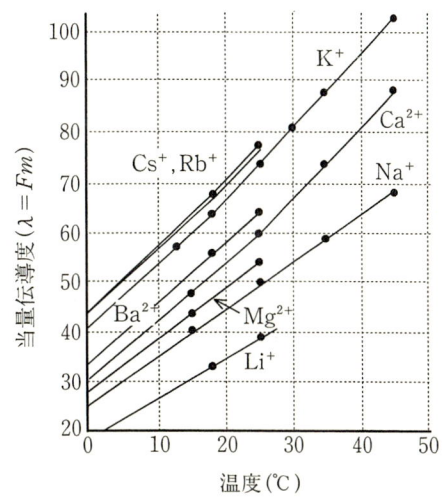

**図 2.20** 当量伝導度の温度依存性

### 1) pH 効果

実効移動度は，イオン強度の影響により常に絶対移動度より小さな値になるが，さらに弱電解質の場合は解離度（$\alpha$）によって変化する．ある試料イオンの $\bar{m}$ は全イオン種について存在率を考慮し，総和をとって次式のように表される．

$$\bar{m} = \sum z_i m_i \alpha_i f_i \qquad (2.79)$$

ここに，$z_i$ はイオン種 $i$ の電荷，$m_i$ は絶対移動度，$\alpha_i$ は解離度，$f_i$ は溶媒の誘電率・粘度・イオン強度などのイオンの雰囲気を反映する因子である．なお，$\alpha_i$ に関係する p$K_a$ にも温度依存性があるが，イオン種によって符号・大きさともに異なる．

図 2.22 にいくつかの簡単なイオンについて移動度-pH 曲線を示した．たとえば，リン酸 H$_3$PO$_4$ では H$_2$PO$_4^-$，HPO$_4^{2-}$，PO$_4^{3-}$ のように 3 種のイオン種が存在する．これらのイオン種の $\alpha_i$ は pH によって大きく異なり，したがって $\bar{m}$ は pH によって大きく変化する．低分子量のイオン性物質に対しては，絶対移動度と p$K$ 値がある程度測定されており，このようなグラフをプロットすることができる．図 2.22 は 25℃におけるイオン強度 0 の移動度（絶対移動度）を用いてプ

ロットしてあるが，イオンの移動度はイオン強度の増大および電荷の増大に伴い急激に減少する（Onsagerの式）．電気泳動分離の挙動の予測などには，有限イオン強度におけるグラフが有用である．

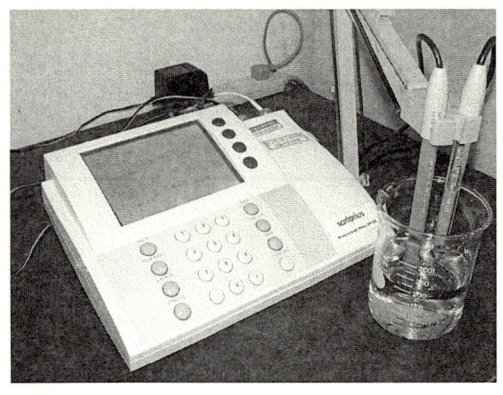

図2.21　pH・伝導度メーター

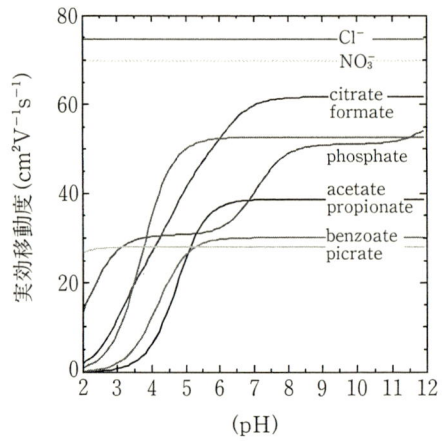

図2.22　各種アニオンの移動度-pH曲線

### 2) 錯体効果および溶媒効果

図2.22に示した移動度-pH曲線から明らかなように，水溶液におけるpH依存性だけを利用したのでは，移動度が接近していることがある．このような場合，錯形成剤の使用や有機溶媒あるいは混合溶媒の使用が有効である．前者は錯形成（イオン対形成）によるイオン電荷の変化およびイオンサイズの変化により，後者は溶媒の粘度・溶媒和の変化・解離定数の変化などを通じて実効移動度に大きな影響を与えるためである．

錯体効果は，特に金属イオンの分離に有効である．図2.23に金属イオンの移動度を示したが，たとえばランタノイドイオンは通常+3価（$Ln^{3+}$）で水和イオン半径も類似しているため，そのままでは分離困難である．そのため，適切な錯形成剤と錯形成させ，その結果実効移動度が相互に異なるような条件でのみ分離が可能となる（電気泳動だけでなくイオンクロマトグラフィーでは電荷を変化させるため重要である）．錯形成剤としては$\alpha$-ヒドロキシイソ酪酸，乳酸などの弱い錯形成剤のほか，EDTAのようにきわめて安定な錯体を形成する試薬も目的に応じて使用される．

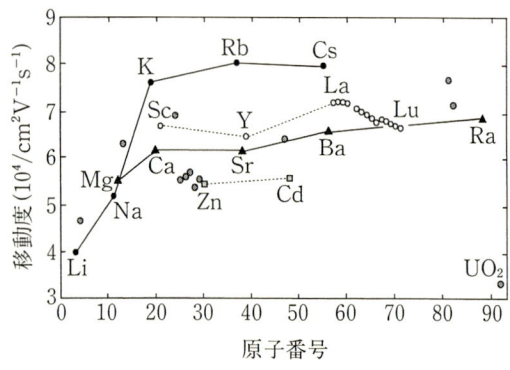

図2.23　金属イオンの移動度

たとえば，$\alpha$-ヒドロキシイソ酪酸（HIBH）を錯形成剤とする場合，ランタノイドイオンの泳動ゾーンにおける錯形成平衡は次のように表される．

$HIBH = HIB^- + H^+$　　　　　　$pK_a = 3.971$
$Ln^{3+} + HIB^- = LnHIB^{2+}$　　　$\beta_{LnHIB}$
$Ln^{3+} + 2HIB^- = Ln(HIB)_2^+$　　$\beta_{Ln(HIB)2}$
$Ln^{3+} + 3HIB^- = Ln(HIB)_3^0$　　$\beta_{Ln(HIB)3}$
$Ln^{3+} + 4HIB^- = Ln(HIB)_4^-$　　$\beta_{Ln(HIB)4}$

このような化学平衡が迅速に成立し，あるランタノイドイオンが全体として均一なゾー

ンを形成し電気泳動する場合，ランタノイドイオンの実効移動度 $\bar{m}$ は次式で与えられる．

$$\bar{m} = \frac{m_3[\text{Ln}^{3+}]+m_2[\text{LnHIB}^{2+}]+m_1[\text{Ln(HIB)}_2^+]}{[\text{Ln}^{3+}]+[\text{LnHIB}^{2+}]+[\text{Ln(HIB)}_2^+]+[\text{Ln(HIB)}_3^0]}$$

$$= \frac{\begin{array}{c}m_3[\text{Ln}^{3+}]+m_2\beta_{\text{LnHIB}}[\text{Ln}^{3+}][\text{HIB}^-]\\+m_1\beta_{\text{LnHIB2}}[\text{Ln}^{3+}][\text{HIB}^-]^2\end{array}}{\begin{array}{c}[\text{Ln}^{3+}]+\beta_{\text{LnHIB}}[\text{Ln}^{3+}][\text{HIB}^-]+\beta_{\text{LnHIB2}}[\text{Ln}^{3+}][\text{HIB}^-]^2\\+\beta_{\text{LnHIB3}}[\text{Ln}^{3+}][\text{HIB}^-]^3\end{array}}$$

$$= \frac{m_3+m_2\beta_{\text{LnHIB}}[\text{HIB}^-]+m_1\beta_{\text{LnHIB2}}[\text{HIB}^-]^2}{1+\beta_{\text{LnHIB}}[\text{HIB}^-]+\beta_{\text{LnHIB2}}[\text{HIB}^-]^2+\beta_{\text{LnHIB3}}[\text{HIB}^-]^3}$$

(2.80)

実効移動度は，安定度定数の小さい軽ランタノイドイオンの方が大きく，速く泳動する．なお，イオンクロマトグラフィーでは実効電荷の大きい軽希土類イオンが強く保持されるので，電気泳動とは逆に実効電荷の小さいランタノイドイオンすなわち安定度定数の大きい重ランタノイドイオンから原子番号の逆順に溶出する．

なお，式 (2.75) から明らかなように，実効移動度は試料濃度には関係なく電解液中のHIB⁻濃度で決まる．したがって，HIBの総濃度が同じ場合にはpHが高い方が効果が大きいが，pHを高くすると水酸化物生成反応と競合するので注意が必要である．

pH効果や錯体効果では分離が十分でない場合，有機溶媒あるいは水との混合溶媒の使用が効果的である．これは，イオンの溶媒和状態が異なり，溶媒和半径（式 (2.77) の $r$）や溶媒の粘度（$\eta$）が変化したり，p$K_a$ に関係する誘電率が変化するためである．

### d. 電気浸透流

ガラス，石英，テフロンなどでつくられた細管は分離分析法（キャピラリー電気泳動，電気クロマトグラフィー）などの分離の場として使用される．このような分離用キャピラリーに液体を充填すると，内壁には電気二重層が生成し，液体は壁面とは反対の電荷を帯びる．したがって，このような系に直流電圧を印加すると，液体は静電力により移動する．この流れの方向は表面の極性に，流れの速度はキャピラリー内壁の極性の強さに関係している．

II．機器分析と応用 1.2 節で述べるキャピラリー電気泳動では，石英キャピラリーがよく使用されるので，これを例に電気浸透流を説明する．図 2.24 に示したように，内壁では表面シラノールが解離して強い負極性を示すため，キャピラリーに充填された泳動バッファー全体は正に帯電し，その結果＋極から－極に向かって電気浸透流が発生する．

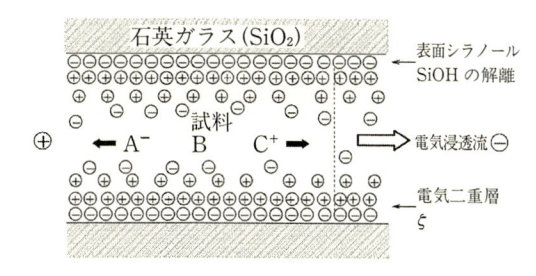

図 2.24　石英キャピラリー中の電気浸透流

シラノールは弱酸性を示すため，アルカリ性では完全解離し強い浸透流が発生するのに対して，酸性領域では浸透流は弱くなる．

このような細管中で発生する電気浸透流は理想的な栓流であるといわれ，壁面の電気二重層付近を除き，泳動方向への流速は管内のどの部分も一定とみなしてよく，圧力差流がパラボリックなプロファイルをもつことと対照的である．

なお，浸透流を逆転させるためには，表面に＋極性で吸着しやすい物質をコーティングする．また，浸透流を抑制したい場合は，無極性もしくは極性の低い高分子物質，たとえばヒドロキシプロピルセルロースやPVAなどを媒体に添加する．

## 2.5 酸化と還元

電子が物質から奪われる化学反応を酸化,逆に電子を与える反応を還元と呼ぶ.物質間の反応ではこれらは同時に起こり,酸化還元反応と呼ばれる.したがって,酸化剤と還元剤の関係は移動電子数を $n$ とすれば次式で表される.

$$\text{酸化剤} + ne^- \rightleftharpoons \text{還元剤}$$

たとえば,代表的な酸化剤である過マンガン酸カリウム中 $MnO_4^-$ イオンが還元されて $Mn^{2+}$ イオンになる反応は次のようになる.

$$MnO_4^- + 8H^+ + 5e^- \longrightarrow Mn^{2+} + 4H_2O \tag{2.81}$$

具体的には,過マンガン酸カリウムがシュウ酸ナトリウムと反応すると,次のような反応が起こり,シュウ酸は還元されて二酸化炭素になる.

$$C_2O_4^{2-} \longrightarrow 2CO_2 + 2e^- \tag{2.82}$$

式 (2.81) や式 (2.82) で表される酸化還元の部分反応を半反応と呼んでおり,これらを合わせると溶液内での反応は次のようになる.

$$2KMnO_4 + 5Na_2C_2O_4 + 8H_2SO_4 \longrightarrow$$
$$2MnSO_4 + 5Na_2SO_4 + K_2SO_4 + 10CO_2 + 8H_2O$$

### a. 酸化還元滴定

上記の典型的な酸化還元反応は,容量分析において過マンガン酸滴定として広く利用されている.式 (2.82) はシュウ酸ナトリウム標準溶液で硫酸酸性過マンガン酸カリウム溶液を標定する際の反応である.過マンガン酸カリウム溶液は,純品が入手困難だけでなく水中の不純物を酸化するので,シュウ酸ナトリウムで標定される.過マンガン酸はそれ自身特有な色をもっているので,終点の判断には指示薬が不要である.

このほか,よく知られている酸化還元滴定法にヨウ素滴定がある.ヨウ素滴定では,酸化性物質にヨウ化物イオンを反応させ,遊離したヨウ素をチオ硫酸ナトリウム標準液で滴定することが多い.チオ硫酸ナトリウムは純品が入手困難であるため,ヨウ化物の標準としてヨウ素酸カリウムが使用される.ヨウ素より取扱いに便利であり,次のように硫酸酸性ヨウ化カリウム溶液として使用すると定量的にヨウ素を生成する.

$$KIO_3 + 5KI + 3H_2SO_4$$
$$\longrightarrow 3K_2SO_4 + 3H_2O + 3I_2 \tag{2.83}$$

生成したヨウ素はチオ硫酸ナトリウムと次式に従って還元される.

$$I_2 + Na_2S_2O_3 \longrightarrow 2NaI + Na_2S_4O_6 \tag{2.84}$$

$I_2$ をヨウ素デンプン反応で発色させておき,ヨウ化物イオンとなって無色となった点が終点である.

### b. 電極反応

a. で述べた反応が溶液内で起こるのに対して,電池反応や電気分解反応では各電極で電子の授受(酸化還元反応)が起こっている.酸化が起こっている極をアノード(陽極),還元が起こっている極をカソード(陰極)というが,これは必ずしも正極,負極を意味しない.電位の高い方を正極,低い方を負極と呼ぶ.

鉛蓄電池の場合カソードが正極,アノードが負極である.すなわち,放電時の正極では $PbO_2$ が還元されて

$$PbO_2 + 4H^+ + SO_4^{2-} + 2e^-$$
$$\longrightarrow PbSO_4 + 2H_2O \tag{2.85}$$

負極では Pb が酸化されて

$$Pb + SO_4^{2-} \longrightarrow PbSO_4 + 2e^- \tag{2.86}$$

したがって,全体では

$$PbO_2 + 2H_2SO_4 + Pb \underset{\text{充電}}{\overset{\text{放電}}{\rightleftharpoons}} 2PbSO_4 + 2H_2O \tag{2.87}$$

となる.なお,この電池の起電力は硫酸の濃度,温度などによって変化するが,常温で比

重 1.2 の硫酸の場合には約 2.05 V である.

このような各電極における電池反応とその電極電位（標準電極電位もしくは平衡電極電位, $E^0$) の例を表 2.12 に示した. ネルンスト (Nernst) によれば, 電極反応

酸化剤(O) $+ ne^- \rightleftharpoons$ 還元剤(R)

に対応する平衡電極電位 $E^e$ は,

$$E^e = E^0 + (RT/nF) \log(a_O/a_R) \quad (2.88)$$

ここに, $T$ は絶対温度, $a_O$, $a_R$ は O および R の活量である. $E^0$ は $a_O = a_R = 1$ のときの平衡電極電位で, 系に固有の量であり, 標準電極電位 (standard electric potential) と呼ばれる. $E^0$ 値は, 標準状態における金属のイオン化傾向や, 電極反応を構成する酸化還元系の酸化力（または還元力）を示す尺度となる. 通常標準水素電極を基準電極とした平衡電極電位が使用される.

### c. 電気化学検出

酸化還元物質（電気化学的活性物質）については, 酸化または還元される時に電流が流れるので, この電流の変化を検出することにより選択的な検出が可能である. たとえば, HPLC の選択的検出器として $CN^-$, $S_2O_3^{2-}$, $I^-$ などの無機イオンや, カテコールアミンおよびその代謝物, コリン・アセチルコリン, インドールアミン, 各種ビタミン, フェノール類, 芳香族アミンなどに使用でき, 電気化学的に不活性な物質の妨害を受けないという特徴がある.

表 2.12 半反応式と標準電極電位 (25 °C)

| 半反応（還元型） | $E_0$(V) | 半反応（還元型） | $E_0$(V) |
|---|---|---|---|
| $H_2O_2 + 2H^+ + 2e^- = 2H_2O$ | 1.776 | $AgCl + e^- = Ag + Cl^-$ | 0.2224(*2) |
| $Ce^{4+} + e^- = Ce^{3+}$ | 1.74 | $S + 2H^+ + 2e^- = H_2S(g)$ | 0.171 |
| $MnO_4^- + 4H^+ + 3e^- = MnO_2 + 2H_2O$ | 1.695 | $Sn^{4+} + 2e^- = Sn^{2+}$ | 0.154 |
| $BrO_3^- + 6H^+ + 5e^- = 0.5Br_2 + 3H_2O$ | 1.52 | $Cu^{2+} + e^- = Cu^+$ | 0.153 |
| $MnO_4^- + 8H^+ + 5e^- = Mn^{2+} + 4H_2O$ | 1.51 | $2H^+ + 2e^- = H_2$ | 0.000(*3) |
| $Cr_2O_7 + 14H^+ + 6e^- = 2Cr^{3+} + 7H_2O$ | 1.29 | $AgBr + e^- = Ag + Br^-$ | $-0.071$ |
| $MnO_2 + 4H^+ + 2e^- = Mn^{2+} + 2H_2O$ | 1.23 | $Pb^{2+} + 2e^- = Pb$ | $-0.129$ |
| $2IO_3^- + 12H^+ + 10e^- = I_2 + 6H_2O$ | 1.195 | $Sn^{2+} + 2e^- = Sn$ | $-0.138$ |
| $Br_2(aq) + 2e^- = 2Cl^-$ | 1.065 | $PbSO_4 + 2e^- = Pb + SO_4^{2-}$ | $-0.355$ |
| $2Hg^{2+} + 2e^- = Hg_2^{2+}$ | 0.920 | $Cd^{2+} + 2e^- = Cd$ | $-0.402$ |
| $Ag^+ + e^- = Ag$ | 0.799 | $Fe^{2+} + 2e^- = Fe$ | $-0.440$ |
| $Hg_2^{2+} + 2e^- = 2Hg$ | 0.789 | $2CO_2(g) + 2H^+ + 2e^- = H_2C_2O_4(aq)$ | $-0.49$ |
| $Fe^{3+} + e^- = Fe^{2+}$ | 0.771 | $Zn^{2+} + 2e^- = Zn$ | $-0.763$ |
| $H_3AsO_4 + 2H^+ + 2e^- = HAsO_2 + 2H_2O$ | 0.559 | $Mn^{2+} + 2e^- = Mn$ | $-1.18$ |
| $I_3^- + 2e^- = 3I^-$ | 0.536 | $Ti^{2+} + 2e^- = Ti$ | $-1.63$ |
| $I_2(aq) + 2e^- = 2I^-$ | 0.535 | $Al^{3+} + 2e^- = Al$ | $-1.662$ |
| $Cu^{2+} + 2e^- = Cu$ | 0.337 | $Na^+ + e^- = Na$ | $-2.714$ |
| $Hg_2Cl_2 + 2e^- = 2Hg + 2Cl^-$ | 0.2681(*1) | $K^+ + e^- = K$ | $-2.925$ |

*1 カロメル電極, *2 銀-塩化銀電極, *3 水素電極（標準）

# II

## 機器分析と応用

# 1 分　離

## 1.1 クロマトグラフィー

　世の中に存在する物質のほとんどすべては，混合物である．海水は水とさまざまな無機物や有機物の混合物であり，空気は窒素，酸素を主体とし二酸化炭素やアルゴンなどが含まれた混合物であり，血液にはアミノ酸，タンパク質，糖など多種多様な物質が含まれている．混合物試料の中に含まれるある特定の成分（群）を分析する方法としては，特定の成分にのみ応答するセンサーを用いる方法と，混合物試料を各構成成分に分離し，その後その成分を分析する手法がある．クロマトグラフィーは最も一般的に用いられる分離手法であり，環境分析，生体分析などさまざまな分野で使用されている．

　クロマトグラフィー（chromatography）という名称は，ギリシア語の chroma（色）と graphos（記録）という二つの言葉を合わせたものである．クロマトグラフィーは1906年にロシアの科学者 Zswett によって開発された．Zswett は，植物の葉から抽出した色素の石油エーテル溶液を炭酸カルシウムを詰めたガラス管に通すと，試料溶液が複数の色素帯に分離されることを見出した．そして，この手法をクロマトグラフィーと名づけた．

　その後，クロマトグラフィーは発展を続け，液体クロマトグラフィー，ガスクロマトグラフィー，薄層クロマトグラフィー，ペーパークロマトグラフィー，超臨界クロマトグラフィーなどさまざまな手法が開発された．分離の対象も色素のみならず，無機物，有機物を問わず，あらゆる物質の分離・精製に有効な手法として広く利用され，現在では分析を行うためには欠かすことができない手法である．

### a. クロマトグラフィーの基礎
#### 1) 分離の基礎と分類

　クロマトグラフィーにおいて試料が分離されるためには，固定相（stationary phase）と移動相（mobile phase）が必要である．移動相は気体や液体などの流体であり，固定相は液体や固体で形成されている．移動相は固定相の隙間を流れ，試料は固定相と相互作用を行いながら，移動相の流れに乗って進んでゆく．固定相との相互作用が大きな試料ほど，固定相中に存在する時間が長くなり，ゆっくりと進んでゆく（図1.1）．一方，固

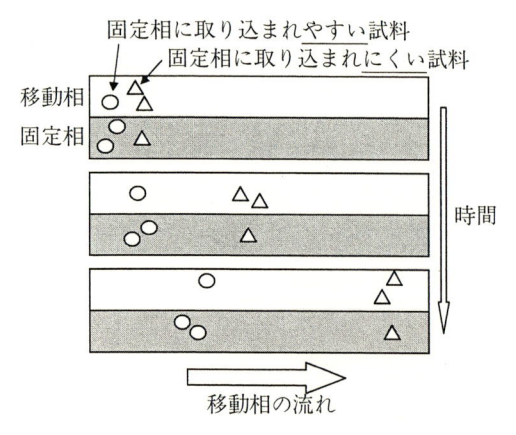

**図1.1　クロマトグラフィーにおける分離進行**

定相と相互作用を行わない物質は，早く進んで（流れて）ゆく．

クロマトグラフィーでは，試料と固定相の間に働く相互作用の大きさの違いにより，分離が進行する．固定相が親油性であり，移動相が水である場合，親油性の高い試料は固定相に取り込まれるが，親水性の高い物質は固定相には取り込まれない．したがって，親水性の高い物質は早く進んで（流れて）ゆく．

クロマトグラフィーでは，吸着，分配，イオン交換，サイズ排除，包接などさまざまな保持機構（試料と固定相の間の相互作用）が用いられる．そのため固定相としては，アルキル鎖やイオン交換基のような比較的単純なものから，タンパク質のような複雑なものまで，さまざまな物質が使用されている．

クロマトグラフィーにはさまざまな種類があるが，代表的なクロマトグラフィーの特徴を表1.1に示した．液体クロマトグラフィー，ガスクロマトグラフィー，超臨界クロマトグラフィーは，それぞれ移動相に気体（ガス），液体，超臨界流体を用いていることから名づけられた．イオンクロマトグラフィーは分離対象がイオンであり，ペーパークロマトグラフィーは固定相が紙である．薄層クロマトグラフィーは，固定相の形状が平面薄板状（薄層）であるため，こう呼ばれている．

### 2）クロマトグラム

クロマトグラフィーとは，分離を行う手法を示す言葉であり，クロマトグラフィーにより得られるデータはクロマトグラム(chromatogram)と呼ばれる．図1.2にヒノキの木片の水熱分解物を，ガスクロマトグラフィーで分離を行ったクロマトグラムを示す．木材中に含まれるリグニンの分解物や糖類が分離されていることがわかる．図1.3には，汗中に含まれるキサンチン類の液体クロマトグラフィー分離のクロマトグラムを示した．

図1.2や図1.3に示されるように，クロマトグラムは，時間に対する検出器（b.の3），c.の3)参照）信号の強度変化を記録したものである．分離された試料が検出器を通過する際には，信号強度が大きく変化し，通過し終わるともとの信号強度に戻る．試料の通過により得られる信号の変化は，その形状からピークと呼ばれる．ピークの高さは試料の濃度に依存し，ピークの面積は試料量に依存する．したがって，ピークの面積から試料中に含まれる物質量を得ることができる．

表1.1 代表的なクロマトグラフィー

| 名称 | 固定相 | 移動相 | 分離媒体形状 | 分離対象 |
|---|---|---|---|---|
| ペーパークロマトグラフィー<br>(paper chromatography) | 固体(紙)・液体 | 液体 | 平板 | 多様 |
| 薄層クロマトグラフィー<br>(thin layer chromatography：TLC) | 固体 | 液体 | 平板 | 多様 |
| 液体クロマトグラフィー<br>(liquid chromatography：LC) | 固体・液体 | 液体 | カラム（充填および中空） | 多様 |
| イオンクロマトグラフィー<br>(ion chromatography：IC) | 固体 | 液体 | カラム（充填および中空） | イオン |
| ガスクロマトグラフィー<br>(gas chromatography：GC) | 固体・液体 | 気体 | カラム（充填および中空） | 気化可能な試料 |
| 超臨界流体クロマトグラフィー<br>(super critical fluid chromatography：SFC) | 固体・液体 | 超臨界流体 | カラム（充填） | 中性物質 |

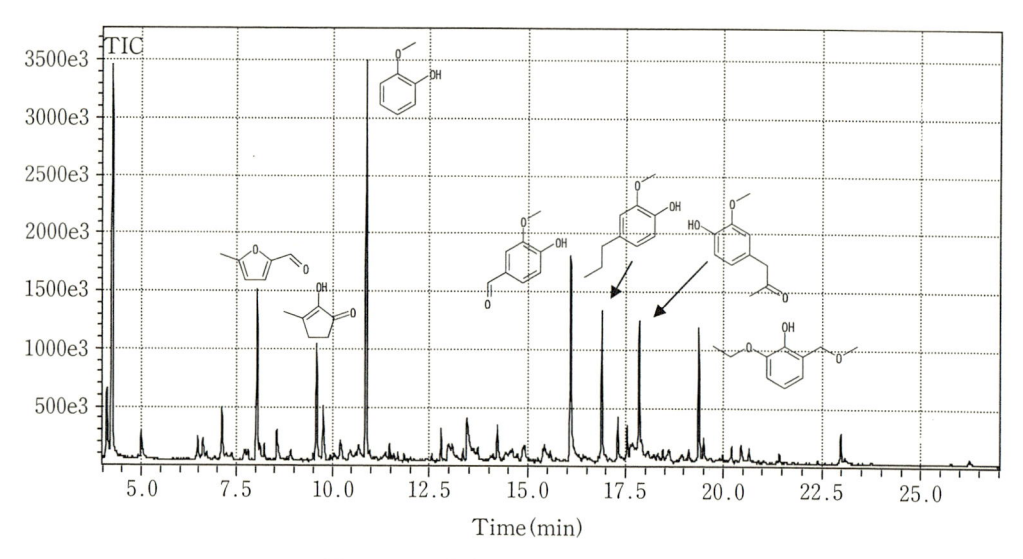

**図 1.2** ヒノキ木片の水熱反応物の分析
カラム：DB-5 MS，移動相：He 1 m$l$ min$^{-1}$，温度条件：50℃ (5 min)，10℃ min$^{-1}$，220℃ (5 min)，検出器：質量分析計（協力者：梅山貴之）

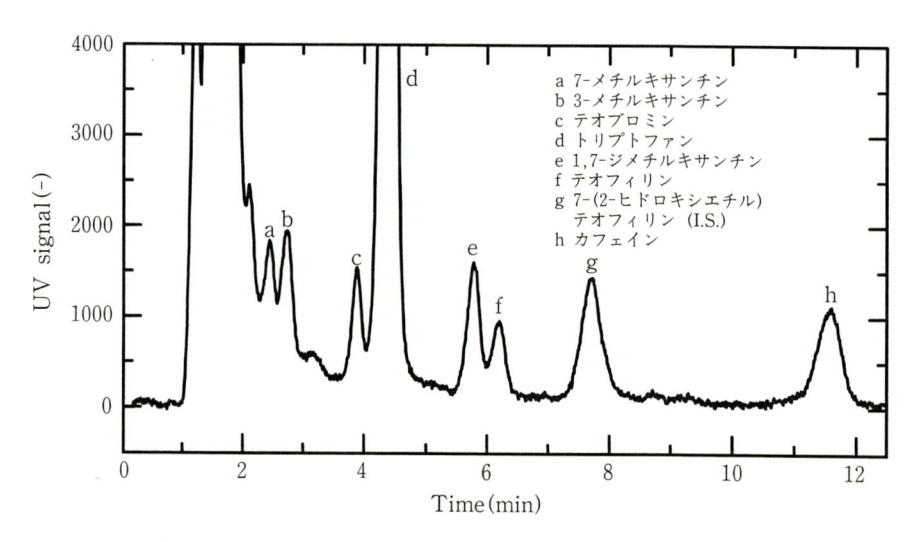

**図 1.3** 液体クロマトグラフィーによるヒト汗中に含まれるキサンチン類の分析
カラム：CHEMCOBOND 5-ODS-H（内径 1.0 mm，長さ 15 cm），溶離液：20 mM 酢酸緩衝液（pH 4.8）：アセトニトリル：メタノール＝130：7：13 (v/v/v)，流速：70 μ$l$ min$^{-1}$，検出：UV 273 nm（協力者：山田裕一）

クロマトグラフィーで得られる結果は，クロマトグラムだけであるが，f. 項に示すようにクロマトグラムからはさまざまな情報を読み取ることが可能である．

### 3）クロマトグラフ

実際にクロマトグラフィーによる分離を行い，クロマトグラムを得るには，クロマトグラフ（chromatograph）と呼ばれる装置が必要である．基本的なクロマトグラフを図

## 1. 分 離

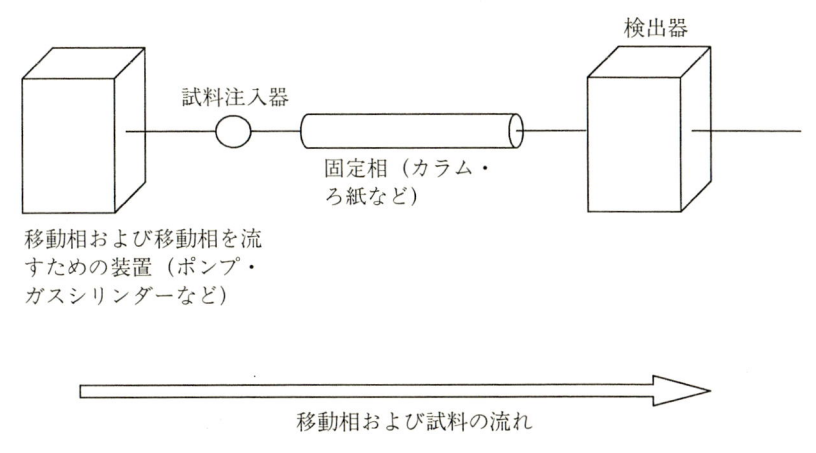

**図 1.4 クロマトグラフの基本構成**

1.4 に示す．クロマトグラフは移動相を流す装置（ポンプ，ガスシリンダー[*1] など），試料注入器，固定相，検出器から構成される．

試料の保持を行うための固定相には，アルキル鎖，イオン交換基やタンパク質などを用いる．これらの固定相は，中空管の内壁や充塡剤と呼ばれる微粒子の表面や内部に，化学的もしくは物理的に固定されている．充塡剤としては，多孔性のシリカゲルやポリマーの微粒子が一般的に用いられている．ガスクロマトグラフィーでは，液体クロマトグラフィーよりも大きな充塡剤が用いられるが，これは気体の拡散係数が液体の拡散係数よりも 4 桁大きいため，充塡剤粒子間の間隙が大きくても溶質物質の相平衡が迅速に達成できるためである（e. 項参照）．用途によっても，使用される充塡剤のサイズは異なり，一般的に液体クロマトグラフィーでは，分析用としては粒径 3～10 μm，分取（精製）用としては 10～50 μm の充塡剤が使用される．

クロマトグラフィーで用いられる充塡剤の多くは多孔性で，単位質量あたりの表面積がきわめて大きい．シリカゲル系充塡剤では，100～400 $m^2 g^{-1}$ の比表面積をもつ．これは，1 g の充塡剤がテニスコート程度の表面積をもつことを意味する．大きな表面積の充塡剤を使用することで，試料と固定相が接触する確率を高め，また固定相の体積を大きくし試料の保持や保持できる物質の絶対量を大きくすることができる．

充塡剤は，ステンレスやガラスの管に充塡される．充塡剤を充塡した管は充塡カラム（packed column）と呼ばれる（図 1.5 参照）．また，管の内壁に固定相を固定したカラムは中空キャピラリーカラム（open tubular capillary column）と呼ばれる．

実際の分離の手順は，次のとおりである．移動相が連続的に供給されている固定相（カラム）の入口に，微量の試料を注入する．注入された試料はカラムで分離された後に，カラムから溶出され検出器で検出される．検出器の信号は記録され，図 1.2 や 1.3 のようなクロマトグラム（chromatogram）が得られる．

カラムにおいて分離が十分に行われた場合は，一つのピークに含まれる化合物の種類は 1 種類となる．したがって，ピークの面積を測定することで，試料中に含まれている目的成分の量を知ることができる．

---

[*1] 「ボンベ」は日本特有のいい方であり，英語ではシリンダー（cylinder）．

図1.5 ガスクロマトグラフ用キャピラリーカラム（上）(㈱島津製作所製) と液体クロマトグラフ用充填カラム（下）(旭テクネイオン㈱製)

対象となる試料の性質に対応した，さまざまな選択性検出器や万能検出器が開発されている (b. の 3), c. の 3) 参照).

### b. ガスクロマトグラフィー

ガスクロマトグラフィー (gas chromatography : GC) では移動相としてガスが用いられる．したがって，GC では分析条件においてある程度の蒸気圧を有する (気化することが可能) 試料が分離の対象となる．塩（えん）や高分子など気化しない，もしくは気化しにくい物質はガスクロマトグラフィーでは分離できない．気化しにくい物質をガスクロマトグラフィーで分析する際には，気化しやすい物質に誘導体化してから分析を行う．

ガスクロマトグラフィーで一般的に使用される移動相は，ヘリウムガス (He) や窒素ガス ($N_2$) であるが，アルゴン (Ar) なども使用される．

ガスクロマトグラフの構成は図 1.4 と同一であり，移動相の供給を行うためのガスシリンダー，試料注入器，カラム，検出器からなるが，これに加えて，カラムの温度を任意にコントロールすることができる恒温槽（オーブン）が用いられる．

試料の気化および充填剤との相互作用は温度により大きな影響を受ける．クロマトグラフィーではカラム温度の上昇に従って，保持が小さくなる (f. の 2) 項参照). それゆえ，オーブンを利用してカラム温度をコントロールすることで，試料の固定相への保持をコントロールすることができる．カラム温度はガスクロマトグラフィーにおける最も重要な分離パラメーターの一つである．

#### 1) 昇温分析

一般的に，ガスクロマトグラフィーでは，分析を行う際に昇温分析と呼ばれる手法が用いられる．昇温分析とは，試料をカラムに注入した後，連続的もしくは段階的にカラム温度（オーブン温度）を上昇させる手法である．この方法を用いることで，低温では溶出されにくい化合物を迅速にカラムから溶出することができる．

試料の保持比とカラム温度には，f. の 2) 項に後述するように式 (1.32) の関係がある．仮に，昇温分析が次式に従って行われるとする．

$$T = T_0 + r_T t \tag{1.1}$$

ただし，$T_0$, $r_T$, $t$ はそれぞれ，初期温度，昇温速度，分析時間である．したがって，分析時間 $t$ における試料の保持比は，

$$\begin{aligned} k &= \exp\left(-\frac{\Delta H^\circ}{RT} + \frac{\Delta S^\circ}{R} + \ln\phi\right) \\ &= k_0 \exp\left(-\frac{\Delta H^\circ}{RT}\right) \end{aligned} \tag{1.2}$$

で与えられる．ただし，$k_0 = \exp(\Delta S^\circ/R + \ln\phi)$ である．試料の移動距離は，試料の実

行移動速度（固定相との相互作用の寄与を含む速度：$u/(1+k)$，ただし $u$ は移動相の平均流速）を分析時間で積分することで与えられる．また，移動距離がカラム長さ（$L$）に等しくなったときに試料は溶出することができる．

$$L = \int_0^{t_R} \frac{u}{1+k_0 \exp\left(-\dfrac{\Delta H^\circ}{RT}\right)} dt \quad (1.3)$$

昇温分析において溶出をコントロールしている因子は，時間ではなく温度であるので式(1.3)を変数を温度で扱うと次式となる．

$$\frac{L}{r_T} = \int_{T_0}^{T_R} \frac{u}{1+k_0 \exp\left(-\dfrac{\Delta H^\circ}{RT}\right)} dT \quad (1.4)$$

式(1.4)を解くと，試料の溶出がカラム温度によってコントロールされていることがわかる．昇温分析の例を図1.6に示した．昇温速度が大きくなると，試料が溶出するために必要な温度に早く至るため，分析時間が短くなる．

### 2) カラム

ガスクロマトグラフィーでは，充填カラムと中空キャピラリーカラムの二つのタイプのカラムが用いられる．

充填カラムで使用される充填剤は，シリカゲル，活性アルミナ，モレキュラーシーブ5Aなどである．これらの充填剤は，内径2～4 mm，長さ30 cm～6 mのガラス管，ステンレス管などに充填される．充填カラムは比較的安価であるが，分離能力はあまり高くない．

中空キャピラリーカラムの分離能力は高く，容易に十万段以上の理論段数（f.項参照）を得ることが可能である．キャピラリーカラムは，内径0.25 mm，0.32 mmおよび0.53 mm，カラム長25 mから60 mであり，充填カラムに対して細くて長い．キャピラリーカラムの内壁には，厚さ0.1～3.0 $\mu$m程度の化学的に結合された液膜が存在し，これが固定相とする．固定相には，メチルシリコーンやフェニルメチルシリコーン，シアノプロピルなどを用いる．固定相の極性を変えることで分離をコントロールする．

GCでは昇温分析を行うため，カラム固定相の熱安定性が重要である．高い温度で分析を行うと，固定相が熱分解を起こす．安定した測定結果を得るには，実際の測定温度より30～50 ℃高い温度でカラムコンディショニングを行うとよい．

充填カラムは，キャピラリーカラムよりも理論段数が小さいが，カラムに存在する固定相体積が大きく，試料を多量に注入できる．キャピラリーカラムの試料注入量は0.01～20 $\mu l$であり，充填カラムでは1～20 $\mu l$である．

### 3) 検出器

ガスクロマトグラフィーで用いられる検出器は，多種類がある．用いられることが多い検出器を表1.2に示した．

GCで用いる検出器は，万能型と選択型検出に分けられる．水素炎イオン化検出器

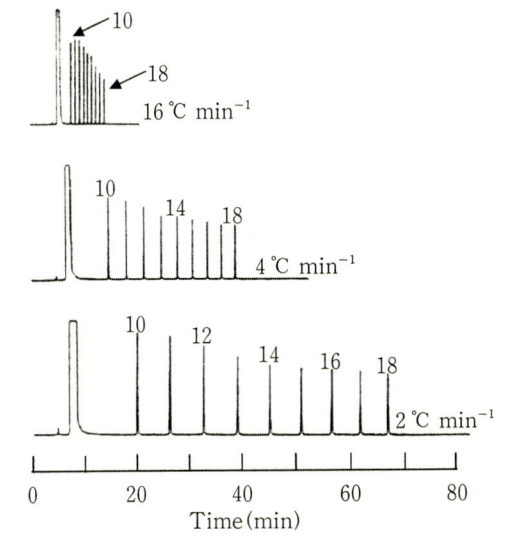

図1.6　昇温速度による溶出時間の変化
　　　試料：$n$-アルカン（C 10～C 18）
（津田孝雄：クロマトグラフィー，丸善，1995）

表1.2 ガスクロマトグラフィーで用いられる検出器

| 検出器 | 対象試料 | 原理 |
| --- | --- | --- |
| 熱伝導度検出器 (thermal conductivity detector : TCD) | 汎用 | キャリヤーガス (He) と試料との熱伝導度の差を,加熱したフィラメントの電気抵抗変化で検出する. |
| 水素炎イオン化検出器 (frame ionization detector : FID) | 汎用 (炭化水素) | 試料を水素炎でイオン化する.生成したイオンを電場で集め,その際に流れるイオン電流を検出する. |
| 電子捕獲型検出器 (electron capture detector : ECD) | ハロゲン,ニトロ化合物 | 移動相として用いる窒素に$\beta$線を照射しイオン化する.親電子化合物は$\beta$線を効率よく捕獲するため,イオン電流の減少が生じ,これを検出する. |
| 炎光光度型検出器 (flame photometric detector : FPD) | 硫黄,リン | 炎で励起された原子が,基底状態に戻る際に放出する光を検出する. |
| 質量分析検出器 (mass spectrometric detector : MSD) | 汎用 | 質量分析計を検出器として用いる方法.質量スペクトルが得られ,定性・定量が可能. |

(FID) は試料の炭化水素部位を検出するため,有機物の汎用検出器として使用される.電子捕獲型検出器 (ECD) などの選択型検出器は,対象試料は限定されるが一般的に高い感度をもつ.

質量分析計 (MS) を検出器として用いるGC/MS もよく使われている方法の一つである.質量分析計は高価ではあるが,定性能力を有しているという利点をもつ.また,特定の分子量をもつ化合物を選択的に検出できるので,高感度検出を行うことが可能である.

**c. 液体クロマトグラフィー**

液体クロマトグラフィー (liquid chromatography : LC) は,医薬品分析,生体分析などの分野で広く用いられている.液体クロマトグラフィーの分離対象となる試料はきわめて多い.陰イオン,陽イオンなどの無機物や,ベンゼンやトルエンなどの低分子有機物,タンパク質,DNA などの高分子など多岐にわたる.

液体クロマトグラフィーの構成は図1.4に示した.現在のLCでは送液に高圧ポンプを用いることが一般的である.

LCにおいて,最も重要な分離パラメーターの一つは,移動相の組成である.ガスクロマトグラフィーの移動相としては,Heや$N_2$のような単一成分の気体を用いるが,液体クロマトグラフィーの移動相は,さまざまな有機溶媒や塩(えん),緩衝溶液などが使用できる.移動相の組成により試料の保持をコントロールする.たとえば,固定相として炭素鎖数18のアルキル鎖(シリカゲル表面にオクタデシルシランを化学修飾する.ODS もしくは C 18 と呼ばれる)を用いた場合,移動相に含まれる有機溶媒濃度によって,試料の溶出時間は劇的に変化する.移動相が100%水の場合は,ベンゼンのような疎水性の物質を溶出するためには,きわめて長い時間が必要であるが,移動相を100%メタノールに変えると,ベンゼンはほとんどカラムに保持されず溶出される.したがって,移動相中の有機溶媒濃度を適当に調整し,任意の時間に試料を溶出させる(図1.7).また,試料の解離状態(イオン化)を調整するためには,移動相のpHを調整する.光学活性を

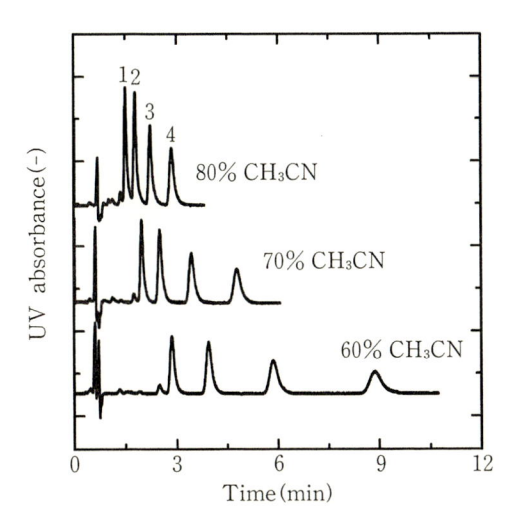

**図 1.7** 有機溶媒濃度による溶出時間の変化
カラム：ODS（内径 1 mm，長さ 150 mm），移動相：水/アセトニトリル混合溶液，流速：0.1 ml min$^{-1}$，検出：UV 254 nm，試料：1.トルエン；2.エチルベンゼン；3.$n$-プロピルベンゼン；4.$n$-ブチルベンゼン

認識する試薬を，移動相に添加すれば，光学異性体の分離を行うこともできる．

## 1) 液体クロマトグラフィーの分離モード

液体クロマトグラフィーは，固定相や移動相の組合せや，分離メカニズムの違いによりさまざまな分離モードがある（表 1.3）．

順相クロマトグラフィーは最も初期に開発された分離モードであり，Zswett が行った植物の葉から抽出した色素の分離はこのモードで行われた．逆相クロマトグラフィーは，現在，最も汎用的に用いられている分離モードである．固定相のアルキル鎖としては，炭素数 18 の直鎖のオクタデシル基（C18 または ODS と呼ばれる）が一般的であるが，C8 や C24，C30 などのアルキル基も用いられる．一般的な低分子化合物から巨大なタンパク質までさまざまな試料の分離に用いられている．

サイズ排除クロマトグラフィーでは，分子の大きさの相違によって分離が行われるため，分子サイズの異なる高分子の分離に用いられることが多い．

**表 1.3** 液体クロマトグラフィーの分類

| 名　　　称 | 原 理 な ど |
|---|---|
| 順相クロマトグラフィー<br>(normal phase liquid chromatography) | シリカゲルやアルミナなど，高極性固定相とヘキサンなどの低極性有機溶媒を移動相として使用．極性の高い試料ほど固定相への親和性が高い． |
| 逆相クロマトグラフィー<br>(reversed phase liquid chromatography : RPLC) | 長鎖のアルキル基など，低極性の分子を固定相，水，メタノール，アセトニトリルなどの極性の高い溶媒を移動相として使用．疎水性の大きな試料ほど長く固定相に保持される． |
| イオン交換クロマトグラフィー<br>(ion-exchange chromatography)<br>(g. 項参照) | シリカゲルやスチレンジビニルベンゼン共重合体粒子に化学的に結合されたイオン交換基（-SO$_3^-$ や-N(CH$_3$)$_3^+$ など）が固定相．試料イオンは静電的相互作用（クーロン力）で保持される． |
| サイズ排除クロマトグラフィー<br>(size exclusion chromatography : SEC) | 試料は充填剤の細孔への分子の浸漬の度合いの違い（分子の大きさの相違）により分離される．試料-固定相間の化学的相互作用が存在しない状態にする必要がある． |
| アフィニティクロマトグラフィー<br>(affinity chromatography) | 抗原・抗体反応など特定の分子に対して働く相互作用を保持機構として利用する．相互作用の大きさの差ではなく，相互作用の有無で分離を行う． |

アフィニティクロマトグラフィーは，特異的な相互作用（鍵と鍵穴にたとえられる）を利用し，特定の試料のみを分離する方法である．試料溶液を注入すると，リガンドと結合する目的成分以外はカラムからすばやく溶出される．その後，移動相の組成を変化させ分子間の相互作用を解き，目的成分を溶出させる．

表 1.3 に示したほかにも，イオン排除クロマトグラフィーや，イオンペアクロマトグラフィー，キレート充填剤，キラル分離充填剤などさまざまな分離モードが開発されている．

### 2) グラジエント溶離

液体クロマトグラフィーでは，保持の大きな試料を迅速に溶出するために，グラジエント (gradient) 手法を用いる．グラジエント溶離は，移動相の組成を連続的または段階的に変化させ，溶出力を連続的・段階的に強くする手法である．逆相クロマトグラフィーでは，有機溶媒濃度を大きくしてゆくグラジエントがよく用いられる．固定相や分析対象試料によって，塩濃度や pH を変化させる方法もある．

### 3) 検出方法

液体クロマトグラフィーで一般的に使用される検出器を表 1.4 に示した．

紫外吸収検出器は最もよく用いられる検出器である．測定セルの一方から，特定の波長（紫外線としては 210 nm や 254 nm がよく用いられる）の光を入射し，セルを透過した光の強度を連続的に測定する．紫外可視吸収検出器の検出対象となる試料はベンゼン環などの芳香環を有したものが多い．

### d. 薄層クロマトグラフィー・ペーパークロマトグラフィー

薄層クロマトグラフィー (thin layer chromatography : TLC)，ペーパークロマトグラフィー (paper chromatography : PC) は最も簡便に行うことが可能であるクロマトグラフィーである．薄層およびペー

表 1.4 液体クロマトグラフィーで用いられる検出器

| 検 出 器 | 原 理 な ど |
| --- | --- |
| 紫外可視吸光検出器<br>(UV-visible absorbance detector) | 物質が紫外線や可視光などを吸収する現象を利用．測定用セルを通過した光量を測定する．検出感度は分子の吸光係数に依存する． |
| 示差屈折率計<br>(refractive index detector : RI) | 試料を溶解した溶液の屈折率が変化する現象を利用し，糖や有機酸など吸光係数の小さな物質の検出に適用する． |
| 蛍光検出器<br>(fluorescence detector) | 励起光を物質に照射し，発生する蛍光を検出する．試料に自己蛍光がないときは，蛍光官能基（蛍光プローブ）を結合させる．非常に高感度． |
| 電気伝導度検出器<br>(conductivity detector) | 溶液の電気伝導度が溶液中に含まれるイオン種，イオン濃度によって変化する現象を利用した検出方法． |
| 電気化学検出器<br>(electrochemical detector : ECD) | 試料を電気化学的に酸化・還元し，その際に流れる電流を検出する．電気化学的に活性な試料が対象． |
| 質量分析<br>(mass spectrometric detector : MS) | 質量分析計を検出器として用いる．難揮発性の塩（えん）を移動相中に加えることはできない． |

パークロマトグラフィーでは，試料の純度や，ある特定の化合物が含まれているかどうかを簡便に確認できる．

ペーパークロマトグラフィーでは，ろ紙（セルロース）が固定相の担体として用いられる．PCにおいて，一般的に固定相として働くのはセルロースに吸着した水や親水性有機溶媒である．したがって，PCにおける主たる分離機構は分配であるが，ろ紙が有する弱い陽イオン交換やさまざまな相互作用もある．

また，薄層クロマトグラフィーは，ガラス板や高分子板上にシリカゲルやアルミナなどの微粒子を薄い層状（0.2～2 mmの薄層）に形成した薄層板を使用する．TLCはPCと比較して，分析時間が短く，高い分離能を示す．

### 1）薄層・ペーパークロマトグラフィーの概略と操作

薄層クロマトグラフィー（TLC），ペーパークロマトグラフィー（PC）の展開の様子を図1.8に示した．TLC・PCは，薄層板・ろ紙（固定相）と展開溶媒（移動相），展開槽を用いて行う．TLC・PCでは，移動相は，毛細管現象により薄層板やろ紙の下端から上端へ向かって移動してゆく．したがって，下端付近の移動相の上昇速度は速く，上端付近では遅くなる．

薄層板・ろ紙の下部に小さくスポットされた試料は，下端から毛細管現象で上昇してくる移動相に溶解し上昇してゆく．試料は薄層板・ろ紙と相互作用（吸着，分配など）を行い，相互作用の大きな試料は上昇速度が小さくなる．

TLC・PCでは，展開溶媒（移動相）が薄層板もしくはろ紙の任意の地点まで上昇した時点で，展開槽からろ紙・薄層板を取りだし，展開を停止する．ろ紙・薄層板に，展開溶媒の上端の位置をマークした後，乾燥させる．乾燥器や温風ヒーターなどを用いて迅速に乾燥を行い，展開後の拡散によるスポットの拡散や変形を押える．液体クロマトグラフィーやガスクロマトグラフィーと異なり，TLC・PCでは固定相中に試料が存在する状態で送液（展開）が停止される．

試料が染料のような着色物質であれば，展開終了後直ちに試料の位置を確認することができるが，肉眼では観察することができない試料の場合は呈色を行う必要がある．

### 2）検出方法

薄層クロマトグラフィーでは，図1.4に示したような検出器は用いられない．展開後の試料の位置を確認するために，種々の呈色方法が用いられる（表1.5）．硫酸や二クロム酸ナトリウムは万能呈色方法試薬である．

展開後の薄層板・ろ紙に紫外線を照射すると，ナフタレンなどの蛍光物質は蛍光を発するので，この蛍光により試料のスポットを観測できる．また，TLCでは薄層中にあらかじめ蛍光色素を添加しておき，紫外線照射下において，蛍光が消失している部位をスポットとして観察する手法も用いられる．

コンピューターの発達した現在では，呈色後の薄層板もしくはろ紙をデジタル画像としてコンピューターに取り込み，画像処理により呈色の度合いを数値データとして取り扱う

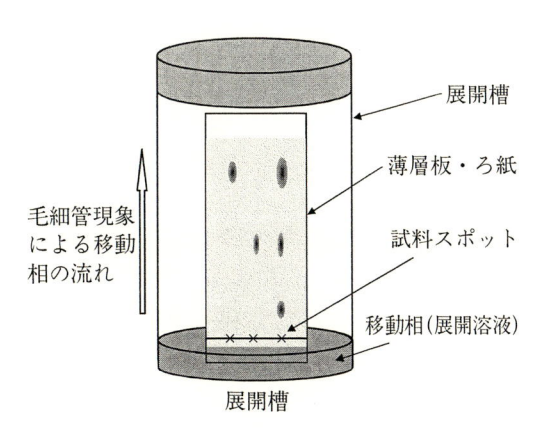

図1.8 TLC・PCにおける試料の展開

表1.5 薄層・ペーパークロマトグラフィーで用いられる呈色試薬

| 試薬名 | 対象化合物 | 呈色 | 適用 |
|---|---|---|---|
| ニンヒドリン | アミノ酸，ペプチド，タンパク質など | 赤紫色 | TLC, PC |
| ヨウ素 | 不飽和有機化合物 | 茶色 | TLC, PC |
| 三塩化アンチモン | ステロイド，親油性環状ビタミン，カロチノイドなど | 多様 | TLC, PC |
| アリザリン | 重金属 | 紫～赤色 | TLC, PC |
| 8-キノリノール | 重金属 | 黄色 | TLC, PC |
| 硫酸 | 有機物 | 褐色，黒色 | TLC |
| 二クロム酸ナトリウム | 有機物 | 緑色 | TLC |

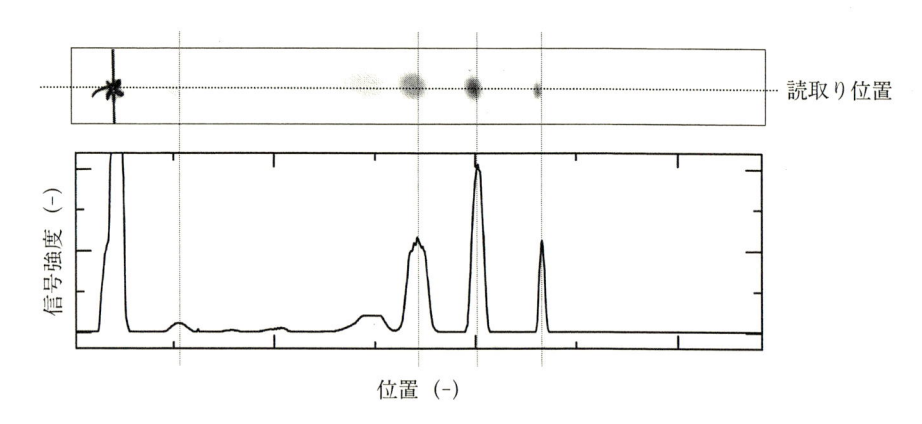

図1.9 つつじの葉の色素のメタノール抽出物のTLCによる分離とそのデンシトグラム
展開溶媒：石油エーテル/アセトン (7/3)，固定相：シリカゲル

ことが可能である．位置に対して呈色の度合いをプロットしたグラフをデンシトグラム (densitogram) と呼ぶ（図1.9）．薄層・ペーパークロマトグラフィーで定量を行う際にはデンシトグラムを用いる方法が有効である．

### 3) $R_f$ 値

液体クロマトグラフィーやガスクロマトグラフィーでは，試料の保持の大きさの目安として，式 (1.25) で示される保持比が用いられるが，TLC・PCでは次式で示す，$R_f$ 値が用いられる（図1.10参照）．

$$R_f = \frac{x_{\text{spot}}}{x_{\text{front}}} \tag{1.5}$$

ただし，$x_{\text{spot}}$，$x_{\text{front}}$ はそれぞれ，試料が原点から移動した距離，展開溶媒（移動相）が原点から移動した距離を表す．

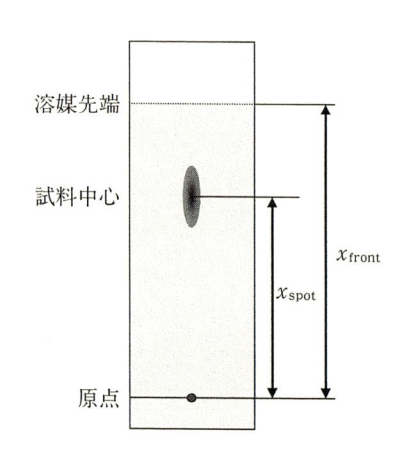

図1.10 $R_f$ 値の算出方法

TLCやPCでは，存在が予想される化合物を，複数の条件下で試料と同時に展開を行う．予想化合物と同様の挙動（$R_f$ 値）を示す化合物が試料に含まれていた場合は，予想化合物もしくは予想化合物ときわめて類似し

た性質をもつ化合物が試料に含まれている．

### e. クロマトグラフィー分離の理論

クロマトグラフィー分離に関しては，段理論（plate theory）および速度論の二つの理論が一般的である．

**1) 段理論**

段理論では分離カラムを，移動相と固定相を有する小さな槽（理論段）が多数連結されているとみなす．各理論段で試料が固定相-移動相の間で平衡状態に達していることを前提とする．すなわち，段理論ではカラムを多数の段（plate）からなる不連続媒体とみなして平衡論を展開する．

各理論段において，試料が平衡状態にあるときの固定相および移動相の状態は図1.11(a)のように示した．灰色および白色の領域はそれぞれ，固定相，移動相を示している．試料は丸で示す．図1.11(a)は，試料が移動相と固定相に2対5の割合で存在する平衡状態である．固定相，移動相中の試料の存在比は保持比（retention factor : $k$）[*2]と呼ばれ，次式で表される．

$$k = \frac{M_s}{M_m} = \frac{C_s}{C_m} \cdot \frac{V_s}{V_m} \tag{1.6}$$

ここで，$M, C, V$ はそれぞれ，試料の絶対量，試料濃度，相の体積を表す．また，添え字（下付）の $s, m$ は固定相，移動相を意味する．クロマトグラフィーにおいては，この保持比が試料によって異なるため，分離が達成される．

段理論では，分離カラムは図1.11(b)のように独立した理論段が連結していると考える．移動相は，$i$ 段目の移動相が $i+1$ 段目に移り，$i+1$ 段目の移動相は $i+2$ 段目に移動する．移動前および移動後の各段では，試料は保持比に示された割合で移動相および固定相に分配される．各理論段に含まれる試料全量（$M_i$）は式(1.7)で表される．

$$\begin{aligned} M_i &= M_{s,i} + M_{m,i} \\ &= (1+k) M_{m,i} \end{aligned} \tag{1.7}$$

したがって，移動相の移し変えによって $i$ 段目から $i+1$ 段目へ移動する試料の割合（$p$）および $i$ 段目に残る試料の割合（$q$）は，

$$\begin{aligned} p &= \frac{C_{m,i} V_m}{C_{m,i} V_m + C_{s,i} V_s} \\ &= \frac{M_{m,i}}{(1+k) M_{m,i}} \\ &= \frac{1}{1+k} \end{aligned}$$

(a) 平衡状態の一理論段

(b) 段理論におけるカラムの模式図

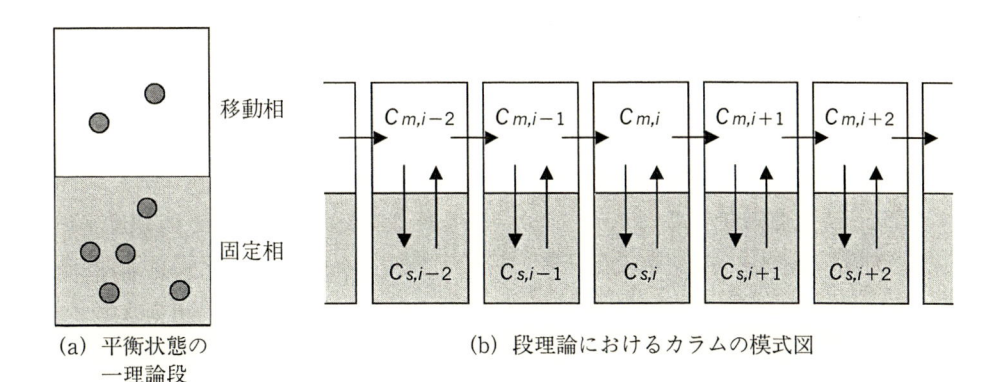

**図1.11** 段理論での一理論段およびカラムの模式図

---

[*2] 保持比は $k'$ で表されることもあるが，IUPACでは $k$ と表す．

$$q = \frac{kM_{m,i}}{(1+k)M_{m,i}} = 1 - p = \frac{k}{1+k} \quad (1.8)$$

で表される．カラム（一番初めの理論段）に注入される試料の全量を1とすると，1回の移動相の移し変えを行った後に1段目に含まれている（移動していない）試料量は $q$，2段目に含まれている試料量は $p$ となる．さらに，移動相の移し変えを行うと1段目には $q^2$，2段目には $2pq$（＝1段目から移ってくる量（$q \times p$）＋2段目に残った量（$p \times q$）），3段目には $p^2$ の試料が含まれる．もう一度操作を行うと，1段目から4段目に含まれる試料の量はそれぞれ順に，$q^3$, $3pq^2$（＝$q^2 \times p + 2pq \times q$），$3p^2q$（＝$2pq \times p + p^2 \times q$），$p^3$ となる．$n$ 回の移動相の移し変えを行った後の，$j$ 番目の理論段に含まれる試料量（$M_{n,j}$）は式（1.9）で与えられる（ただし，カラムに負荷した注入量を1としている）．

$$M_{n,j} = \frac{n!}{j!(n-j)!} p^j q^{n-j} \quad (1.9)$$

式（1.9）は二項分布（binomial distribution）の式であり，段理論ではカラム軸方向の試料量の分布が二項分布になることを示している．二項分布は $n$ を十分大きくすると正規分布（normal distribution），別名ガウス分布（Gaussian distribution）で近似することができる．厳密には，ガウス分布は最大値に対して左右対称であるが，二項分布は $p = 1/2$ 以外では左右対称にはならない．クロマトグラフィーで得られるピークは正規分布として扱うことが一般的である．

$n$ が十分に大きい際の，二項分布のピーク頂点位置（$\bar{j}$）は式（1.10）で与えられる．

$$\bar{j} = \sum_{\nu=0}^{n} jM_{n,j} = np = \frac{n}{(1+k)} \quad (1.10)$$

理論段が $N$ 段であるカラムを使用する場合，$p = 0.5$ すなわち $k = 1.0$ の試料のピーク頂点がカラム出口である $N$ 段に到達するには，移動相の移し変え（$n$）を $2N$ 回行う必要がある．$p = 0.25$（$k = 3.0$）の試料では $n = 4N$（$= N/0.25$）回が必要となる．すなわち，保持比 $k$ の違いにより試料がカラム内で分離され，異なった時間（異なった移動回数）に溶出されることがわかる．また，ピーク頂点がカラム出口に到達したときの二項分布の標準偏差は式（1.11）で与えられる．

$$\begin{aligned}
\sigma &= \sqrt{np(1-p)} = \sqrt{npq} \\
&= \sqrt{\frac{N}{p} p(1-p)} = \sqrt{N(1-p)} \\
&= \sqrt{N \frac{k}{1+k}} \quad (1.11)
\end{aligned}$$

式（1.11）の標準偏差はクロマトグラムにおけるピーク幅を支配する因子である．式（1.11）が示すように，段理論では各ピーク幅は保持比とカラム長（理論段数）によって決定される．段理論では，移動相の移行速度という概念は存在しない．実際のクロマトグラフィーでは，移動相の流速によってピーク幅は変化する．クロマトグラフィーにおける移動相流速の影響は，主として速度論で取り扱われる．

**2）速度論**

速度論は試料がカラム内で広がってゆく現象を，①流れ，②拡散，③物質移動の三つを主要な因子に基づいているとして取り扱う．一般的には，移動相の流速と理論段高（height equivalent to a theoretical plate：$H$）の関係を取り扱う．理論段高は式（1.12）で示されるように，クロマトグラムより得られる理論段数（$N$：算出方法は f. の1)，i) 参照）で，カラム長さ（$L$）を割った値である．

$$H = \frac{L}{N} \quad (1.12)$$

理論段高は，一理論段が成立（移動相-固定相間の平衡が成立する）ために必要な距離（カラムの長さ）である．したがって，理論段高は，同一の分析条件でも試料によって異

なる．迅速に平衡が達成される試料では，理論高は小さな値となり，平衡状態になりにくい試料では理論段高は大きな値となる．

理論段高と移動相平均線流速（$u$）の関係は，van Deemter により式 (1.13) が提案された．

$$H = A + \frac{B}{u} + Cu \qquad (1.13)$$

式 (1.13) は van Deemter の式と呼ばれ，理論段高（カラム内の試料の広がり）を流速に依存しない項（$A$），流速に反比例する項（$B/u$），流速に比例する項（$Cu$）に分ける．

**ⅰ）$A$ 項**　$A$ 項は充塡剤粒子間で生じる流れのよどみ，すなわち式 (1.14) で与えられる渦巻状拡散 (eddy diffusion) を反映している．

$$A = 2\lambda d_p \qquad (1.14)$$

式 (1.14) の $\lambda$，$d_p$ はそれぞれ曲がりくねり係数，充塡剤粒径を表している．理論段高への $A$ 項の寄与を小さくするには，充塡剤粒径を小さくすることが効果的である．

**ⅱ）$B$ 項**　$B$ 項は，試料分子のカラム軸方向の拡散現象を反映している．

拡散による分子の広がりは，アインシュタイン (Einstein) の拡散式 (1.15) で表すことができる．

$$\sigma^2 = 2Dt \qquad (1.15)$$

ここで，$\sigma$，$D$，$t$ はそれぞれ分散，拡散係数，時間である．また，試料の分散が理論段高へ与える影響は，式 (1.16) で表される．

$$H = \frac{\sigma^2}{t_R} \qquad (1.16)$$

試料が移動相内に存在する時間（$t_m$）は，カラム長（$L$）と平均線流速（$u$）から $t_m = L/u$ で与えられる．また，固定相内に存在する時間（$t_s$）は $t_s = kt_m$ で与えられる．移動相・固定相での試料分子の拡散による理論段高の増加（$H_D$）はそれぞれ，

$$\left. \begin{array}{l} H_{D,m} = \dfrac{2D_m}{u} r_m \\[6pt] H_{D,s} = \dfrac{2D_s}{u} k r_s \end{array} \right\} \qquad (1.17)$$

で与えられる．ここで，$r$ はカラム軸方向の拡散が充塡粒子により阻害される度合いを示し，一般的には $r_m \approx 0.6$ 程度と見積もられている．カラム軸方向への試料の拡散は線流速 $u$ が小さいと大きくなる．

**ⅲ）$C$ 項**　$C$ 項は，物質移動に伴う試料ゾーンの広がりを反映し，①移動相物質移動，②固定相物質移動の 2 項に分けられる．

流体のポンプなどによる送液により生じる圧力差流は，中央の線流速が最も大きいポアズイユ (Poiseuille) 型のフロープロファイルをもつ．したがって，移動相中の流速は一定ではなく固定相表面に近いほど線流速は遅くなる．そのため，移動相内での物質移動（試料のカラム断面方向への移動）に対し試料ゾーンの広がりが生じる．移動相中での試料のカラム断面方向の分子拡散が大きくなると，この流れの不均一さによる試料ゾーンの拡大を低減することができる．

移動相が流れる流路の大きさは，充塡剤の大きさに依存する．大きな充塡剤ほど充塡剤間の隙間（流路）が大きくなる．分子拡散距離を $\omega d_p$ と置くと（$\omega$ は流路の種類によって変わる係数），この距離を拡散するために必要な時間（$t_e$）は式 (1.15) より，

$$t_e = \omega^2 d_p^2 / 2D_m \qquad (1.18)$$

で与えられる．試料が移動相中に滞在する時間は，$L/u$ で与えられるので，試料はカラム滞在中に $2D_m L/\omega^2 d_p^2 u$ 回，距離 $\omega d_p$ を拡散する．$\omega d_p$ 離れた場所における流速の変化を $\Delta u$ とすると，1 回の拡散による分子の移動に伴い，試料分子は $\Delta u t_e$ の距離を流れる．$\Delta u$ は流速に依存する値であるので，$\Delta u = fu$ と置くことができる（ただし，$f$ は係

数).

拡散現象の取扱いでは，ランダムウォーク (random walk) モデルが一般的に用いられる．距離 $L$ で $n$ 回の跳躍（拡散）を行った際の標準偏差は，$\sigma^2 = L^2 n$ で与えられる．したがって，移動相流速の不均一さに由来する試料ゾーン拡大の標準偏差 ($\sigma_{T,m}^2$)，および理論段高への寄与 ($H_{T,m}$) は，

$$\sigma_{T,m}^2 = \frac{f^2 \omega^2}{2} \frac{d_p^2}{D_m} uL$$

$$H_{T,m} = \frac{f^2 \omega^2}{2} \frac{d_p^2}{D_m} u \quad (1.19)$$

で与えられる．なお，$H_T$ は物質移動の理論段高への寄与を示す．

試料が移動相から固定相へ移動するために必要な時間を $t_a$ とすると，$t_a$ の間に移動相中の試料は $ut_a$ 移動する．固定相への保持を含めた試料の移動速度は，$ut_a/(k+1)$ であるので，$t_a$ の間に式 (1.20) で表されるずれ ($l_a$) が生じる．

$$l_a = ut_a - \frac{1}{k+1} ut_a = \frac{k}{k+1} ut_a \quad (1.20)$$

カラム内を流れる試料が，移動相から固定相へ移動する回数は，$n_a = L/ut_a$ で表すことができる．保持比は，試料が移動相から固定相へ移行する速度（時間：$t_a$）と固定相から移動相へと移行する速度（時間：$t_d$）の比であるので，$t_d = kt_a$ が成り立つ．これらを考慮すると，移動相から固定相へ試料が物質移動をする際に発生する試料ゾーンの分散は式 (1.21) で与えられる．

$$\sigma_{T,s1}^2 = \left(\frac{k}{k+1} ut_a\right)^2 \frac{L}{ut_a} = \left(\frac{k}{k+1}\right)^2 ut_a L$$

$$= \frac{k}{(k+1)^2} ut_d L \quad (1.21)$$

試料が固定相内に滞在する時間 $t_d$ は，$t_d = d_f^2 / 2D_s$ で表すことができる（固定相の厚さを $d_f$ としたときに，試料が固定相の半分の深さまで拡散し，また表面へと戻ってくる時間）．試料が固定相内に存在する時間 ($t_d$) に，試料ゾーンの中心部は $ut_d/(1+k)$ だけカラム出口へと移動している．また，固定相から移動相へと移行する回数は，移動相から固定相へと移動する回数に等しいので，$n_a = L/ut_a$ である．したがって，固定相から移動相へ試料が物質移動を行う際に発生する試料ゾーンの分散は式 (1.22) で与えられる．

$$\sigma_{T,s2}^2 = \left(\frac{1}{1+k} ut_d\right)^2 \frac{L}{ut_a} = \frac{k}{(k+1)^2} ut_d L \quad (1.22)$$

式 (1.21) および (1.22) より，固定相-移動相の物質移動が理論段高に与える影響は，

$$H_{T,s} = \frac{\sigma_{T,s1}^2 + \sigma_{T,s2}^2}{L} = \frac{2k}{(k+1)^2} ut_d$$

$$= \frac{k}{(k+1)^2} \frac{d_f^2}{D_s} u \quad (1.23)$$

で表される．実際には式 (1.23) に充填剤の性質を考慮に入れた立体因子 $q$ をかけた値が，$H_{T,s}$ として用いられる．

$A$, $B$, $C$ の各項をまとめると，式 (1.24) で表される．

$$H = 2\lambda d_p + \frac{2D_m}{u} r_m + \frac{2D_s}{u} k r_s$$
$$+ \frac{A^2 \omega^2}{2} \frac{d_p^2}{D_m} u + \frac{k}{(k+1)^2} \frac{d_f^2}{D_s} u$$
$$= 2\lambda d_p + \frac{(2D_m r_m + 2D_s k r_s)}{u}$$
$$+ \left(\frac{A^2 \omega^2}{2} \frac{d_p^2}{D_m} + \frac{k}{(k+1)^2} \frac{d_f^2}{D_s}\right) u$$
$$(1.24)$$

性能のよいカラムの条件の一つは，理論段高が小さいことである．粒径の小さな充填剤を用い，試料の拡散係数を大きくすることで，小さな理論段高 $H$ を得られることがわかる．

理論段高は図 1.12 に示されるように，低流速では $B$ 項の寄与が大きくなり，高流速では $C$ 項の寄与が大きくなる．理論段高が最も小さくなる流速を使用すると，カラムを

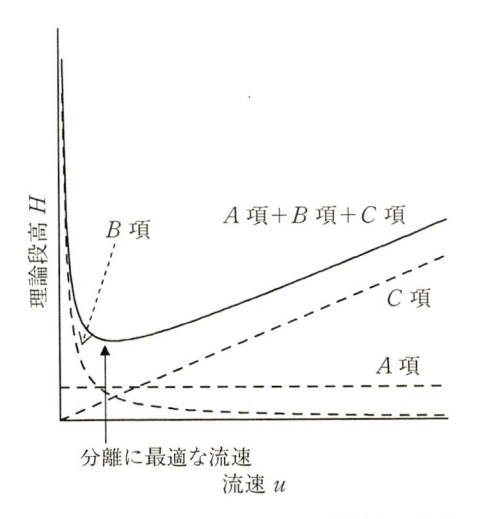

**図 1.12** van Deemter 式による流速と理論段高の関係

最も効果的に使用することができるが，実際には迅速な分離を行うため最適流速より数倍か 10 倍程度大きな流速で分離を行うことが多い．

### f. クロマトグラフィーのパラメーター

クロマトグラフィー分離は，前述のようなさまざまな因子に支配されているが，実際にクロマトグラフィー分離を行ったさいに，得られる分離情報はクロマトグラムのみである．この項では，実際のクロマトグラムから得ることができるパラメーターについて述べる．

#### 1) クロマトグラムより得られるパラメーター

**i ) 保持比** 保持比は，試料と固定相の親和性を評価する最も重要なパラメーターの一つである．式 (1.10) に示されるようにピークの頂点時間（溶出時間）は，保持比 $k$ と密接にかかわっている．したがって，式 (1.6) で示した保持比はクロマトグラムより次式で求めることができる（図 1.13 参照）．

$$k = \frac{t_R - t_0}{t_0} = \frac{t_R}{t_0} - 1 \qquad (1.25)$$

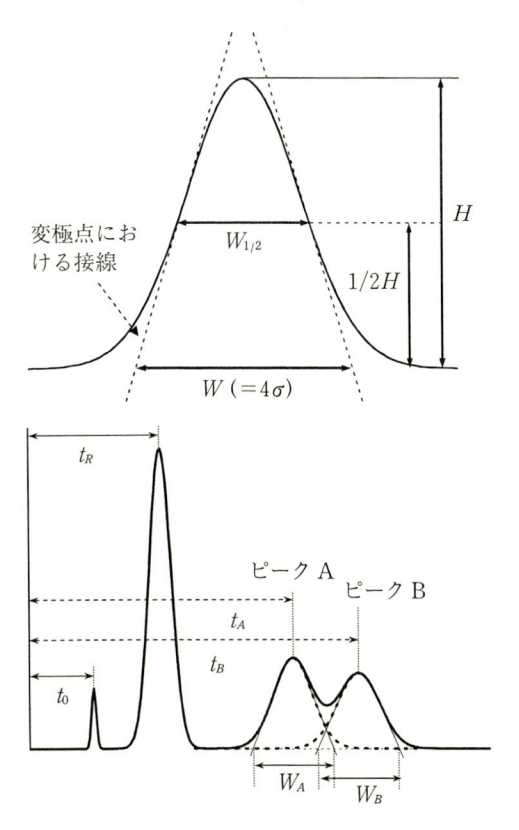

**図 1.13** クロマトグラムおよびピークのパラメーター

ここで，$t_0$ はカラムに保持されない試料 ($k=0$) の溶出時間である．

**ii ) 理論段数・理論段高** 理論段数・理論段高はカラムの分離性能の目安となるパラメーターである．式 (1.9) で示される試料の二項分布は $n$ が十分大きいと二項分布と同じ平均値・同じ標準偏差のガウス分布で近似することができる．ガウス分布の一般式は，式 (1.26) で与えられる．

$$G_{X,\sigma}(x) = \frac{1}{\sigma\sqrt{2\pi}} \exp\left[-\frac{(x-X)^2}{2\sigma^2}\right] \qquad (1.26)$$

ここで，$X$, $\sigma$ は平均値および標準偏差である．

式 (1.12) および (1.16) より，理論段数と分散の関係は式 (1.27) で与えられる．

$$N = \frac{t_R^2}{\sigma^2} \quad (1.27)$$

ピーク幅（$W$）と標準偏差の関係は，$W=4\sigma$ であるので，$N=16(t_R^2/W^2)$ で計算することができる．$W$ よりも容易に求めることができる半値幅（ピークの高さが半分の地点での幅：$W_{1/2}$）と標準偏差の関係 $W_{1/2}^2 = 8\sigma \ln 2$ で与えられるため，半値幅と理論段数の関係は $N = 8\ln 2(t_R^2/W_{1/2}^2) \approx 5.545(t_R^2/W_{1/2}^2)$ となる．また，式（1.26）のピーク面積（$A$）は1であり，またそのピーク高さ（$h$）は $1/\sigma(2\pi)^{0.5}$ であるので $\sigma^2 = (A^2/h^2)/2\pi$ が得られる．したがって，理論段数 $N$ はクロマトグラムより

$$N = 16\left(\frac{t_R}{W}\right)^2 = 5.545\left(\frac{t_R}{W_{1/2}}\right)^2$$
$$= 2\pi\left(\frac{ht_R}{A}\right)^2 \quad (1.28)$$

で算出することができる．

**iii) 分離度・分離係数** クロマトグラフィーでは，複数の試料の分離が行われる．試料-試料間の分離状態を評価するパラメーターとして，分離度（resolution：$R$），分離係数（separation factor：$\alpha$）の2種類がある．二つのピークA，Bの分離度および分離係数は，次式で与えられる（図1.13参照）．

$$R = \frac{t_B - t_A}{\frac{1}{2}(W_B + W_B)} = \frac{t_B - t_A}{2(\sigma_B + \sigma_B)}$$

$$\alpha = \frac{k_B}{k_A} \quad (1.29)$$

ピークが近接している場合は $W_A \approx W_B$ とみなせるので，$W_A \approx W_B$，式（1.27）および（1.29）から，

$$R = \frac{1}{4}\sqrt{N}\frac{\alpha - 1}{\alpha}\frac{k_B}{1 + k_B} \quad (1.30)$$

が得られる．式（1.30）より，分離度を向上させるには，カラムの理論段数を大きくすることが有効である．

**2) 熱力学との関連**

クロマトグラフィーの分離機構は，多くの物理化学的因子と関連がある．したがって，得られたクロマトグラムから物理化学パラメーターの算出を行うことができる．

固定相，移動相間で試料が平衡状態にあるとき，それぞれの相中での試料の化学ポテンシャル（chemical potential：$\mu$）は等しく，式（1.31）が成り立つ．

$$-(\mu_s^\circ - \mu_m^\circ) = RT\ln(C_s/C_m)$$
$$-\varDelta G_t^\circ = RT\ln K \quad (1.31)$$

ここで，$\varDelta G_t^\circ$，$R$，$T$ および $K$ は，移動相から固定相へ試料移動するさいのギブスの移動エネルギー（Gibbs transfer energy），気体定数，温度，そして $K = C_s/C_m$ で定義される平衡定数である．保持比と平衡定数の関係は $k = K \times (V_s/V_m)$ であり，移動相と固定相の体積比（$\phi$）を $\phi = V_s/V_m$ とおくと，式（1.31）は次のように表すことができる．

$$\ln k = -\frac{\varDelta G_t^\circ}{RT} + \ln\phi$$
$$= -\frac{\varDelta H^\circ}{RT} + \frac{\varDelta S^\circ}{R} + \ln\phi \quad (1.32)$$

$\varDelta H^\circ$ は，試料が固定相から移動相へ移るときの移動エンタルピー変化，$\varDelta S^\circ$ はエントロピー変化である．式（1.32）の右辺第2項，第3項が温度より変化しない場合，温度と $\ln k$ の関係より，$\varDelta H^\circ$ を算出することができる．

また，式（1.32）からわかるように，温度を上昇させることで保持比 $k$ を小さくすることが可能である．一般的に，液体クロマトグラフィーでは温度を30～40℃上昇させることで保持比を半分にすることができる．ガスクロマトグラフィーでは，この現象を利用した昇温分析が一般的に行われている（b.1）参照）．

## g. イオンクロマトグラフィー

### 1) はじめに

イオンクロマトグラフィーは，Small らが 1975 年の Anal. Chem. 誌上にイオン交換クロマトグラフ分離法と電気伝導度検出法を組み合わせた新規なイオン測定法として発表したことに始まる．この測定法は，イオン交換分離カラムと電気伝導度検出器の間にサプレッサーカラムを導入することにより，溶離液のバックグランド導電率を低減しイオンの高感度検出を可能にした（サプレッサー式イオンクロマトグラフィーと呼ばれている）．特に，無機陰イオンに対しては有効な測定法がそれまでなかったために直ちに受け入れられ，環境，食品化学，臨床化学，工業試料など多くの実際試料に応用されてきた．一方，サプレッサーカラムを使用しない方法もほぼ並行して発展してきた（ノンサプレッサー式イオンクロマトグラフィー）．その後，イオン交換分離法以外の分離モード，紫外可視吸光検出法など電気伝導度検出法以外の検出法も検討されてきた．

本項では，まずサプレッサー式とノンサプレッサー式イオンクロマトグラフィーの基本構成と機能を述べる．次に，イオンクロマトグラフィーで用いられる他の分離モードや検出法の特徴を実際のクロマトグラムを示して説明する．

### 2) イオン交換分離・導電率検出

**ⅰ）サプレッサー式イオンクロマトグラフィー** 図 1.14 に陰イオン，あるいは陽イオンのサプレッサー式イオンクロマトグラフィーによる分離・検出システムの基本構成例を示す．

① 陰イオンの分離・検出：陰イオン測定では，迅速分離・高感度検出のために，分離カラムに低イオン交換容量の陰イオン交換カラム，溶離液に低濃度の炭酸水素ナトリウムや水酸化ナトリウム（$Na^+ \cdot HCO_3^-$，$Na^+ \cdot$

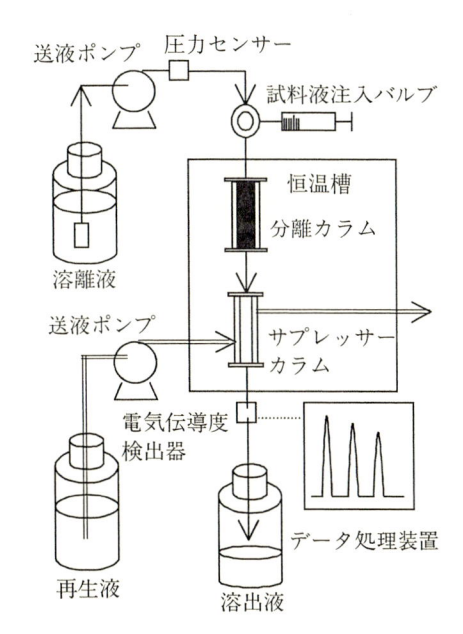

**図 1.14** サプレッサー式イオンクロマトグラフ測定システムの一例

$OH^-$）を用いる．サンプル中の陰イオン（$A^-$，$B^-$）は，固定相である陰イオン交換樹脂に保持されるが（式 (1.33)，(1.34)），やがて移動相中の $HCO_3^-$，$OH^-$ によって溶出される．そのときサンプル $A^-$，$B^-$ はそれぞれの固定相に対する保持の強さの違いにより分離される．

$$R\text{-}CH_2\text{-}N(CH_3)_3^+ \cdot HCO_3^- + A^-, B^- \Longleftrightarrow$$
$$R\text{-}CH_2\text{-}N(CH_3)_3^+ \cdot A^-, B^- + HCO_3^-$$
$$(1.33)$$

$$R\text{-}CH_2\text{-}N(CH_3)_3^+ \cdot OH^- + A^-, B^- \Longleftrightarrow$$
$$R\text{-}CH_2\text{-}N(CH_3)_3^+ \cdot A^-, B^- + OH^-$$
$$(1.34)$$

次に，分離カラム上で分離された陰イオン（$A^-$，$B^-$）は，水素型の強酸性陽イオン交換カラム（高イオン交換容量カラムを用いる）であるサプレッサーカラムを通過すると，その対陽イオン（$Na^+$）は水素イオン（$H^+$）に変換される．

$$R\text{-}SO_3^- \cdot H^+ + Na^+ \cdot A^-$$
$$\Longleftrightarrow R\text{-}SO_3^- \cdot Na^+ + H^+ \cdot A^- \quad (1.35)$$
$$R\text{-}SO_3^- \cdot H^+ + Na^+ \cdot B^-$$

$$\Longleftrightarrow \text{R-SO}_3^-\cdot\text{Na}^+ + \text{H}^+\cdot\text{B}^- \quad (1.36)$$

さらに，$\text{Na}^+\cdot\text{HCO}_3^-$，$\text{Na}^+\cdot\text{OH}^-$ 溶離液は，電気伝導性の低い炭酸，水に変換される．

$$\text{R-SO}_3^-\cdot\text{H}^+ + \text{Na}^+\cdot\text{HCO}_3^-$$
$$\Longleftrightarrow \text{R-SO}_3^-\cdot\text{Na}^+ + \text{H}_2\text{CO}_3 \quad (1.37)$$
$$\text{R-SO}_3^-\cdot\text{H}^+ + \text{Na}^+\cdot\text{OH}^-$$
$$\Longleftrightarrow \text{R-SO}_3^-\cdot\text{Na}^+ + \text{H}_2\text{O} \quad (1.38)$$

このサプレッサー方式には，二つのメリットがある．式 (1.35)，(1.36) の反応で $\text{A}^-$，$\text{B}^-$ の対陽イオンがイオン伝導性の非常に高い $\text{H}^+$ に変換されるために，目的イオンの検出感度が増大する．式 (1.37)，(1.38) の反応では，炭酸水素ナトリウム，水酸化ナトリウム溶離液が電気伝導性のほとんどない炭酸，水に変換されるため，溶離液のバックグラウンド導電率は大きく低下する．この二つの結果として，目的イオンの検出感度が大きく増大する．図 1.15 に無機陰イオンの陰イオン交換分離・導電率検出例を示す．

② 陽イオンの分離・検出：陽イオンの測定においては，低イオン交換容量の陽イオン交換カラムと酸性の低濃度溶離液（たとえば硝酸，メタンスルホン酸など）を用いるとサンプル中の陽イオン（$\text{C}^+$，$\text{D}^+$）の分離が可能となる．

$$\text{R-COO}^-\cdot\text{H}^+ + \text{C}^+, \text{D}^+$$
$$\Longleftrightarrow \text{R-COO}^-\cdot\text{C}^+, \text{D}^+ + \text{H}^+ \quad (1.39)$$

次に，水酸基型の強塩基性陰イオン交換カラム（高陰イオン交換容量カラムを用いる）をサプレッサーカラムに用いると，硝酸溶離液では以下の二つの反応が起こる．

$$\text{R-CH}_2\text{-N}(\text{CH}_3)_3^+\cdot\text{OH}^-$$
$$+ (\text{C}^+, \text{D}^+)\cdot\text{NO}_3^-$$
$$\Longleftrightarrow \text{R-CH}_2\text{-N}(\text{CH}_3)_3^+\cdot\text{NO}_3^-$$
$$+ (\text{C}^+, \text{D}^+)\cdot\text{OH}^- \quad (1.40)$$
$$\text{R-CH}_2\text{-N}(\text{CH}_3)_3^+\cdot\text{OH}^- + \text{H}^+\cdot\text{NO}_3^-$$
$$\Longleftrightarrow \text{R-CH}_2\text{-N}(\text{CH}_3)_3^+\cdot\text{NO}_3^- + \text{H}_2\text{O}$$
$$(1.41)$$

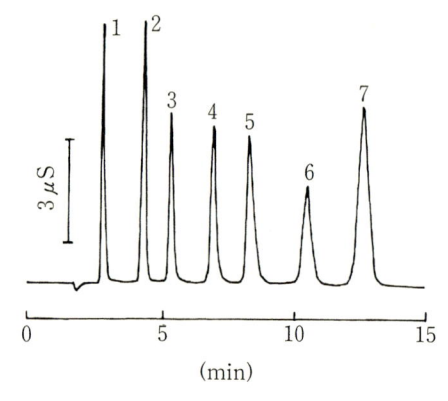

**図 1.15** 無機陰イオンの分離

カラム，Dionex IonPac As 14（陰イオン交換カラム，250×4 mm）：溶離液，3.5 mM $\text{Na}_2\text{CO}_3$ + 1 mM $\text{NaHCO}_3$：流量，1.2 m$l$ min$^{-1}$：電気伝導度検出器（サプレッサー使用）：サンプル量，10 $\mu l$．
1. $\text{F}^-$ (5 mg $l^{-1}$)；2. $\text{Cl}^-$ (10)；3. $\text{NO}_2^-$ (15)；4. $\text{Br}^-$ (25)；5. $\text{NO}_3^-$ (25)；6. $\text{PO}_4^{3-}$ (40)；7. $\text{SO}_4^{2-}$ (30)．

分離された陽イオン（$\text{C}^+$，$\text{D}^+$）の対イオンはイオン伝導性の高い $\text{OH}^-$ に変換され，目的イオンは $\text{C}^+\cdot\text{OH}^-$，$\text{D}^+\cdot\text{OH}^-$ として検出される（式 (1.40)）．一方，酸性（硝酸）溶離液は水に変換されるため，電気伝導性はなく陽イオンの高感度検出が可能となる（式 (1.41)）（図 1.16）．

③ サプレッサーカラム：分離カラムで分離された目的イオンを高感度に測定するためには，分離イオンのサプレッサーカラム内での拡散を防ぎ，効率よく溶離液（水酸化ナトリウム，硝酸など）のバックグラウンド導電率を下げることが必要である．たとえば，0.1 M NaOH のような濃い溶離液も，サプレッサーを用いて完全に水に転換することができれば，1 種類の溶離液だけでなく，溶離液濃度を連続的に変化させるグラジエント溶出が可能となる（図 1.23）．しかし，このためには，カラムを連続的に再生する必要がある（図 1.14）．1 本のイオン交換樹脂を充填したカラムだけでは連続再生ができないの

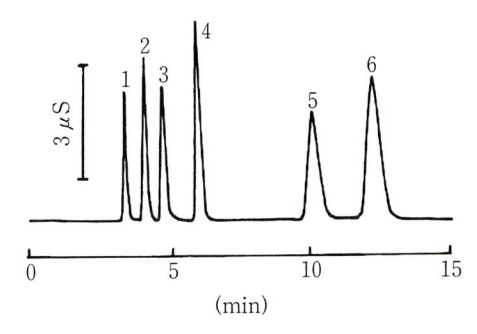

**図1.16** 無機陽イオンの分離例
カラム，Dionex IonPac Cs 12 A（陽イオン交換カラム，250×4 mm）：溶離液，20 mM メタンスルホン酸：流量，1.0 ml min$^{-1}$：電気伝導度検出器（サプレッサー使用）：サンプル量，25 μl．
1. Li$^+$ (0.5mg l$^{-1}$) ; 2. Na$^+$(2) ; 3. NH$_4^+$(2.5) ; 4. K$^+$(5) ; 5. Mg$^{2+}$(2.5) ; 6. Ca$^{2+}$(5).

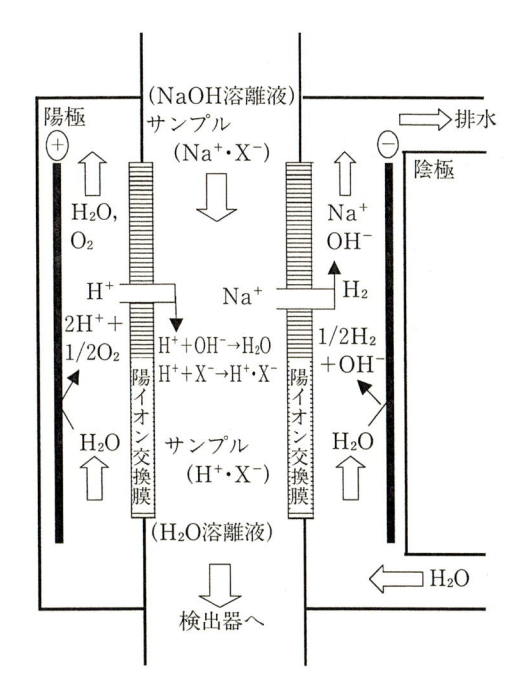

**図1.17** 陰イオン分析のための電解型メンブランサプレッサー内での反応

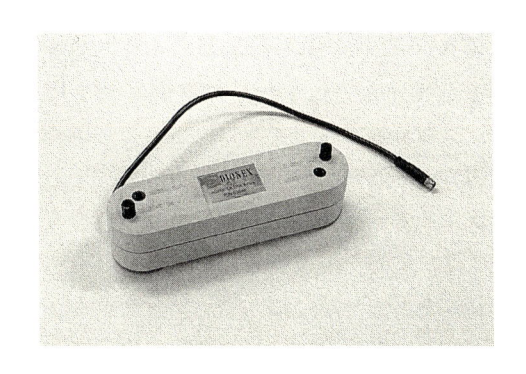

**図1.18** 電解型メンブランサプレッサー

で，イオン交換膜を利用したファイバーサプレッサー，メンブランサプレッサー，水や検出器通過液を電気分解からH$^+$，OH$^-$を生成し再生液として用いるメンブランサプレッサーなどが用いられている（図1.17，1.18）．図1.17では，水の電気分解で生じたH$^+$を陽イオン交換膜を使用して溶離液（Na$^+$·OH$^-$）中のNa$^+$と陽イオン交換し，H$_2$Oを生成している．陰イオン（X$^-$）の対陽イオンも（Na$^+$）から（H$^+$）に変換している．こうして陰イオンの高感度検出が可能となる．

また，二つのイオン交換カラムの一方を分析用に使用している間に他のカラムを再生する連続再生型充填カラムなどの工夫もされている．

**ⅱ）ノンサプレッサー式イオンクロマトグラフィー** サプレッサーカラムは溶離液のバックグランド電気伝導度を下げるために必要なシステムであるが，溶離液そのものの電気伝導度が低ければ必ずしも必要ではない．

無機陰イオンの分離・検出において，低濃度有機酸（たとえば，フタル酸）を溶離液として使用した場合，溶離液自体の導電率が低いためにサプレッサーを用いなくても陰イオンの検出が可能となる．測定システム，取扱いとも簡単であるが，低濃度・低導電率の溶離液，低イオン交換容量の分離カラムの使用が必要である．陽イオンの分離・検出の場合では，たとえば硝酸溶離液中の水素イオン（H$^+$）のイオン伝導度は他の陽イオンと比べて非常に大きいため，サプレッサーを用いな

くても目的イオンを負ピークとして間接的に検出することが可能となる．

これらの方法は，ノンサプレッサー式イオンクロマトグラフィーと呼ばれている．この方法は，低濃度サンプルの測定ではサプレッサー方式に比べてやや劣るが，$mg\ l^{-1}$ レベルの無機イオン測定ではほぼ同じクロマトグラムを得ることができる．

### 3) 分離カラムと分離モード

イオンクロマトグラフィーでのおもな分離機構は次の三つである．

**i) イオン交換クロマトグラフィー** イオンの分離に最もよく利用されている．イオン交換反応はすでに項目2)［陰イオン交換反応：式 (1.33), (1.34), 陽イオン交換反応：式 (1.39)］で述べた．陰イオンの分離には陰イオン交換カラムを用いる．分離カラムの充塡剤には，粒径 $5\sim10\ \mu m$ 程度のシリカゲルやポリマーゲルにアンモニウム基 ($-R_3N^+$) などの陽電荷を有する官能基をもつ有機化合物を化学結合した固定相を用いる．反対符号の陰イオンは，おもに静電相互作用により固定相に保持されるが，ゲルの基材がポリスチレン系の樹脂では疎水性をもつ陰イオンに対しては吸着作用もある．

陽イオンの分離には，陽イオン交換カラムを用いる．充塡剤は，ゲル表面に化学結合された強酸性のスルホ基 ($-SO_3^-$) や弱酸性のカルボキシル基 ($-COO^-$) などのイオン交換基をもち，反対符号の陽イオンが静電相互作用により保持される．リン酸基やキレート基をもつ分離カラムも用いられている．カルボキシル基をイオン交換基として用いる樹脂では，アルカリ金属，アルカリ土類金属イオンの一斉分離が可能となる（図1.16）．

**ii) イオン対クロマトグラフィー** イオン交換機能をもたないODS（オクタデシル基，$C_{18}H_{37}-$ による修飾）カラムなどの逆相系カラムを用いたイオンの分離は可能である．陰イオンの分離には三つの機構が考えられている．

① イオン対試薬として，たとえば長鎖のアルキル基をもつセチルトリメチルアンモニウム陽イオン（$C_{15}H_{31}N^+(CH_3)_3$, $CTA^+$）はODSカラムに疎水性相互作用により強く吸着し，陰イオン交換基として機能する（イオン交換分離．図 1.19, 1.20）．

② 一方，テトラブチルアンモニウム陽イオン（$Bu_4N^+$）などの第四級アンモニウムイオンは，$CTA^+$ に比べてカラム表面に強く吸着しないため，固定相の第1層に（$Bu_4N^+$）がゆるく保持され，第2層は反対荷電（$A^-$）で覆われ，分離対象イオン（$X^-$）も第2層にゆるく保持される（イオン相互作用分離）．

③ 試料イオン（$X^-$）とイオン対試薬（$P^+$）から生成した中性のイオン対（$P^+\cdot X^-$）がODSカラムに保持される（イオン対生成による分離）．

この考え方において，①では溶離液中にイオン対試薬を添加する必要は基本的にないが，②，③は添加することを前提としている．

これらの考え方は，陽イオンにも適用できる．たとえば，アルカンスルホン酸（例，ドデシル硫酸ナトリウム＋硝酸）などの陰イオン界面活性剤を溶離液に添加すると，逆相系のODSカラムを用いてイオン相互作用，イオン対生成による陽イオンの分離ができる．

**iii) イオン排除クロマトグラフィー** この方法は，弱酸（炭酸，カルボン酸），弱塩基（アンモニア，アミン類）などの分離に有効な方法である．その分離は，対象成分のイオン性でなく分子性（分子の大きさ，疎水性など）に基づいている．

弱酸の分離は，分離カラムとして水素型の強酸性あるいは弱酸性陽イオン交換カラム，溶離液として水や希薄な酸（強酸，弱酸）あるいはそれらに少量の有機溶媒を添加して行

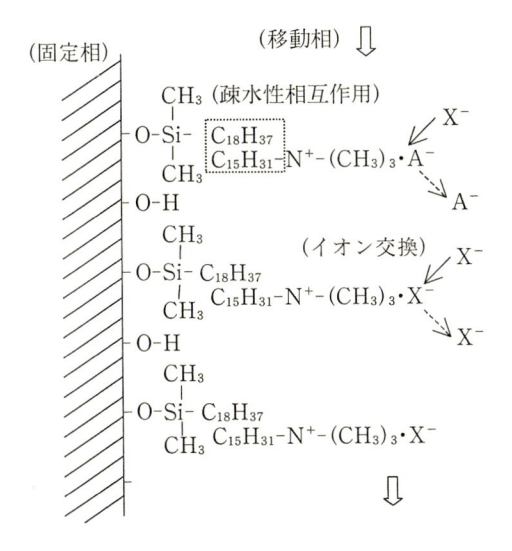

**図 1.19** ODS カラムによる陰イオン($A^-$)のイオン交換の模式図

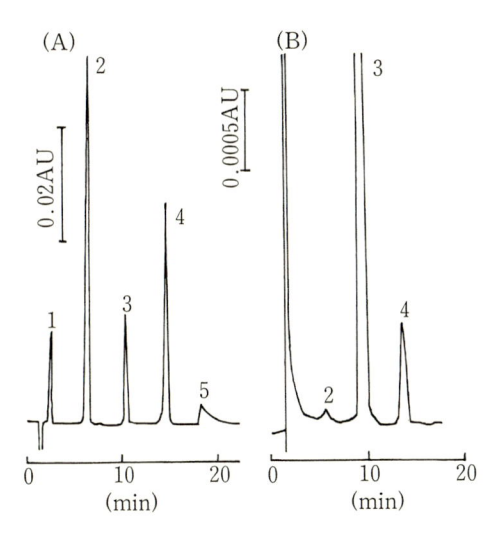

**図 1.20** 逆相型カラムを用いた陰イオンの分離カラム,Shiseido Capcellpak C 18($150\times 4.6$ mm,$CTA^+$吸着量(0.2 mM/カラム)):溶離液,0.1 M NaCl+5 mM リン酸緩衝液(pH 5.7):流量,1.0 m$l$ min$^{-1}$:紫外吸光検出器,(A) 210 nm,(B) 225 nm:サンプル量,100 $\mu l$. (A) 1.$IO_3^-$(1 mg $l^{-1}$);2.$NO_2^-$(1);3.$Br^-$(1);4.$NO_3^-$(1);5.$S_2O_3^{2-}$(1):(B) 海水,2.$NO_2^-$(0.004);4.$NO_3^-$(0.088).

(図 1.21).こうして,ギ酸,酢酸などの弱酸は強イオン性物質と分離できる.糖類や低級アルコールの非イオン性物質も同様に分離が可能である.

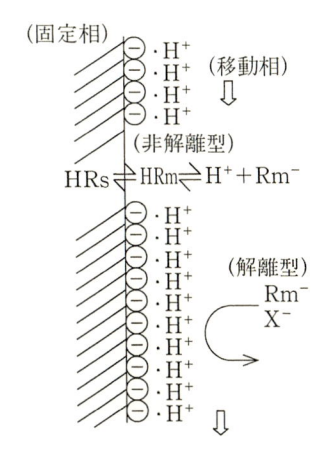

**図 1.21** 水素型陽イオン交換カラムでの有機酸の保持の模式図

図 1.22 に塩酸,脂肪族有機酸の分離を示す.完全にイオン化する塩酸は樹脂にほとんど保持されないが,部分解離の有機酸は解離の減少とともに保持が増大する.また,分子量が大きい有機酸では親油性部分による樹脂への吸着作用により保持が増大する.

弱塩基の分離は,陰イオン交換カラムで行われる.アンモニアや脂肪族アミンを水酸基型陰イオン交換カラム,溶離液として水や希薄な塩基(強塩基,弱塩基)水溶液の系で分離する.完全解離の陽イオン(たとえばアルカリ金属イオン)は樹脂に保持されないが,部分解離するアンモニア,アミン類は一般に解離の程度が弱いほど,また分子量が大きいほど,樹脂によく保持される.

以上のように,分離カラムと測定対象イオンとの親和性の差に基づく基本的な分離モードを述べた.しかしながら,これらの分離モードだけでは十分な分離が達成されないことがある.ここでは二つの例をあげる.①の試料として,一連の対象イオンの性質(イ

う.イオン排除クロマトグラフィーにおいては,非イオン性物質は樹脂内に浸透できるが,解離している有機性物質($Rm^-$)や無機陰イオン($X^-$)は樹脂内に浸透できない

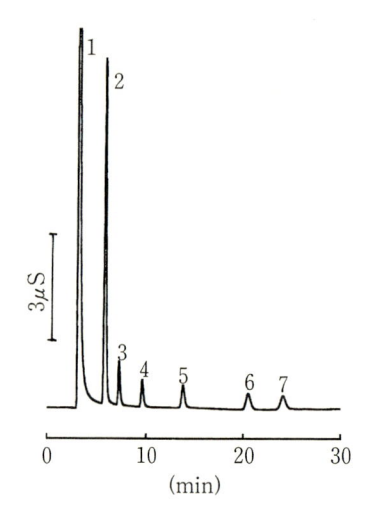

**図1.22** 水素型陽イオン交換カラムによる塩酸,脂肪族有機酸の分離
カラム,Tosoh TSKgel Super IC-A/C (150×6 mm) + Tosoh TSKgel OApak-P (50×4.2 mm);溶離液,2 mM 安息香酸;流量,1.0 m$l$ min$^{-1}$;電気伝導度検出器;サンプル量,30 $\mu l$. 1.塩酸(0.5 mM);2.ギ酸(1);3.酢酸(1);4.プロピオン酸(1);5.酪酸(1);6.イソ吉草酸(1);7.吉草酸(1).

（グラジエント溶離法）が有効である．希土類元素イオン（各元素イオンの $\alpha$-HIB との錯形成能の違いによりカラムへの保持能が大きく違ってくる),種々の陰イオン（図1.23)などの一斉分離に適用されている．

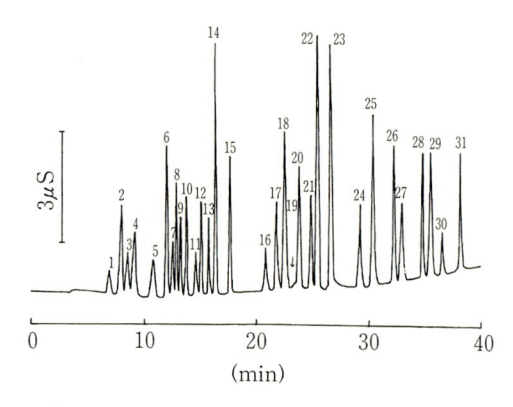

**図1.23** グラジエント溶離法を用いた陰イオンの一斉分離
カラム,Dionex IonPac AS 11-HC(陰イオン交換カラム,250×4 mm) + IonPac AG 11-HC(50×4 mm);溶離液,NaOH グラジエント;1 mM 0〜8分;1〜30 mM 8〜28分;30〜60 mM 28〜38分;流量,1.5 m$l$ min$^{-1}$;電気伝導度検出器(サプレッサー使用).
1.キニン(10 mg $l^{-1}$);2.F$^-$(3);3.乳酸(10);4.酢酸(10);5.プロピオン酸(10);6.ギ酸(10);7.酪酸(10);8.メチルスルホン酸(10);9.ピルビン酸(10);10.ClO$_2^-$(10);11.吉草酸(10);12.モノクロロ酢酸(10);13.BrO$_3^-$(10);14.Cl$^-$(5);15.NO$_2^-$(10);16.トリフルオロ酢酸(10);17.Br$^-$(10);18.NO$_3^-$(10);19.CO$_3^{2-}$(20);20.マロン酸(15);21.マレイン酸(15);22.SO$_4^{2-}$(15);23.シュウ酸(15);24.ケトマロン酸(20);25.WO$_4^{2-}$(20);26.PO$_4^{3-}$(20);27.フタル酸(20);28.クエン酸(20);29.ClO$_4^-$(20);30.cis-アコニチン酸(20);31.trans-アコニチン酸(20).

オン半径など）が非常に似通っており,各イオンに対して良好な分離が達成されない．② 樹脂に対する親和性が大きく異なるイオン種を適正な時間内に分離することがむずかしい．①2価遷移金属イオンや希土類元素イオンは,陽イオン交換分離だけでは各イオンの相互分離が不十分である．このため,前者では溶離液中に酒石酸イオン,シュウ酸イオンなどの弱い錯形成剤を添加し,部分的に錯形成を起こさせることにより,無電荷あるいは低電荷の金属錯体を形成させ相互分離を達成する．後者の場合では,溶離液に $\alpha$-ヒドロキシイソ酪酸（$\alpha$-HIB）を添加し,希土類イオンとの錯形成を起こさせ,相互分離を達成する．②の試料に対しては,通常用いられる溶離液組成を一定にした方法（イソクラティック溶離法）でなく,溶出能の大きく異なる2種類以上の溶離液を用いて溶離液組成（溶出能）を順次変化させ分離を行う方法

**4) 検出方法**

イオン分析では,電気伝導度検出器（図1.24)がおもに用いられる．汎用性があり検出感度も高いが,サプレッサーを用いるといっそうの高感度検出が可能となる（サプレッサー式イオンクロマトグラフィーの項を参照. p.47)．紫外部領域に光吸収を示すイ

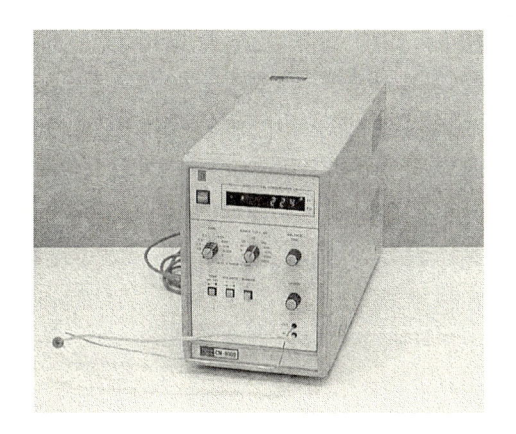

**図1.24** 電気伝導度検出器（㈱東ソー製）

オン（たとえば亜硝酸イオン，硝酸イオンなど）では紫外部での直接測定が可能である（図1.20）．この場合には，その領域で光吸収を示さない NaCl が使用でき，海水中の微量イオンの直接測定ができる．一方，光吸収を示さない成分の測定に対しては，検出器に応答する成分を溶離液に用いると，目的イオンを負ピークとして検出することが可能となる，いわゆる間接吸光度検出法が用いられる．分離カラムからの溶出液に，測定対象イオンに対して反応・発色する試薬を添加すると光吸収を示さない成分の高感度検出が可能となる（ポストカラム誘導体化吸光度検出法）．可視部領域での金属陽イオン，希土類元素イオンの測定などに用いられる．その他，電気化学検出器，質量分析計などの検出器が目的イオンの高感度測定のために用いられている．

**5) まとめ**

イオン測定のためのサプレッサー式イオンクロマトグラフィーが提案されてから，サプレッサーだけでなく，分離方法，検出方法も並行して進歩してきた．その基本は，測定対象試料に対して最適な分離・検出システムの構築であり，分離カラム，検出器（サプレッサーも加える），溶離液のそれぞれの要素を総合的に考慮したシステムの構築が重要である．

## 1.2 キャピラリー電気泳動法

キャピラリー電気泳動法（CE法）は，種々の電気泳動法の中で，特に内径 $100\,\mu\mathrm{m}$ 程度のキャピラリーを分離カラムとして使用する分析法である．無機イオンから生体関連試料まで幅広い物質の分離分析に使用されている．本法では，通常石英キャピラリーが分離の場として使用され，安全に高電圧（電位勾配として数百 $V\,cm^{-1}$）を印加できるため，迅速分析が可能である．また，分離能が高く理論段数数十万段の分離が容易に達成可能である．濃度感度は数 $\mu$M（モル吸光係数 3000，S/N=3 の吸光度 0.0001，セル体積 $20\,\mathrm{n}l$）とあまり高くないが，絶対感度はサブ pmol 程度と高感度である（1.2.e.参照）．さらに，自動化された装置により連続分析が可能であり，分析にはごく少量の試料・分析試薬しか必要としないためランニングコストが低い．またその結果，廃液が少なくて済むなど，次世代の分析法として重要な種々の特徴を備えている．

電気泳動法では，通電によりジュール熱が発生するため，泳動媒体に温度差が生じ熱対流が発生する．その結果，分離ゾーンが拡散や対流により乱れて分離能が低下する．この現象を制御するため内径 3 mm の中空管をカラムとし回転させて用いるなど種々の工夫がなされてきた．現在使用されているキャピラリー電気泳動装置の原型は，Jorgensen らが 1981 年に報告したもので，内径 $75\,\mu\mathrm{m}$ という石英ガラスキャピラリーを使用することにより分離液内の温度差に起因する対流拡散を抑えることができ高分離能が得られる．さらに，電気浸透流を試料の泳動に積極的に利用するため，アニオン・カチオン・非イオン成分の検出が可能である．

## a. キャピラリー電気泳動法の概要
### 1) キャピラリーゾーン電気泳動法
(capillary zone electrophoresis：CZE)

図1.25に分離の模式図を示した．支持電解液（泳動バッファー，分離に適当なpH緩衝液）を充填した中空キャピラリーの一端に試料を導入した後，支持電解液槽（電極槽）に電圧を印加すると，試料中のアニオン・カチオン成分はそれぞれ対極に向かって泳動するが，電気浸透流（Ⅰ編2.4節のd.参照）により試料成分は陰極方向に向かって移動する．分離進行中は図1.25の状態となる．各ゾーンの移動速度 $v_{mig}$ は次式で表される．

$$v_{mig} = v_{EL} + v_{EOF}$$
$$= (\bar{m}_{EL} + \bar{m}_{EOF}) E \qquad (1.42)$$

ここで，$v_{EL}$，$v_{EOF}$ はそれぞれ電気泳動速度，電気浸透流速度，$\bar{m}_{EL}$，$\bar{m}_{EOF}$ はそれぞれ電気泳動移動度，電気浸透流移動度，そして $E$ は電位勾配（$V\,cm^{-1}$）である．ゾーン電気泳動法では，試料が少量の場合，支持電解質のpHやイオン強度・電位勾配を一定とみなしてよいので，ジュール熱の影響や電気浸透流の問題を除けばきわめて単純な電気泳動系である．試料イオンA，Bの実効移動度を $\bar{m}_A > \bar{m}_B$ とすると，$t$ 秒後の泳動距離の差 $\varDelta d$ は

$$\varDelta d = (\bar{m}_A - \bar{m}_B) E t \qquad (1.43)$$

となり，試料ピーク幅の2倍の $\varDelta d$（実際には，対応する時間差 $\varDelta t$）が得られたら分離できている．

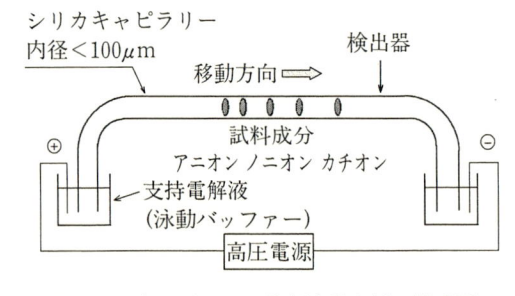

**図1.25** キャピラリー電気泳動分離の模式図

検出はUV/VIS吸光法（直接法・間接法），蛍光検出法などで行われている．CZEによる定性定量の指標はHPLCと同じく，溶出時間（泳動時間，$t_{mig}$）である．定量指標はUV/VISなどの光学的検出法では吸収スペクトルの面積もしくはピーク強度を測定し，検量線法を用いて定量を行う．なお，ピークの鋭さの評価に理論段数（$N$）が用いられることが多い．

$$N = 5.54 (t_{mig}/W_{1/2})^2 \qquad (1.44)$$

ここで，$W_{1/2}$ は泳動時間が $t_{mig}$ 秒であるピークの半値幅（秒）である．

図1.26にCZE分離の一例を示した．ここでは，Ⅰ編2.4節のc.で述べた錯形成平衡を利用して分離している．

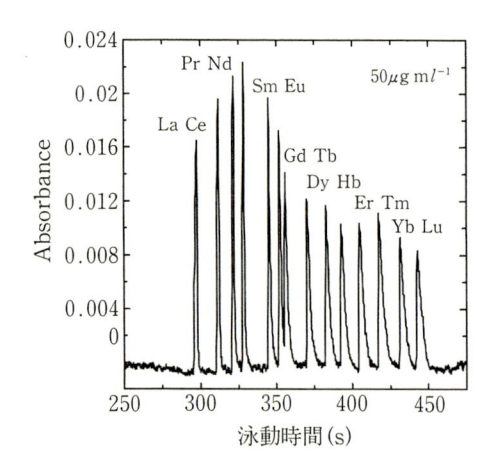

**図1.26** CZEの一例（希土類イオンの分離）
希土類イオンのCZE分離（間接UV吸収，$\lambda = 220\,nm$）泳動バッファー：4 mM α-ヒドロキシイソ酪酸, 30 mM クレアチニン, 酢酸で pH=4.8 に調製.

### 2) ミセル動電クロマトグラフィー
(micellar electrokinetic chromatography：MEKC)

キャピラリーゾーン電気泳動では，電気浸透流が存在するため，非イオン性物質の検出も可能である．非イオン性物質相互分離のため，ミセルを利用するミセル動電クロマトグラフィーは，イオン性界面活性剤のミセルを

溶媒中の分配相として利用し，試料の分配係数の違いを利用して分離する．その結果，非イオン性物質および電気泳動速度が同じイオン性物質の分離が達成できる．すなわち，ミセルに可溶化されない成分は浸透流速度と同じ速度で早く移動し検出されるのに対して，ミセルに可溶化される成分は移動速度が小さくなり分離が達成される．界面活性剤としてはSDS (sodium dodecylsulphate) などが臨界ミセル濃度 (CMC) 以上で使用される．このミセル自体の電荷は負であり，流れ方向は電気浸透流とは逆方向である．図 1.27 にMEKC分離の例を示した．

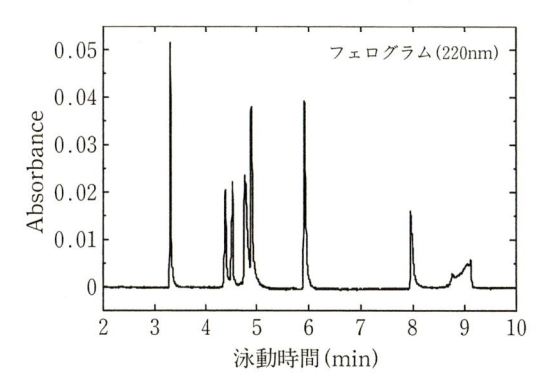

**図 1.27 MEKC の一例**
試料(1)ニコチンアミド，(2)ピリドキサール，(3)ビタミン$B_6$，(4)ビタミン$B_2$，(5)ビタミン$B_{12}$，(6)ニコチン，(7)ビタミン$B_1$，(8)PL-5-phosphate キャピラリー，内径 75 μm，長さ 66 cm；電圧 15 kV (63 μA)；支持電解液，20 mM 酢酸アンモニウム，20 mM ホウ酸ナトリウム，50 mMSDS (大塚電子データ集より引用)．

### 3) ゲル充塡キャピラリー電気泳動法
(gel-filled capillary electrophoresis : GFCE)

イオンサイズが次第に大きくなると，絶対移動度はあまり変化しなくなり，電気泳動効果のみでは分離が不十分になる．このような場合にゲルを充塡したキャピラリーを使用すると，分子篩効果により分離能が向上する．ゲルとしては，ポリアクリルアミドゲルがよく使用される．同様の効果を期待して高分子粘性剤を添加して高粘度化した支持電解液を使用する方法もあり，non-gel sieving などと呼ばれている．なお，これらの系では電気浸透流は存在しない．

### 4) キャピラリー等電点電気泳動法
(capillary isoelectric focusing : CIEF)

等電点 (pI) を有する両性電解質を pH 勾配をもたせたキャピラリー中で泳動させると，pI に相当するイオンの泳動が停止し焦点化する．この現象を利用し，特にタンパク質の分離・分析に使用される．分離に適切なpH 勾配の作成には，酸とアルカリを電極槽に充塡し，支持電解液には両性担体である ampholyte などが使用される．等電点で電気泳動速度はゼロとなるため，検出には電極液を交換して再度泳動させたり圧力をかけて，試料ゾーンを検出器まで移動させる必要がある (図 1.28 に示すように，検出部は通常キャピラリー末端に設置されている)．

なお，石英キャピラリーの表面のシラノール基は負極性をもつため，通常使用されるpH領域 (2～10) で正に帯電するタンパク質を強く吸着する性質がある．このため，未処理のままでは使用できないので，内壁を正に帯電させるなど吸着を防ぐために適切な処理を行う必要がある．

### 5) キャピラリー等速電気泳動法
(capillary isotachophoresis : CITP)

等速電気泳動法では，リーディング電解液とターミナル電解液と呼ばれる 2 種類の電解液で試料をはさんだ後，電気泳動を開始する．試料成分はリーディングイオンの濃度に応じて希釈もしくは濃縮され，一定濃度のゾーンを形成する．ゾーン電気泳動とは異なり，これらのゾーンは鋭い界面で隔てられた状態で連なって等速度で泳動する (定電流条件下)．なお，ゾーン界面には自己保持作用

がある．分析にはこれらのゾーンの電気電導度，電位勾配，あるいはUV吸収の違いを検出する．定量はゾーンの検出器通過時間が試料量に比例して変化することを利用し，検量線により行う．また，定性分析はゾーンの階段の高さ（ステップハイト）の比を比較して行う．濃縮効果により試料ゾーンの濃度が高くなるため，比較的高濃度で多量の試料（0.1～100 nmol 程度）が取り扱え，分取に有利なモードである．また，後述するようにCZEのオンライン前濃縮法としても有用である．

**b. キャピラリー電気泳動装置**

図1.28にCEシステムの概略図を示した．各部の概要は次のとおりである．

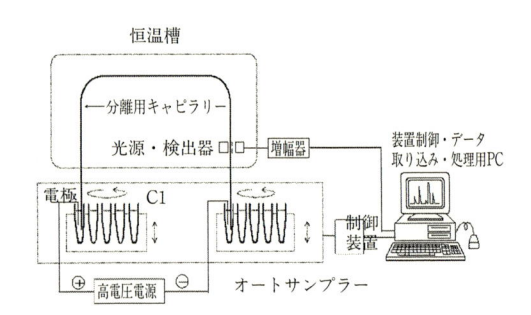

図1.28 キャピラリー電気泳動装置の構成

**1) 分離用キャピラリーカラム**

内径 $100\,\mu m$・外径 $400\,\mu m$ 程度の石英キャピラリーにポリイミドの保護コーティングを施したもので，分離用支持電解液を満たし分離の場として用いる．また，キャピラリーのコーティングの一部を取り除き，UV/VIS検出器用のセルとしても機能させる．長さは数十～100 cm程度で，カートリッジに固定される．電気浸透流を利用するため，キャピラリーの両端は支持電解液槽に浸されているだけで解放系となっている．

**2) 恒温槽・温度制御部**

分離用キャピラリーの温度を一定に保つ恒温槽と，その温度制御を行う部分．I. 分析化学の基礎2.4節のc.で述べたように，移動度には温度依存性があるため，再現性よく分析結果を得るためには温度制御が不可欠である．

**3) 検出器**

液体クロマトグラフ用とまったく同タイプのUV/VIS検出器（フォトダイオードあるいはそのアレイ，II編2.3節のb.参照）が光源とともに分離カラムに直角に配置される（オンカラム検出）．検出法としてはほかに，レーザー誘起蛍光検出（LIF），電気化学検出，電気伝導度検出などの方法がある．また，質量分析装置を検出器とする方法では特に高感度な分析が可能である．

**4) オートサンプラー**

図1.29に示した落差法，減圧・加圧法，電気泳動法により～100 n$l$ 程度の試料が導入される．この操作は，通常自動化されている．このため，種々の試料バイアルや支持電解液をカローセル上にセットしておけば，自

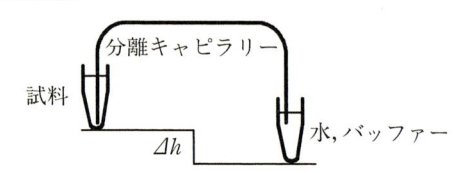

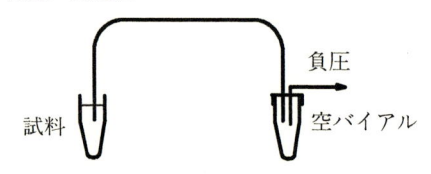

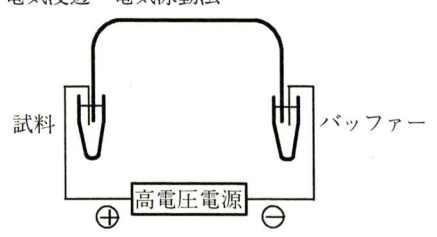

図1.29 CEにおける試料導入法

動制御プログラムにより連続分析が行える．これは，同一条件における多数の検体の分析のみならず，分離条件の最適化など，種々の電解液条件で同一試料を繰り返し分析する目的あるいはマイクロスケールの分取などにも使用できる．

**5）支持電解液槽**（電極槽）

泳動条件を決める支持電解液（pH緩衝液など）を充填するバイアルで同時に電極を備えた電極槽でもある．通常，サンプラーのカローセル上にセットして使用される．電極としては，白金線が用いられる．長時間通電すると，液のpHや組成が変化し保持時間など分析結果の再現性に深刻な影響をきたすことがある．このため，分析用支持電解液の体積はなるべく大きい方が望ましく，小さい場合はしばしば新しい電解液に交換する必要がある．

**6）泳動電源**

最大電圧30 kV，最大電流100 μA程度の能力をもつ定電圧電源が使用される．CZEでは，定電流電源を使用した方が再現性がよいことがある．等速電気泳動法では定電流電源の使用は，等速泳動の必要条件である．

**7）制御・データ処理用パーソナルコンピューター**

オートサンプラーその他の制御，データ取得，データ処理に使用する．

オートサンプラーが付属している装置では，試料バイアル・支持電解液バイアルをカローセルにセットし分析手順をプログラムすれば，数多くの試料に対して連続分析を実行したり，途中に適宜キャピラリーの洗浄をはさんだりすることが可能である．

なお，最近ではマイクロチップを用いた電気泳動装置が市販され（図1.30），DNA断片やタンパク質の迅速分析に使用されているがここでは割愛した．

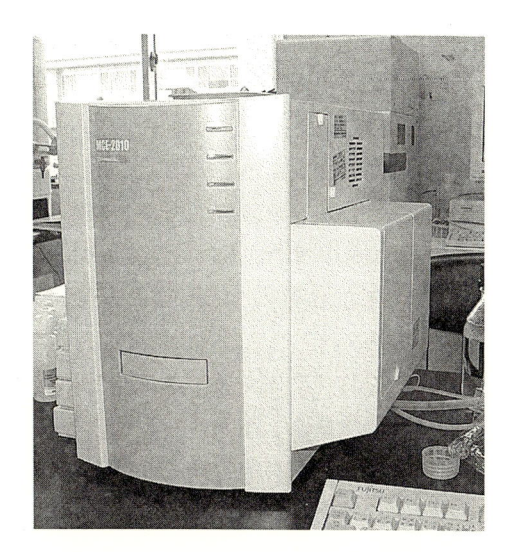

**図1.30** マイクロチップ電気泳動装置（島津製作所，MCE 2010）

**c. 定性分析**

図1.26のような分離パターン（エレクトロフェログラム）が得られたら，試料の泳動時間を標準物質の泳動時間と比較することにより定性分析を行う．近年の自動化装置の進歩により，同一実験条件（支持電解液，泳動電圧，キャピラリーが同一）であれば，同一試料の繰り返し分析における泳動時間の再現性は非常に向上している．しかし，標準品と同じ成分を含む試料が対象であっても，試料組成によっては泳動時間が標準物質のものと必ずしも誤差範囲内で一致するとは限らない．特に，注入した試料体積が大きい場合や濃度のアンバランス，スタッキング効果（オンライン前濃縮法の一種）などを利用して薄い試料を分析する場合などにこの傾向が顕著である．このような場合は，標準添加法を用いることが望ましい．ただし，試料のスペクトルが特徴的である場合には多波長同時検出器（II編2.3節のb.参照）を使用した定性分析が可能であり，この限りではない．最近では，積極的に構造情報を得て確実な同定を行うために，分離ゾーンを質量分析装置で検出する方法（CE-MS）が注目を集めている．

## d. 定量分析

自動化装置を使用した場合，試料注入精度は高いが，装置に仕込む試料としては数十〜100 $\mu l$ 程度は必要である．ごく少量しかない試料の場合，蒸発が無視できず，取扱いには注意を要する．また，粘度が高い溶液，成分濃度が希薄な溶液などの取扱いにも注意を要する．

定量分析を行うには，通常標準物質についてあらかじめ検量線を作成しておき，濃度未知試料のピーク面積を検量線にあてはめる．内部標準添加法が使用されることもある．ピーク面積は，吸光度×時間のディメンションをもち，同じ泳動時間ではじめて意味をもつ量である．このため，同じ物質であっても何らかの理由で泳動速度（したがって，泳動時間）が異なる場合，定量誤差の原因となる．すなわち，検量線がいかに精度よく作成されても，実試料の分析では精度が劣ることがある．前節で述べた定性分析の場合と同様，注入した試料体積が多い場合やスタッキング効果などを利用して薄い試料を分析する場合などこのような誤差を生じやすく注意を要する．

## e. 検出濃度下限

UV/VIS 領域での吸収を用いた場合，検出限界は $10^{-13}$ mol 程度，濃度下限は $10^{-5}$ M 程度といわれている．内径($l$) 75 $\mu$m のキャピラリーを使用し，試料に吸光係数($\varepsilon$) 2000 の物質を想定し，吸光度($A$) が測定限界に近い 0.0001 とすると，ランベルト-ベールの法則からその物質の濃度 $C$ は次式で与えられ，濃度下限はほぼ $10^{-5}$M であることがわかる．

$$C = A/(l\varepsilon)$$
$$= 10^{-4}/(75 \cdot 10^{-4} \text{cm} \cdot 2000 \, l \, \text{mol}^{-1} \text{cm}^{-1})$$
$$= 7 \cdot 10^{-6} \text{M} \quad (1.45)$$

また，そのときの絶対量は試料ゾーンの体積($V$) を 10 n$l$ とすると

$$C \cdot V = 10^{-5} \text{mol } l^{-1} \cdot 10 \cdot 10^{-9} \, l$$
$$= 10^{-13} \text{mol} \quad (1.46)$$

となる．しかし，UV/VIS 領域に吸光係数の大きな吸収をもつ無機イオンは比較的限られている．特に，単純な無機イオンを検出する場合，支持電解液系に強い吸収をもつイオン（試料と同符号の）を用い，間接吸収法によりイオンを検出することが多い．これは，カウンターイオンが一定濃度で供給されることから，試料ゾーンでは電気的中性則により UV 吸収イオンの濃度が試料濃度分だけ減少することを利用している．すなわち，間接吸収検出では試料と UV 吸収物質は同種のイオンである必要がある．

図1.26 に示した希土類イオンのエレクトロフェログラムは，クレアチニンの間接吸収を利用している．なお，アニオン試料の間接吸収試薬としてはクロム酸イオンなどが使用される．

高感度検出のためには，キャピラリー内径は大きい方がよい．支持電解液内の温度差を抑制しある程度の感度を得ることのできる内径が 100 $\mu$m 前後といえよう．なお，検出部分だけ太くしたり，Z 型として光路長を伸ばす工夫も行われている．

## f. オンライン前濃縮

CE の濃度感度を向上させるためには，ハードウェアに依存する方法のほか，各種のオンライン前濃縮法が工夫されている．CZE における低濃度試料の前濃縮法としては，① スタッキング，② 過渡的等速電気泳動，③ 電気的注入法，④ electrokinetic supercharging（② と ③ の組合せ）が，疎水性の強い試料については MEKC においてスイーピングと呼ばれる方法がある．

図 1.31 は ①-④ の方法の概念図を示したものである．スタッキングは最もよく利用さ

れているが，希薄試料を大量注入すると，試料プラグ部の高い電位勾配により系全体の電気浸透流が増加し，分離不十分となったり試料プラグ部と泳動バッファー部での電気浸透流のミスマッチが深刻な分離パターンの悪化を引き起こすことがある．このような分離劣化を希土類イオンを例として，図1.32に示した．結局，$\mu$M程度の希薄な試料の場合，注入体積はキャピラリー長の数%程度に限られる．検出濃度下限はここで例とした希土類イオンでおよそ $100\ \mu g\ l^{-1}$ である．

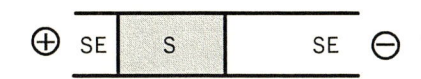

②の過渡的等速電気泳動前濃縮（transient isotachophoretic preconcentration : tITP）では，試料(S)をリーディング電解液(L)とターミナル電解液(T)ではさむことにより，等速電気泳動の濃縮効果およびゾーン自己保持効果を利用して単純なスタッキングの欠点を抑制することができる．図1.31の模式図は最も基本的な充填方法を示している．

過渡的等速電気泳動法は試料プラグ部のミスマッチをかなり抑制することができ，試料注入体積をキャピラリー長の10〜20%程度にまで試料注入が可能であり，$20\ \mu g\ l^{-1}$程度まで検出限界を低下させることができる．

しかしながら，これらの方法における試料充填量はキャピラリーの長さ・内径に制約され，これ以上試料充填量を増加させることは期待できない．より濃度感度を向上させるためには，何らかの強制的な試料注入法が必要である．そこで，③や④の電気的注入が行われる④では，電気的注入法（EKI-CZE）と過渡的等速電気泳動法を組み合わせ，サブ $\mu g\ l^{-1}$ の濃度感度が達成されている（EKS-CZE, 図1.33）．

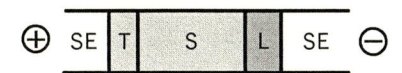

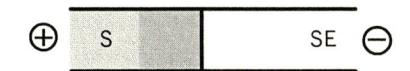

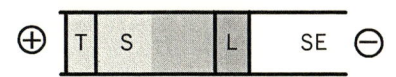

**図1.31** CZEにおけるオンライン前濃縮法の例

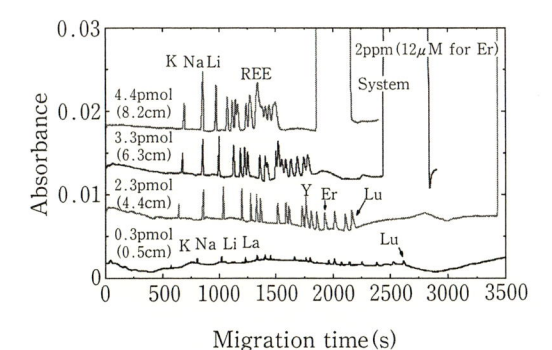

**図1.32** 希土類を主成分とする2ppm 18種金属イオンのCZE（スタッキング）
図中の数値は試料導入量(pmol)および推定プラグ長(cm)，泳動電圧＝20 kV/100 cm．

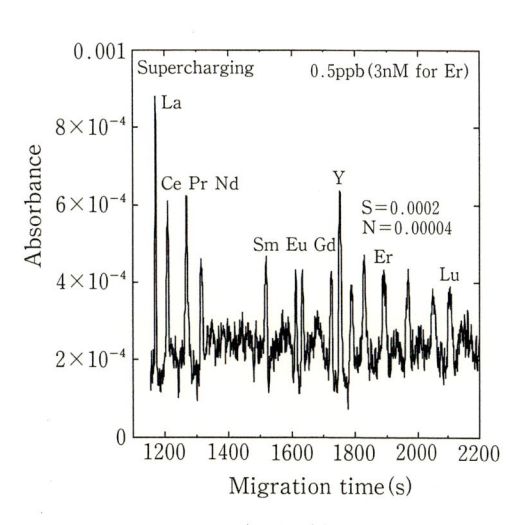

**図1.33** 0.5 ppb 希土類試料のEKS-CZE

## 1.3 遠心分離，抽出，超臨界抽出，沈殿

### a. 遠心分離

遠心分離法は，混合物を構成する各成分をその比重などの差によって分画する方法である．試料溶液を遠心沈殿管などに入れ，それを図1.34のような遠心分離機のローター部分（上部の黒い部分）にセットする．ローター部分の重量バランスに偏りがある状態で高速回転させることは危険であるため，試料溶液はローターのバランスがとれる位置（回転軸に対して対称の位置）に配置する．たとえば，試料溶液が一つの場合には，もう一つの他の遠心沈殿管に同じ重量の水を入れる．それをローターのバランスがとれる位置にセットし，遠心分離を行う．

遠心分離法では，回転により生じる遠心力を利用して溶液中の成分を分離する．遠心分離法は，分別遠心法と密度勾配遠心法に区分される．分別遠心法は，均一な溶液を遠心分離する一般的な方法である．一方，密度勾配遠心法は遠心沈殿管内に溶媒により密度勾配を形成して分離を行う．各成分は，おのおのの比重と溶液の比重が等しい場所に集まり，他成分と分離される．

### b. 抽出

2相間（混じり合わない二つの溶媒間，または固体-溶媒間）における物質の分配平衡の差を利用する分離方法を抽出分離法という．分離系を構成する相の組合せにより，分析化学の分野ではさまざまな抽出系が利用でき，液相/液相系における抽出分離法を溶媒抽出法や均一液液抽出法，また気相/固相系および液相/固相系では固相抽出法や固相マイクロ抽出法と呼ぶ．

**1) 溶媒抽出**

溶媒抽出法は，相互に混じり合わない二つの溶媒間における溶質の分配平衡の差を利用する分離法である．水と混合しない有機溶媒（有機相）と水相の組合せが一般的である．この場合には，図1.35のような分液ロート（ガラス製または樹脂製）を用い，水相中の有機成分を有機相へ移行させ，分離と濃縮を行うことが多い．また全体として，無電荷の複合体（キレート錯体やイオン会合体）も有機相へ抽出分離でき，これらはキレート抽出やイオン対抽出と呼ばれる．

図1.34 小型遠心分離機（分離管として0.5～2.0 mlのバイアルを用いる）（日本ミリポア㈱製）

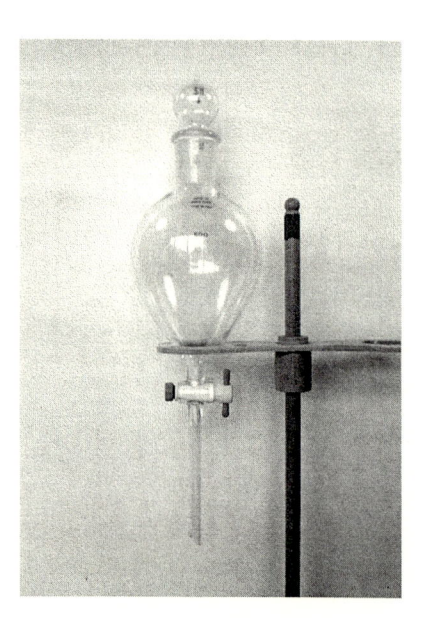

図1.35 分液ロート

## 2) キレート抽出

金属イオンが配位子と反応して錯体を生成し、金属イオンの電荷が中和されると、この金属錯体は有機相へ抽出される。配位子としては、水素を解離して1価の陰イオンになる二座（キレート）配位子がよく利用される。

## 3) イオン対抽出

イオンは正または負の電荷を有するため、そのイオン単独では有機相に抽出されない。必ず、反対の電荷を有する対（たい）イオンを伴って抽出される。たとえば、水相中に溶存する無色の界面活性剤イオンに有色の色素イオンを反応させてイオン会合体を生成し、これを有機相に抽出分離すれば、有機相中の色素イオンを吸光光度分析することにより、無色の界面活性剤を定量できる。

水相中で生成するイオン対が有機相へ抽出される場合、その抽出のされやすさはイオン対を構成する陽イオンと陰イオンおよび抽出有機溶媒の組合せで決まる。分離対象イオンに応じて適当な抽出条件を設定すれば、特定イオンだけの選択的分離が可能になる。したがって、イオン対の抽出のされやすさを表すパラメーターである抽出定数を予測できれば、実験条件をある程度絞り込むことができ、作業を効率化するうえで有用である。これに対して、イオン対抽出定数が、陽イオン、陰イオンと抽出有機溶媒のおのおのに割り当てられた固有抽出定数の積として表現されるという分割表記の概念が提案されている。この考え方を利用すれば、さまざまな1価：1価イオン対抽出系における抽出定数を予測することができる。表1.6にさまざまな陽イオン、陰イオンおよび抽出有機溶媒におのおの割り当てられた固有抽出定数の値を示す。

## 4) 均一液液抽出

水相中に溶解していた有機成分が相分離して生成する有機相を抽出相として利用する抽出分離法である。抽出相が水相中から均一に出現するため、均一液液抽出法と呼ばれる。たとえば、非イオン性界面活性剤の水溶液を

**表1.6** 各種陽イオン、陰イオンおよび抽出有機溶媒の固有抽出定数

| $\log K_{cation}$ | | $\log K_{anion}$ | | $\log K_{solvent}$ | |
|---|---|---|---|---|---|
| $(CH_3)_4N^+$ | $-3.5$ | $Br^-$ | $-5.0$ | Mesitylene | $-2.2$ |
| $(C_2H_5)_4N^+$ | $-1.3$ | $I^-$ | $-2.7$ | Diisopropyl ether | $-2.1$ |
| $(C_3H_7)_4N^+$ | $0.2$ | $SCN^-$ | $-2.5$ | Cumene | $-1.5$ |
| $(C_4H_9)_4N^+$ | $1.8$ | $BF_4^-$ | $-2.0$ | Tetraline | $-1.4$ |
| $(C_5H_{11})_4N^+$ | $3.9$ | $ClO_4^-$ | $-1.5$ | Carbon tetrachloride | $-1.3$ |
| $C_6H_{13}(CH_3)_3N^+$ | $-0.8$ | $DBS^-$ | $1.5$ | $m$-Xylene | $-1.2$ |
| $C_8H_{17}(CH_3)_3N^+$ | $0.2$ | $DS^-$ | $1.5$ | $o$-Xylene | $-0.8$ |
| $C_{10}H_{21}(CH_3)_3N^+$ | $1.6$ | $SS^-$ | $2.2$ | Toluene | $-0.6$ |
| $C_{12}H_{25}(CH_3)_3N^+$ | $2.9$ | $C_6H_{13}SO_3^-$ | $-4.2$ | Ethylbenzene | $-0.5$ |
| $C_{14}H_{29}(CH_3)_3N^+$ | $3.9$ | $C_8H_{17}SO_3^-$ | $-2.8$ | Styrene | $0.5$ |
| | | $C_{10}H_{21}SO_3^-$ | $-1.3$ | Butylacetate | $0.2$ |
| | | $C_{12}H_{25}SO_3^-$ | $-0.2$ | Chlorobenzene | $2.3$ |
| | | $C_{14}H_{29}SO_3^-$ | $0.9$ | 1-Chloronaphthalene | $2.4$ |
| | | $C_{11}H_{23}CO_2^-$ | $-2.5$ | Dichloromethane | $4.1 \sim 4.9$ |
| | | | | Chloroform | $3.4 \sim 4.2$ |
| | | | | 1,2-Dichloroethane | $4.1 \sim 4.5$ |
| | | | | $o$-Dichlorobenzene | $4.6$ |
| | | | | Isopropyl methyl ketone | $6.5$ |

加熱すると，水和水が脱離して界面活性剤が析出し，その結果水溶液がくもる．このとき，水溶液中に共存する有機成分は非イオン性界面活性剤の析出相に抽出され，水相から分離・濃縮される．

### 5) 固体試料からの抽出

固体試料中に含まれる目的成分を溶媒中に抽出・分離する場合，図1.36に示すようなソックスレー抽出器がよく使用される．ソックスレー抽出器は上下方向に三つの部分，すなわち上部の冷却管，固体試料を入れる中央部分および抽出溶媒を入れる下部の丸底フラスコから成る．

円筒ろ紙（中央の白い部分）に固体試料，また丸底フラスコ部分に抽出溶媒を入れる．丸底フラスコ部分を加熱することにより抽出溶媒は気化され，溶媒蒸気は中央部分左外側のガラス配管内を上昇する．溶媒蒸気は上部の冷却管で冷却され，凝縮して液体となる．液体の抽出溶媒は円筒ろ紙部分に供給され，抽出溶媒と固体試料が接触する．固体試料中から目的成分を抽出した抽出液は，中央部分左内側のサイフォン部分上部のレベルまでたまる．その後，サイフォンの作用により，中央部分にたまった抽出溶媒の全量が丸底フラスコに移動する．

ソックスレー抽出器では，抽出液からの溶媒の気化・凝縮と，これにより供給される目的成分を含まない抽出溶媒と固体試料の接触を連続的に行うため，高い抽出率で目的成分を固体試料中から抽出できる．

### 6) 固相抽出

気相中や液相中の目的成分を固体表面に吸着させて分離・濃縮する操作を分析化学の分野ではよく固相抽出と呼ぶ．その中でも，固相抽出剤として膜を利用する場合を膜抽出法，抽出系のサイズが小さい場合を固相マイクロ抽出法という．

### 7) 固相抽出剤

固相抽出剤としては，目的成分との間の疎水性相互作用を利用するものが多く，スチレン-ジビニルベンゼン共重合体などの吸着樹脂やオクタデシル基などの疎水基を化学結合させた表面修飾吸着剤がよく使用される．表面修飾基の種類を変え，静電的相互作用や錯形成を利用する場合もある．これらの固相抽出剤（吸着剤）を充填したカートリッジやディスクがよく利用される．固相抽出法は，先の溶媒抽出法と比べて，① 高濃縮が可能，② 有害な有機溶媒を使用しない，および ③ 現場での試料採取に適しているなどの特徴を有する．

### 8) 膜抽出

固相抽出剤として膜を利用する．親和性の強い成分は，ろ過操作の途中でメンブランフィルターに捕集される．捕捉する成分の化学的特性に応じて，適当な材質の膜を使うことが必要である．疎水性イオンのイオン会合体を捕集する場合にはセルロース混合エステル，無電荷の疎水性成分の場合にはPTFE膜が適している．膜が可溶性の場合には，膜自体を少量の溶媒で溶解して分析試料とする

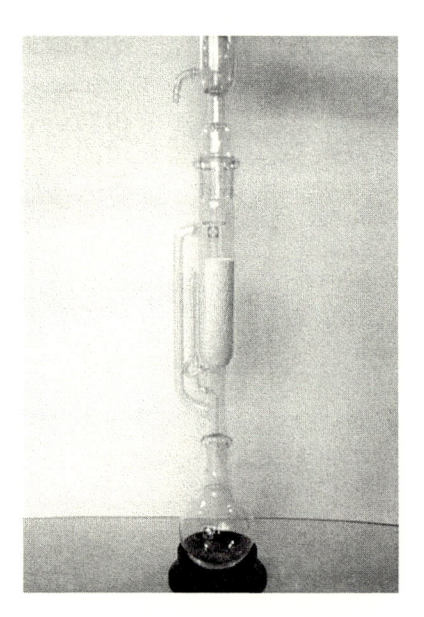

**図1.36** ソックスレー抽出器

ことができる．また，膜表面上に捕集された成分を反射吸光度測定などにより直接分析することもできる．

### 9) 固相マイクロ抽出

ガスクロマトグラフや液体クロマトグラフへの微量試料の導入を目的として利用されることが多い．ガスクロマトグラフィーの場合，セプタム付き試料瓶にシリンジの針を差し込み，その針の中に取り付けられた抽出材を試料溶液あるいはヘッドスペースに直接接触させて目的成分を捕集・濃縮する．吸着平衡状態に到達した後，シリンジをガスクロマトグラフの試料注入口に差し込む．試料注入口内で抽出材を露出させ，捕集した目的成分を加熱脱着して分離分析を行う．

また液体クロマトグラフィーの場合，インジェクター内部に抽出剤を設置する場合もある．まず，多量の試料を送液して目的成分を吸着濃縮する．その後，移動相の溶媒条件（組成など）を変化させて吸着濃縮した目的成分を脱着し，分離系に導入する．

### c. 超臨界抽出

図 1.37 に示すように，二酸化炭素や水などの物質を臨界点（各物質ごとに異なる）の温度・圧力以上の状態にすると，これらの物質は液体でもなく気体でもない超臨界流体と呼ばれる状態になる．超臨界流体のいくつかの物理的特性を，気体および液体のそれと比較して表 1.7 に示す．粘性率や拡散係数については，超臨界流体は気体と液体の中間的な特徴をもっている．このため，超臨界流体中における物質の移動抵抗は，液体中の場合に比べて小さい．

**表 1.7** 超臨界流体の物性

|  | 気体 | 超臨界流体 | 液体 |
|---|---|---|---|
| 密度 （$kg\,m^{-3}$） | 1 | 100〜1000 | 1000 |
| 粘性率 （mPa s） | 0.01 | 0.1 | 1 |
| 拡散係数 （$m^2\,s^{-1}$） | $10^{-5}$ | $10^{-8}$〜$10^{-7}$ | $10^{-10}$ |

一方，密度や物質の溶解力の点では，超臨界流体の物性は液体のそれに近く，圧力や温度を調節することにより，溶質の溶解度を変えることができる．たとえば水の場合，温度の上昇とともにその誘電率は低下して有機溶媒と同程度になるため，有機物は溶解するが無機物は溶解しなくなる．したがって，超臨界状態の水を使えば，混合試料中から有機物のみを抽出し，無機物と有機物を分離することが可能になる．また，超臨界流体は温度・圧力を下げることにより気体状態となるため，容易に除去することができる．したがって，抽出液中から目的成分だけを取り出すことができる．たとえば，超臨界抽出法はコーヒーの脱カフェインや揮発性物質の抽出分離などに利用されている．

### d. 沈 殿

溶液中に溶存している目的成分を固体として析出させ，他成分から分離する方法である．通常，生成した沈殿はろ過して溶液（母液）から分離するため，ろ過しやすく共存成分などの不純物を含まない沈殿を生成することが重要である．沈殿などの形で目的成分を分離し，その質量を測定して目的成分を定量する方法を重量分析法という．重量分析法は比較的多量の試料を必要とし，また分析操作

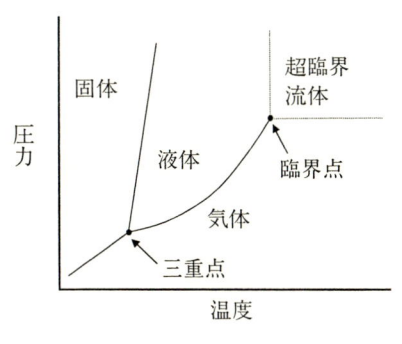

図 1.37 相 図

も煩雑であることが多いが，正確な定量分析結果を得ることができる．

### 1) ろ過しやすい大きな沈殿

沈殿の生成過程は，結晶核の生成および結晶の成長という二つの過程から成ると考えられる．これら二つの過程の速度は，溶液の過飽和度と関連している．過飽和度が小さいほど結晶核の発生速度は小さくなり，結晶成長速度は大きくなる．このため，ろ過しやすい大きな沈殿を得るためには，過飽和度の小さな条件で沈殿を生成することが望ましい．実験的には，沈殿生成が起きるできる限り低いpH条件下において，加温したできる限り薄い試料溶液にできる限り薄い沈殿剤溶液を十分攪拌しながらゆっくり添加して沈殿を生成させると，結晶性のよい沈殿を得ることができる．

### 2) 純粋な沈殿

結晶性のよい大きな沈殿は純度も高い．沈殿を母液とともに温めながら放置（温浸または熟成）すると，小さい結晶の沈殿は溶解して大きな結晶表面に析出する．その結果，結晶性もよくなり，沈殿のサイズも温浸または熟成する前に比べて大きくなる．

溶解度から考えると，本来沈殿するはずのない成分が他の成分の沈殿に伴われて沈殿する現象を共沈という．共沈現象の機構としては，固溶体の生成，吸着や吸蔵があげられる．共沈の生成は，沈殿の汚染となり，重量分析法の誤差の原因となる．しかしその一方，共沈現象を逆に利用して低濃度の微量成分を分離する高選択性分離に関する研究が進められている．

### 3) 生体試料の沈殿

タンパク質を含む試料を分析対象とする場合には，塩，有機溶媒や酸の添加による塩析や沈殿生成がタンパク質を粗分画する目的で利用される．塩析を行う場合に最もよく利用されるのは硫酸アンモニウムである．硫酸アンモニウムは水に対する溶解度が高く，タンパク質の変性を起こしにくい．タンパク質は塩析のほかにも，有機溶媒や酸の添加によっても沈殿する．

## 1.4　分析のための試料の前処理

分析対象試料の分析目的はさまざまである．たとえば，次のような事柄が考えられるであろう．

① その分析対象試料を構成する成分（化合物や単体）の同定，組成決定や定量
② 各成分の構造解析，結合様式や化学的特性の解明
③ その物質の機能解析や物性測定

上記のようなさまざまな情報を得るために，現在種々の機器分析法を利用することができる．たとえば，ある成分の構造解析を行う場合，赤外吸収スペクトル法や核磁気共鳴スペクトル法などの分光学的方法は非常に有力な分析法である．しかし，多くの分光学的分析法は複数成分の混合物を分析対象とすることはできない．それは，各成分に由来するシグナルが同時に観測されて重なってしまい，正確な情報解析が行えないためである．しかし，身の周りの物質はその大部分が混合物であり，したがって分析の対象試料も多くの場合混合物である．このため，分光学的方法を適用する場合，前処理として混合物試料を各構成成分に分離することが一般的に必要になる．

各種の機器分析法を適用して目的の情報を正確に得るためには，利用する機器分析法の性能を十分かつ適切に発揮させるための前処理（たとえば，混合物の分離など）が必要不可欠である場合が多い．分析試料の前処理としては，試料の形態，試料の物理的・化学的特性および分析方法の要請などに応じて，さまざまな方法や操作が行われる．それらは大

別すると，目的成分の分析を妨害する共存成分（マトリックス）からの目的成分の分離と濃縮，および分析試料調製のための前処理に分類される．

### a. 分析を妨害するマトリックスからの目的成分の分離と濃縮

目的成分を共存成分から分離するための前処理法としては，各種の機器分離法（クロマトグラフィーや電気泳動法など），物理的作用に基づく分離法（ろ過，遠心分離，冷却トラップなど），化学的相互作用や化学反応に基づく分離法（吸着，抽出，沈殿生成など）などのさまざまな方法や操作があげられる．これらの各分離法の内容については，前節1.3を参照されたい．

### b. 分析試料調製のための前処理

分析対象試料の種類は多様であるが，その状態や形態も気体，液体，溶液および固体とさまざまである．機器分析法の中には，気体や固体試料を分析対象とする方法（表面分析法，分離分析法や分光学的方法など）もあるが，多くの場合，気体や固体状態の試料を液体または溶液の状態に変換すると取り扱いやすい．

#### 1) 気体試料の場合

**ⅰ) 液体捕集法** 気体試料を適当な液体（吸収液）と接触させ，目的の気体成分を溶液状態にする．吸収液を気体洗浄瓶に入れ，気体試料を通気して吸収液に接触させる．気体試料を供給する配管の先には，多孔性フィルターが取り付けられている．気体試料は小さな気泡となって吸収液と接触するため，気体試料の吸収効率が向上する．液体捕集法は，酸性やアルカリ性を示す無機ガスを捕集する際によく利用される．一方，燃焼ガスを吸収する燃焼法（乾式灰化法）にも液体捕集法が利用される．有機物試料中に含まれる無機成分を分析する場合などに利用される．

**ⅱ) 吸着法** 活性炭や吸着樹脂などの多孔質の疎水性吸着剤を用いて，有機性ガスを捕集・濃縮する場合が多い．活性炭内部における細孔の構造は，マクロ孔（IUPACの規定では，細孔径50 nm以上の細孔），メゾ孔（細孔径2～50 nmの細孔）およびミクロ孔（細孔径2 nm以下の細孔）から成り，その比表面積は約1000 $m^2 g^{-1}$ 程度と大きい．このため，大きな吸着容量を得ることができ，多量の試料を処理することができる．

吸着剤を用いて吸着分離した目的成分を分析する場合には，適当な有機溶媒を用いて吸着剤から目的成分を脱着させて回収し溶液状態とする場合と，吸着剤を加熱して目的成分を加熱脱着させ気体試料として分析系へ導入する場合がある．活性炭や吸着樹脂などの多孔質材料では，吸着現象が起きる吸着サイトは吸着剤内部の細孔内壁表面にあるため，吸脱着にはミクロ孔やメゾ孔内を試料分子が拡散により物質移動しなければならない．このため，粒子状吸着剤を使用する場合には，下記の冷却トラップ法に比べて試料分子の吸脱着速度が遅いことが多い．

吸着法は，液体試料中の目的成分の捕集にも利用される．気相中や液相中の目的成分を吸着により捕集して分離・濃縮する操作は，分析化学の分野では固相抽出法あるいは固相マイクロ抽出法と呼ばれる．また，精密ろ過用のフィルターを捕集材として用いる分離法も提案されている．これらについては，前節1.3を参照されたい．

**ⅲ) 冷却トラップ法** 吸着法を濃縮・分離法として適用する場合には，目的成分の回収率が問題になる．目的成分の吸着プロセスと吸着成分の脱着プロセスの両過程が定量的に進行しない場合，吸着法では目的成分を100%回収できない．また，脱着用有機溶媒の使用液量が多くなると，吸着分離操作に伴

う吸着濃縮の効果が低減する．一方，冷却トラップ法では，液体窒素などの寒剤で冷却したトラップ管中に炭化水素などの揮発性ガス成分を流通させて凝縮濃縮を行う．図1.38に冷却トラップシステムの基本構造を示す．図1.38のサンプルガス濃縮部に目的成分ガスがトラップ・濃縮される．冷却トラップ法は，試料ガス成分の物理的な状態変化に基づく分離・濃縮法であるため，目的成分の化学的特性が変化することは少ない．トラップ管の加熱により，気化した目的成分を定量的に分析系へ導入することができるため，高い捕集率と回収率が得られる．

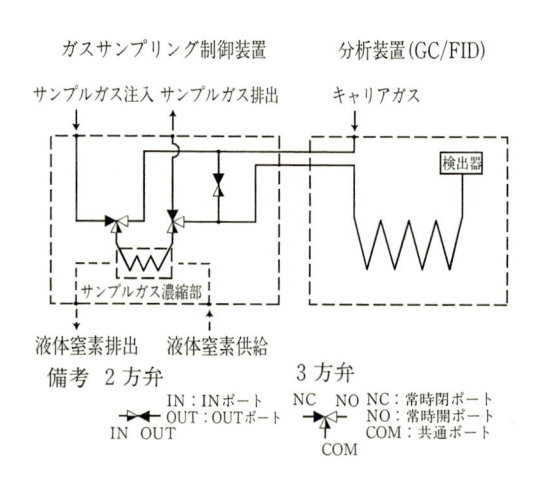

**図1.38** 冷却トラップシステムの基本構造（NIT-4型，高砂電気工業（株）製）

### 2）固体試料の場合

固体試料を分析対象とする場合，分析目的に応じてその取扱いが異なる．すなわち，固体試料自体のいろいろな場所における局部的な分析情報が必要な場合と，試料全体としての平均分析値が必要な場合である．前者の場合には，試料の現状をできるだけ変化させないように表面の清浄化などを行い，表面分析法などの分析試料とする．また，電子顕微鏡観察などでは，金蒸着などの表面処理が必要になる．

一方，試料全体としての平均分析値が必要な場合，固体試料は固体状態での混合や均一化がむずかしいため，図1.39に示すような四分法などによる縮分が必要になる．まず，固体試料を円錐形に積み上げ，これを4等分する．次に，向かい合った部分（AとC，またはBとD）だけを集める．固体試料の量が分析操作に適した量になるまでこの操作を繰り返す．

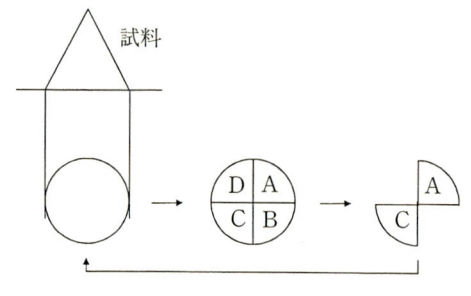

**図1.39** 四分法による縮分

無機固体試料の場合には，縮分によって小分けした固体試料は溶解あるいは融解して溶液試料とする．固体試料が水に溶解しないときには，酸に溶解する場合が多い．塩酸，硫酸，硝酸，過塩素酸，フッ化水素酸や塩酸と硝酸の混合液がよく使用されるが，おのおのの酸の化学的特徴を理解したうえで使用する必要がある．また融解法では，固体試料に塩基性融剤（無水炭酸ナトリウムなど）あるいは酸性融剤（二硫酸カリウムなど）を加えたのち，融点以上の温度に加熱し，試料を分解して可溶化する．

一方，有機固体試料を可溶化する場合には，先の乾式灰化法の他に湿式酸化法による分解もよく行われる．有機固体試料に，硝酸-硫酸や硝酸-過塩素酸などの混液を加えて加熱する．有機物は水と二酸化炭素に分解され，無機成分が残る．なお，過塩素酸は爆発性を有するので，取扱いには注意する必要がある．

### 3) 液体試料の場合

　液体試料の場合も，分析目的に応じて試料の採取方法や取扱いが異なる．たとえば，水中の溶存金属イオンを分析対象とする場合には，試料水のろ過や酸の添加などが必要となる．なお，ろ過の際には，ろ紙への吸着などによる目的成分の損失や接触による化学変化に注意する必要がある．また，金属製の試料採取容器は利用できない．一方，水中に溶存する揮発性成分を分析する場合には，揮散による分析目的成分の損失を防ぐため，試料水を手早く採取する必要がある．試料水の採取は気泡が混入しないように注意して行い，試料水保存容器中にヘッドスペース（気相部分）が残らないよう注意する必要がある．

　分析対象成分の化学的状態や濃度などが液体試料保存中に変動すると予想される場合には，それを防止する必要がある．たとえば，金属水酸化物の生成を抑制する場合には，酸を添加して試料溶液のpHを下げる．微生物の影響を抑制する場合には，殺菌剤を添加する．また，試薬（酸，アルカリ，錯形成剤や沈殿剤など）を添加して錯体や沈殿を生成し，目的成分を固定化することもある．たとえば，試料水中の溶存酸素をウィンクラー法（ヨウ素滴定による水中の溶存酸素の定量法）で測定する場合には，水酸化マンガンを利用して酸素を固定する．その後，過剰のヨウ化カリウムの存在下で酸を加え，溶存酸素と等量のヨウ素を遊離させる．この遊離ヨウ素をチオ硫酸ナトリウム標準溶液で滴定する．いずれの場合も，分析対象成分の化学的変化を抑制するため，試料採取後は試料溶液を暗所で低温保存することが望ましい．

#### 参考文献
1) 津田孝雄：クロマトグラフィー，丸善，1995
2) 及川紀久雄，鈴木義仁，砂原広志，田中一彦，二木安之，本間春雄，松下　駿，武藤義一，村野健太郎著：イオンクロマトグラフィー，共立出版，1988
3) 宮崎元一，早川和一著：新しいイオンクロマトグラフィーの手ほどき，南江堂，1986
4) 岡田哲男，山本　敦，井上嘉則編：クロマトグラフィーによるイオン性化学種の分離分析，NTS，2002

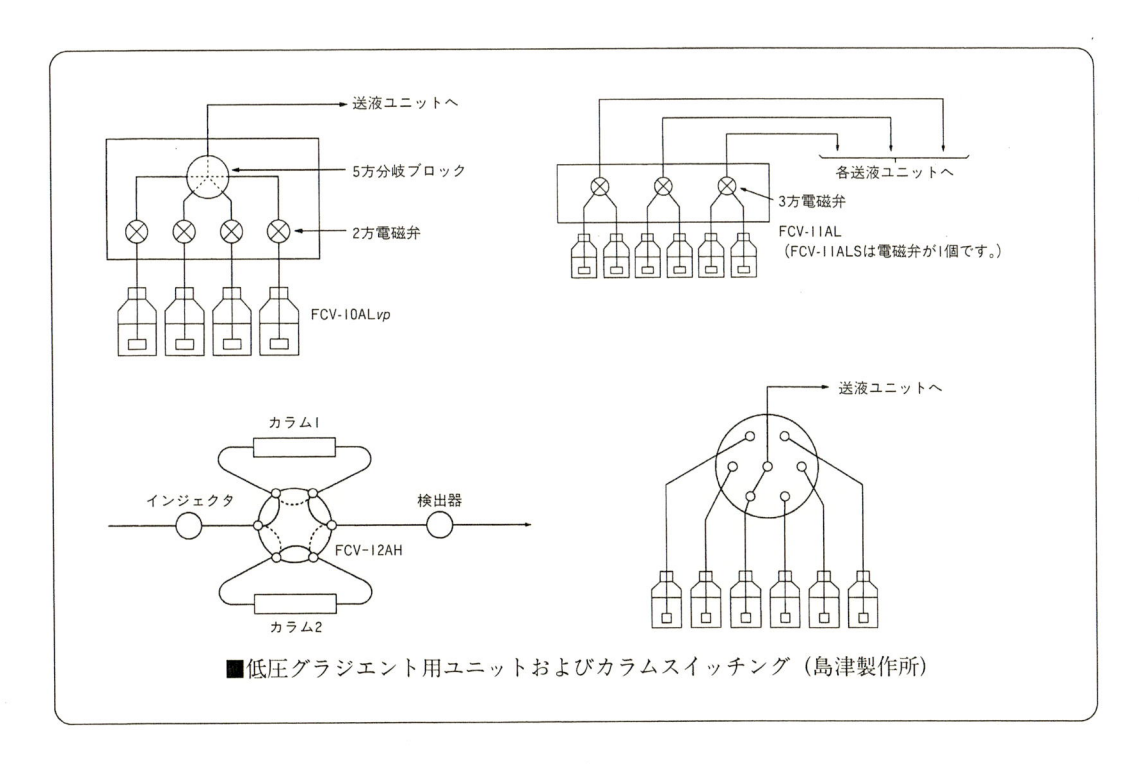

■低圧グラジエント用ユニットおよびカラムスイッチング（島津製作所）

# 2 電磁波を用いる分析法

電磁波は振動する双極子から放射され、エネルギーに応じて物質と種々の相互作用を（吸収、発光、散乱など）を示す。相互作用の結果を検出すれば、物質の分析に用いることができるため、電磁波は機器分析において最も重要なプローブである。

連続スペクトルをもつ電磁波が物質を通過するとき、物質に固有な波長が吸収されてその部分が弱まったスペクトルを生じる。これを吸収スペクトルという。また、電磁波や熱により励起されると冷却時に物質に固有な発光スペクトルを放射する。また、分子や原子による電磁波の散乱には、それぞれ特徴ある性質がある。これらはいずれも物質の化学情報の取得に有効であり、種々の機器分析法の基本原理である。電磁波の名称、エネルギー、相互作用の対象などを図2.1に示した。

## 2.1 赤外線分光法

分子を構成する原子は、化学結合を保ちながら常に振動している。これを分子振動という。分子振動のエネルギーは、赤外線のエネルギー領域に相当しているため、分子に赤外線が照射されると吸収を起こす（赤外線吸収）。W. W. Coblentz が1903年ごろから種々の化合物について赤外線領域の吸収スペクトルを記録し始めたといわれている。

赤外線吸収スペクトルは、その分子を構成する原子の結合状態、いい換えれば官能基の種類についての重要な知見を与えるため、NMRやMSとともに重要な分析法である。どのようにして分子構造が分子振動に反映されるのか簡単な分子を例として考察してみよう。

### a. 水分子の分子振動

二原子分子の場合、この振動は二つの原子核を結ぶ直線の上だけで起こり、このような振動を伸縮振動と呼ぶ。多原子分子の場合はさらに変角振動（結合角の変化）やねじれ振動（分子骨格のねじれ）など、種々の型の振

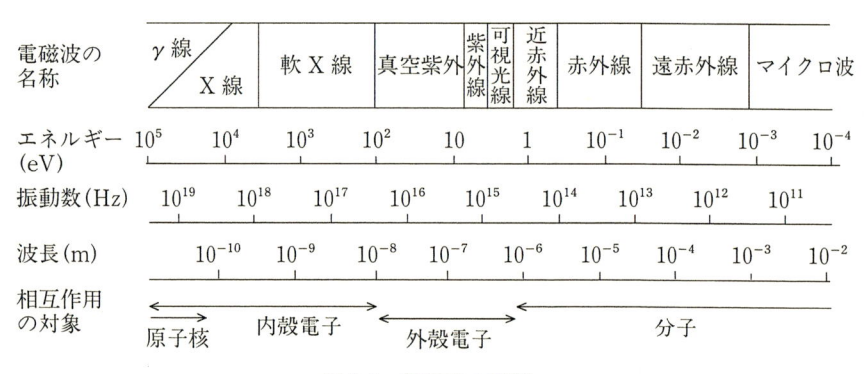

| 電磁波の名称 | γ線／X線 | 軟X線 | 真空紫外 | 紫外線 | 可視光線 | 近赤外線 | 赤外線 | 遠赤外線 | マイクロ波 |
|---|---|---|---|---|---|---|---|---|---|
| エネルギー(eV) | $10^5$　$10^4$ | $10^3$ | $10^2$ | $10$ | $1$ | $10^{-1}$ | $10^{-2}$ | $10^{-3}$ | $10^{-4}$ |
| 振動数(Hz) | $10^{19}$　$10^{18}$ | $10^{17}$ | $10^{16}$ | $10^{15}$ | $10^{14}$ | $10^{13}$ | $10^{12}$ | $10^{11}$ | |
| 波長(m) | $10^{-10}$ | $10^{-9}$ | $10^{-8}$ | $10^{-7}$ | $10^{-6}$ | $10^{-5}$ | $10^{-4}$ | $10^{-3}$ | $10^{-2}$ |
| 相互作用の対象 | 原子核 | 内殻電子 | | 外殻電子 | | 分子 | | | |

**図2.1** 電磁波の種類

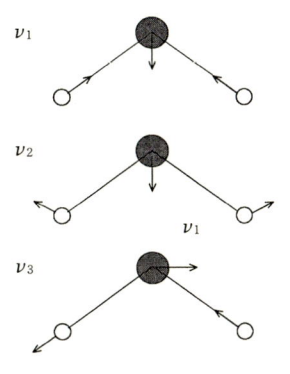

**図2.2** 水分子の基準振動

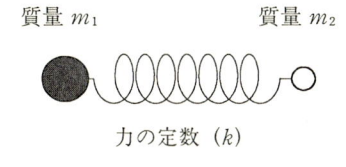

**図2.3** OH結合のバネモデル

動がある．水分子の場合，図2.2に示したような3種類の振動がある．

$\nu_1$はOH対称伸縮振動，$\nu_2$はHOH変角振動，$\nu_3$はOH非対称伸縮振動と呼ばれる．基準振動は，振動の対称性から分類される（これらの振動は，振動数順に番号付けされるわけではない）．水分子の場合，これらの振動数は表2.1のようになる．

**表2.1** $H_2O$，$D_2O$の基準振動数（$cm^{-1}$）

| | 対称伸縮 $\nu_1$ | HOH変角 $\nu_2$ | 非対称伸縮 $\nu_3$ |
|---|---|---|---|
| $H_2O$（気体） | 3654.5 | 1595.0 | 3755.8 |
| $H_2O$（液体） | 3210 | 1650 | 3430 |
| $D_2O$（気体） | 2668 | 1178.7 | 2789 |
| $D_2O$（液体） | 2512 | 1220 | 2630 |

赤外線吸収は波数（$cm^{-1}$，カイザー）で表される．すなわち，波長（$\lambda$）0.001 cmの赤外線の波数は1000 $cm^{-1}$である．

表2.1で重要な点は，2本のOH伸縮振動のうち非対称振動の波数が大きいが，両者はおよそ等しいこと，変角振動は格段に小さい波数に現れること，すべての振動についてHとDとで大きな相違があること，溶液と気体でも大きな相違があることである．これらのうち溶液の波数が小さいことは，水素結合の結果として理解できる．すなわち，水素結合の関与でOH結合が振動しにくくなり，低いエネルギーで振動が生じる．

それでは，HとDによる違いはどのように理解すればよいのか，考察してみよう．これには図2.3に示した簡単なバネモデルが有効である．

図2.3のバネを引き延ばして離し，運動状態におくと，Hookeの法則からその振動数は次式で表される．

$$振動数 \; \nu = \frac{1}{2\pi}\sqrt{\frac{k}{\mu}} \qquad (2.1)$$

ここで，$k$は力の定数（バネ定数），$\mu$は換算質量で次式で与えられる．

$$\mu = \frac{m_1 m_2}{m_1 + m_2} \qquad (2.2)$$

式(2.1)，(2.2)に$k$（$7.8 \cdot 10^2$ N $m^{-1}$）および$m_1$，$m_2$を代入すると，OHの場合$\nu$は$1.124 \cdot 10^{10}$ Hzとなり，波数（振動数/光速度）に換算すると3750 $cm^{-1}$となる．また，ODでは2730 $cm^{-1}$となる．

こうして伸縮振動には結合原子の質量と結合の強さを表す力の定数に依存していることが明らかである．変角振動は結合角のたわみに関する原子の質量と力の定数を用いて表すことができるが，ここでは省略する．

実際の水分子では$\nu_1 \sim \nu_3$の振動が同時に起こっているが，どのような振動もある決まった数の基準振動の重ね合わせとみなすことができる．基準振動とは，その型だけの振動を独立に起こすことのできるもので，すべての原子核が同じ振動数で運動するものである．仮に，その振動数で点滅するストロボスコープがあれば，すべての原子核が停止して見えるはずである．

## b. 分子振動の対称性と選択律

分子に含まれる原子数を $N$ とすれば，基準振動の数は一般の分子では $3N-6$，直線分子では $3N-5$ である．これは $N$ 個の原子の $x, y, z$ 軸方向への自由度 $3N$ から分子全体としての移動（併進）と回転の自由度を差し引いたものである．

これの数の分子振動がすべて赤外吸収スペクトルに現れるわけではない．赤外吸収が起こるためには，分子の電気双極子モーメントが振動によって変化しなければならない．この条件は，分子構造および基準振動の対称性と密接に関係している．水分子の分子振動のうち $\nu_1$, $\nu_2$ は静止状態の対称性を維持しているため全対称振動といい，$\nu_3$ は対称性が失われているため非対称振動と呼ばれる．水分子では H がプラス，O がマイナスに分極しているため，双極子モーメントをもつが，これらすべての振動で双極子モーメントが変化するため，すべて赤外線吸収スペクトルに現れる（赤外活性）．

一方，図 2.4 に示した $CO_2$ 分子の場合，$\nu_1$ の全対称振動では双極子モーメントの変化はなく，したがって赤外不活性である．$\nu_2$, $\nu_3$ では双極子モーメントが変化するため，赤外活性となる．なお，$CO_2$ は直線分子であるため，基準振動数は 4 個であるが，$\nu_3$ の振動型については同じ振動数をもつ違った振動が存在する（二重縮重）．

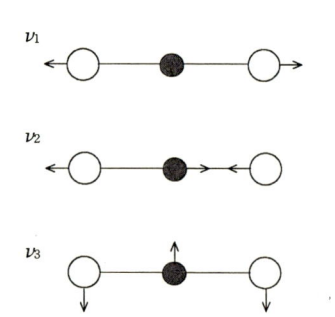

図 2.4 $CO_2$ の基準振動

## c. 特性吸収

重要な点は分子が複雑になっても，たとえば OH のような官能基に対応する分子振動はほぼ同じ振動数を示す点である．このような，振動は官能基の特性吸収あるいはグループ振動と呼ばれる．このため，赤外線吸収スペクトルは分子中の官能基の同定に幅広く使用されている（Colthup の特性吸収表）．

表 2.2　代表的な特性吸収（$cm^{-1}$）

1. OH 伸縮振動
    自由 OH 伸縮振動　3650～3590
    結合 OH 伸縮振動　～3000
    （幅が広く，水素結合の強さにより異なる）
2. NH 伸縮振動
    自由 NH 伸縮振動　3200～3500（2 本）
    結合 NH 伸縮振動　～3000
3. CH 伸縮振動
    $CH_3-$　～2960, ～2870
    $-CH_2-$　～2930, ～2850
    $-CH-$　～2890
    　|
    $-CH=$　3040～3010
    $CH_2=$　3095～3075, 2985～2965
    $CH\equiv$　3300, $-CHO$ 2900～2700
    CH（芳香族）　～3030
4. $C\equiv C$ 伸縮振動　1974($HC\equiv CH$), 2420～2310
5. $C\equiv N$ 伸縮振動　2089($HC\equiv N$), 2230～2280
6. $C=C$ 伸縮振動　1630～1680
7. $C=N$ 伸縮振動　1610～1680
8. $C=O$ 伸縮振動（ケトン）
    1715($CH_3COCH_3$), 1660～1760
9. $C=O$ 伸縮振動（酸，アルデヒド，エステル，ラクトン，キノン）
    1710 ($CH_3COOH$), 1660～1820
10. $CH_3$ 変角，$CH_2$ 変角振動　1380～1480
11. C-ハロゲン伸縮振動
    C-F　1400～1000, C-Cl　800～600
    C-Br　700～500, C-I　～500

## d. 赤外線分光光度計

赤外線吸収スペクトルを測定する装置を赤外線分光光度計という．測定装置はその原理から，分散型と干渉型の 2 種類に大別され

2. 電磁波を用いる分析法

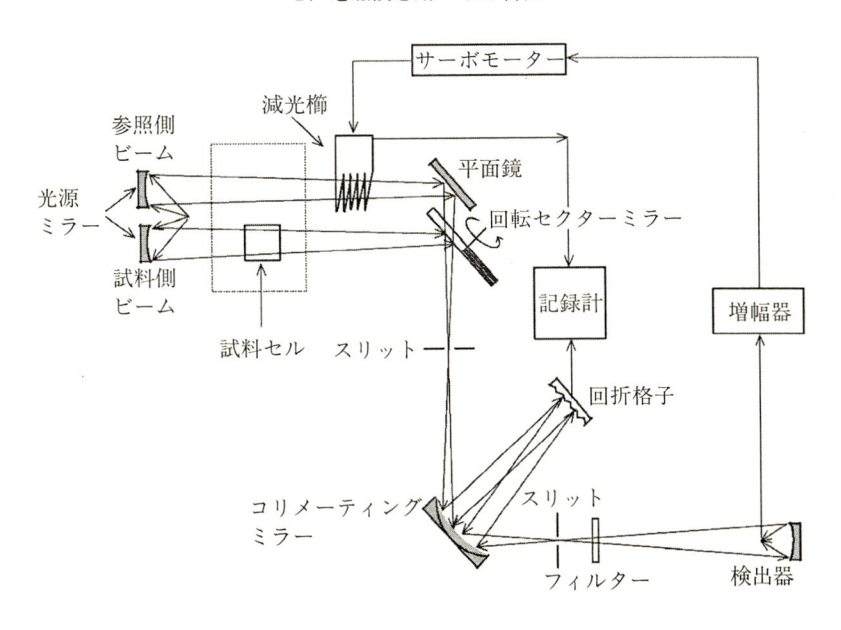

図 2.5 分散型赤外分光光度計

る．古くから使用されてきた分散型赤外分光光度計に代わり，現在では干渉型（フーリエ変換赤外分光光度計，FT-IR）が主流となっている．図 2.5 は分散型で，連続赤外線光源からの赤外線を試料側と参照側にあて，交互に分光器に通し，両者の強度が一致するように光学櫛を動かし，その移動幅を記録することによってスペクトルを得る．試料は通常フィルム状にして測定される．液体の場合，適当な窓板（KCl，KBr など）にはさむか，溶液用セルを使用する．気体測定には専用の長光路セルを使用する．測定例としてベンゼンのスペクトルを図 2.6 に示した．

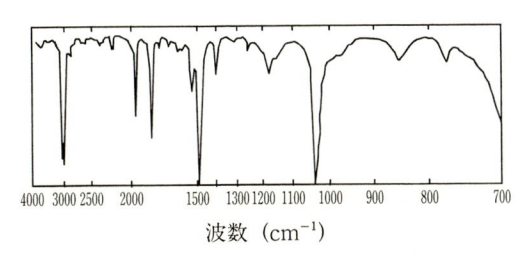

図 2.6 ベンゼン（液体）の赤外線吸収スペクトル

一方干渉型では，図 2.5 の分散系を干渉計（マイケルソン干渉計など）で置き換えた構造をもつ．一例を図 2.7 に示した．干渉計に試料を透過した連続赤外線を導入し，干渉計の光路差が $x$ のときの干渉光の強さ $I(x)$ を測定する．ある振動数の干渉光の強さは，それぞれ光路差 $x$ によって変化するので，ある範囲の光路差（$0 \leq x \leq L$）で $I(x)$ を測定し，これからフーリエ変換によってスペクトルを算出する．FT-IR は，スペクトルを得るのに大量の計算操作が必要であるが，高速変換法（FFT）の開発とコンピューターの性能向上の結果，急速に普及している．

FT-IR は，分散型赤外分光器による測定よりも感度が高く，分解能，波数精度などが優れており，透過度の悪い試料や微量試料の測定などに有効である．微小試料の測定には，顕微赤外分光法が使用される．

## 2.2 ラマン分光法

分子振動を観測できる方法は，赤外線吸収に限らない．可視光や紫外線が分子に照射されると分子中の電子が励起され，入射光（$\nu_0$）と同一の振動数をもつ光を放射する．

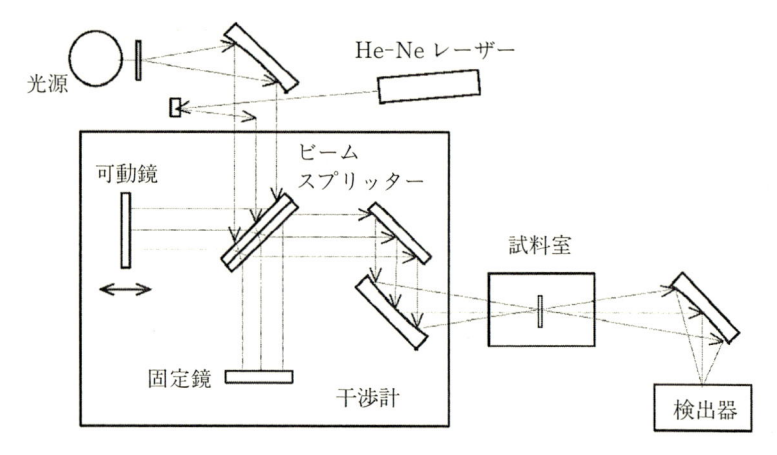

**図 2.7** FT-IR 装置の概略

これをレーリー散乱という（強度は $\lambda^4$ に反比例する）．分子が振動していると，電子状態もそれにつれて変化しているため，レーリー散乱は分子振動の影響を受け（変調され），入射光の振動数と分子の基準振動数（$\nu_i$）とのうなりに相当する $\nu_0 \pm \nu_i$ の振動数の光が散乱される．このような非弾性散乱をラマン散乱という（C.V.Raman, 1928）．$\nu_0 - \nu_i$ をストークス線，$\nu_0 + \nu_i$ を反ストークス線と呼ぶ．ストークス線の方が強いが，ラマン散乱光は励起光強度のおよそ $10^{-6}$ という極微弱光である点に注意を要する．

ラマン散乱が観測されるためには，分子の固有振動によって電子状態の変化（分極率の変化）が生ずることが必要である．単純な分子では，分極はおもに電子分布の偏りに由来するが，複雑な分子では，原子やイオンの位置のずれや，原子団などの変形もこれに寄与し，分子振動の中でも分極に影響を与える振動がラマン散乱として観測される．

たとえば，図 2.4 に示した $CO_2$ の基準振動において $\nu_1$ は酸素原子が対称的に移動することにより，分極率に大きな変化をもたらすためラマン活性であるが，$\nu_2$，$\nu_3$ の振動型では平衡位置の付近で分極率の変化が起こらず，ラマン不活性となる．一方図 2.2 に示した水分子の振動では，いずれも分極率の変化が起こるため，ラマン活性となる．一般に，全対称振動はラマン活性で特に分子骨格の振動にかかわるものは強度が強い（赤外線吸収とは逆）．また，分子に対称心がある場合，対称心に関して対称な振動はすべてラマン活性（赤外線不活性）であり，逆に非対称な振動はすべてラマン不活性（赤外活性）である（交互禁制律）．この規則は，分子の対称性を考察するうえで重要な指針となる．

**a. ラマン分光法の特徴**

ラマン散乱は弱いため，赤外線分光法に比べ感度が低いが，測定波数範囲が広い（4000〜10 $cm^{-1}$）ほか，光を直接試料にあてその散乱を観察するため，試料形状の自由度が高いという特徴がある．赤外分光法では試料は通常薄いフィルム状にする必要があるが，ラマン分光ではたとえばガラス製アンプルなどが使用できる．したがって，水溶液や腐食性の物質の測定が可能である．

なお，測定にあたっては，励起光による蛍光の発生に注意する必要があるが，最近では蛍光が問題となる試料に対して近赤外光励起のFT-ラマン分光光度計が用いられている．

**b. ラマン分光光度計**

ラマン散乱の測定には，強力な光源が必要

である．当初は水銀灯が写真法と組み合わせて使用されたが，現在では$Ar^+$レーザー（主として514.5 nm（緑）と488.0 nm（青））を使用するのが普通である．ラマン散乱はレーザー光に対して90°方向で集光されるが，レーリー散乱との分光のため高分解能の分光器（たとえば，ツェルニー-ターナー型分光器を2～3段組み合わせたもの）が，高感度の検出器（光電子増倍管）と組み合わせて使用される．図2.8に測定例を示した．赤外線吸収とラマン散乱でグループ振動の強度が異なることが明らかである．

と基底状態から励起状態になる．与えられたエネルギーが結合エネルギーを上回ると，結合の切断（解離）が起こる．それ以下では，励起された分子は過剰のエネルギーを熱あるいはより長波長の電磁波として放出して基底状態に再び戻る．また，イオン化する場合もある．

こうして紫外・可視吸収スペクトルは，分子結合に関与する電子に関する情報を与える．官能基の種類により特性吸収帯があるため，得られた吸収スペクトルから定性分析に利用される．典型的な遷移に$\pi$-$\pi^*$遷移（結合性$\pi$軌道から反結合性$\pi$軌道への遷移），$n$-$\pi^*$遷移（非結合性$\pi$軌道から反結合性$\pi$軌道への遷移）がある．表2.3に，特性吸収帯の極大吸収波長の例を示した．$\sigma$結合だけからなる化合物の紫外・可視吸収スペクトルは弱く，また200 nm以上の光を吸収しな

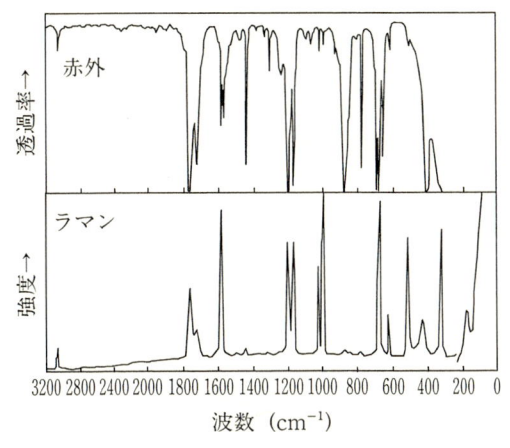

図2.8 塩化ベンゾイル（$C_6H_5COCl$）の赤外・ラマンスペクトル

## 2.3 紫外・可視分光法

分子結合に関与する外殻電子は100～800 nmの波長領域の電磁波を吸収するので，この領域に現れる吸収スペクトルを電子スペクトルとも呼ぶ．図2.1に電磁波の全領域を示したが，可視領域は400～800 nm，紫外領域のうち200～400 nmの範囲を近紫外部，200 nm以下の領域を遠紫外部あるいは真空紫外部という．可視光・紫外光はそれぞれVIS (visible), UV (ultra violet) と略記されることが多い．

外殻電子が紫外・可視の電磁波を吸収する

表2.3 特性吸収の例(nm, 括弧内はモル吸光係数$\varepsilon$)

1. ベンゼン環
    ベンゼン　200 (8000), 255 (230)
    トルエン　261 (300),
    キシレン　266 (400～800)
    スチレン　244 (12000), 282 (450)
    ジフェニル　250 (18000)
    安息香酸　230 (10000), 270 (800)
    ニトロベンゼン　252 (10000),
    280 (1000)
2. アルケン，アルキン
    エチレン(g)　165 (15000), 193 (10000)
    ブタジエン　217 (21000)
    ヘキサトリエン　256 (22400)
    1,3-シクロヘキサジエン　256 (8000)
    2-オクチン　195 (2100), 223 (160)
3. カルボニル，カルボキシル
    アセトン　188 (1860), 276 (13)
    アセトアルデヒド(g)　180 (10000),
    290 (17)
    酢酸　208 (32)
4. ニトロ，ニトロソ
    ニトロメタン　201 (5000)
    硝酸$n$-ブチル　270 (17)
    ニトロソブタン　300 (100), 665 (20)

い．表中 $\varepsilon$ の大きい吸収帯は，ほとんどが $\pi$-$\pi^*$ 遷移である．なお，表から明らかなように，たとえば同じ芳香族であっても，置換基の種類によって極大吸収波長はシフトする．長波長側へのシフトを深色効果，短波長側へのシフトを淡色効果という．吸収帯は一般にブロードであり，定性分析の補助として有効である．

### a. ランベルト−ベールの法則

紫外・可視吸収は，各吸収線の透過率が試料濃度に比例することから定量分析に利用される．ある波長の光（単色光）に対する透過率（transmittance：$T$）と吸光度（absorbance：$A$）は次のように定義される．なお，透過率は一般に％で表される．

$$T = I/I_0 \tag{2.3}$$
$$A = -\log(T) = \log(I_0/I) \tag{2.4}$$

ここで，$I_0$ は入射光強度，$I$ は透過光の強度である．

光の吸収が試料濃度，通過した厚さとどのように相関するかを表した式がランベルト−ベール（Lambert-Beer）の法則で，濃度と吸収の関係を表すベールの式と通過長（セル有効長）と吸収の関係を示すランベルトの法則をまとめたものである．いまセル有効長を $l$ (cm)，溶液中の光吸収に関係する試料物質の濃度を $c$ (mol $l^{-1}$) とすると単色光に対して，試料濃度があまり大きくない範囲では次式が成立する．

$$I = I_0 \times 10^{-\varepsilon cl} \tag{2.5}$$

ここに，$\varepsilon$ はモル吸光率（モル吸光係数）で物質に固有の値である．ただし，$\varepsilon$ は溶液中では pH などにより変化する場合がある．

式 (2.5) は透過光強度（$I$）が濃度 $c$ を一定とした場合，光の通過長（$l$）に対して指数関数的に減少すること（ランベルトの法則），逆に通過長を一定としたとき濃度（$c$）に比例して指数関数的に減少すること（ベールの法則）を示す．分析目的からは，後者のベールの法則が重要である．

吸光度を使用すると，ランベルト−ベールの法則は次のようになる．

$$A = \log(I_0/I) = \varepsilon cl \tag{2.6}$$

すなわち，吸光度は溶液の濃度および溶液の厚さ（セル有効長）に比例する．透過率 50％，10％時で吸光度はそれぞれ 0.3，1 となる．比例係数である $\varepsilon$ は $c = 1$ mol $l^{-1}$，$l = 1$ cm のときの吸光度に等しい．この関係を利用する定量分析を吸光光度定量法（absorptiometry）という．

なお，ランベルト−ベールの法則は単色光について，あまり濃度が高くない領域で成立する．吸光度測定は，通常目的試料の極大吸収波長で行う．

金属イオンの分析目的には，適切な発色剤と錯形成させる．反応生成物が大きなモル吸光係数 $\varepsilon$ をもてば高感度な検出が可能となるため，$\varepsilon$ が大きくかつ錯安定度定数の大きい化合物が種々合成されている．このような発色剤としてオキシン，1,10-フェナントロリン（$\varepsilon \sim 10000$）などが知られている．

ランベルト−ベールの法則を利用する分析では，標準試料の濃度を変え，適当なブランク（溶媒）に対する吸光度を測定し，その結果をグラフにして検量線を作成する．次に未知試料について吸光度を測定し，逆に検量線を使って濃度を求める．検量線の方程式を求めるのに一次回帰最小二乗法が使用される．吸光度が大きい場合，透過光強度が弱いため測定誤差が大きくなる．また，あまり吸光度が小さいと装置ノイズ（吸光度で 0.0001 程度）の影響を受けるので，適当な吸光度範囲で測定する必要がある．

### b. 紫外・可視分光光度計

図 2.9 に装置の概略を示した．光源としては UV 用に重水素ランプが，VIS 用にタン

グステンランプが使用される．光源からの光は通常1段のツェルニー-ターナー型分光器で単色化され，試料セルと参照セル（使用した溶媒）に交互に照射し，透過率を測定する．検出にはフォトダイオードが使用されることが多い．なお，図2.9に示した装置は波長スキャン型で回折格子の角度を連続的に変えることによって吸収スペクトルを測定するが，図2.10に示したように連続光源からの光を試料に照射した後に分光系を挿入し，フォトダイオードアレイ（多数のフォトダイオードを並べた半導体デバイス）で多波長同時検出する装置もある．精密測定には前者が，後者は簡易測定あるいはクロマトグラフィーやキャピラリー電気泳動のような分離分析法における検出器として有用である．

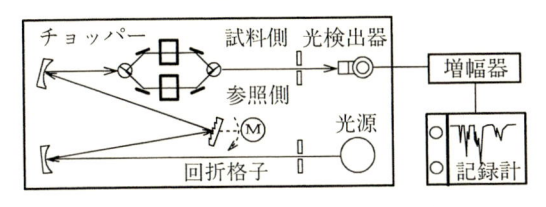

**図 2.9** ダブルビーム紫外可視分光光度計

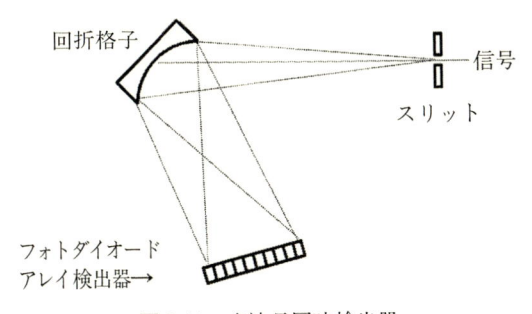

**図 2.10** 多波長同時検出器

## 2.4 X線分析法

X線は波長が1nmよりも短い光であり，波動としての性質と同時に高エネルギーの量子（光子）としての性質を示す．本節ではX線回折法による物質の構造評価と蛍光X線法による元素分析を紹介する．

X線の発生には加速された電子を銅やモリブデンなどのターゲットに衝突させる方法が用いられる．その際にターゲットの組成に固有な特性X線と電子の制動放射に起因する連続X線が発生する．波長$\lambda$と光子のエネルギー$E$の関係は次式で表される．

$$\lambda \text{(nm)} = \frac{1.239}{E \text{(keV)}} \quad (2.7)$$

1keVの運動エネルギーをもつ電子からの制動放射X線は1.239nmよりも長波長側に連続的な分布をもつ．後述するX線回折法では分光器またはフィルターなどを用いて特性X線のみを取り出して使用する場合が多い．

X線に対する透過率$T$はランベルト-ベールの法則に従い，次式のように表される場合が多い．

$$T = \exp(-\mu t) \quad (2.8)$$

ここで$\mu$は試料の線吸収係数（1/cm），$t$は試料厚さ（cm）である．

図2.11には8μm厚のステンレス箔（SUS 304, 重量比 Cr：Fe：Ni＝18：74：8）について線吸収係数のX線エネルギー依存性を示す．X線のエネルギーが大きくなるほど吸収係数は単調に減少するが，吸収係数が大きく増加する不連続な点が存在する．これは吸収端と呼ばれ，この場合にはCr, Fe, NiのK殻電子のイオン化に必要なエネルギーに相当する．ステンレスなどの金属試料も含

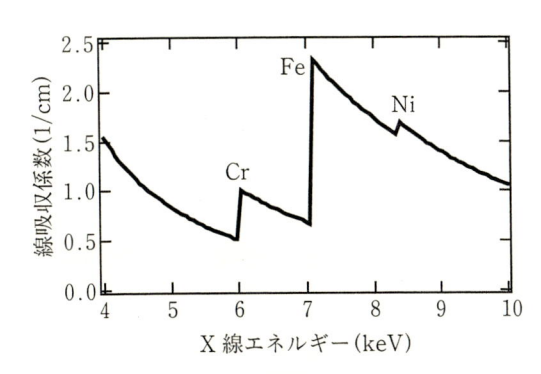

**図 2.11** ステンレス（SUS 304）箔についての線吸収係数のX線エネルギー依存性（XAFS部分は除く）

めてさまざまな試料についてX線に対する吸収スペクトルを測定すると吸収端近傍から1keV程度高エネルギー側までにXAFS(X-ray absorption fine structure)と呼ばれる微細構造が観測される．XAFSはX線を吸収した原子にどのような原子が配位しているかを反映しており，スペクトルを解析することで特定の元素について化学状態や局所構造に関する情報を得ることができる．

### a. X線回折法

ラウエによるX線回折の発見はX線が波動であることの動かぬ証拠となった．X線の波長は原子の結合距離と同程度であるために構造決定の有力な手法として利用されている．図2.12には食塩の結晶からのX線回折を模式的に示す．結晶を構成する$Na^+$や$Cl^-$によりX線の散乱が起こるが，光路差が波長の整数倍になる条件では散乱されたX線が強め合いの干渉を起こす．

図2.12には(200)面についてのX線回折を例として示しているが，強め合いの条件は以下のBraggの式で与えられる．

$$2d_{hkl}\sin\theta = n\lambda \tag{2.9}$$

ここで，$\lambda$はX線の波長，$d_{hkl}$はミラー指数$hkl$で与えられる結晶の面間隔，$\theta$はBragg角，$n$は回折の次数を表す．

図2.13には0.154nmのX線（CuK$\alpha$線）を用いて測定された粉末X線回折スペクトルを示す．10μm以下の粒度に粉砕した粉末状の試料にX線を照射し，入射X線に対する角度（2$\theta$）を変化させながら散乱X線強度を測定することでデータを取得する．粉末状の試料においても一つ一つの粒は結晶として十分に周期的な原子配列をもっている．また，個々の結晶は入射X線に対してさまざまな向きで存在しているため，Bragg条件を満たす結晶が回折X線に寄与する．図2.13にはさまざまな面間隔に対応した回折X線が現れているが，(100)面に対応したピークは観測されない．これは(100)面から散乱されたX線と(200)面から散乱されたX線が弱め合いの干渉をするためであり，禁制となる回折X線は結晶がどのような構造をしているか（食塩型，ダイヤモンド型など）に依存する．

原子のX線散乱能はデータベース化されており，結晶構造から容易にX線回折スペクトルを計算することができる．したがって，粉末X線回折法は未知物質の同定法として幅広く用いられている．また，同じ結晶構造の物質でも単位格子の大きさ（長さ）をBragg角の違いとして観測することができるために，結晶のひずみ評価や固溶体における組成決定などにも利用することができる．

粉末X線法では異なる結晶面で面間隔が

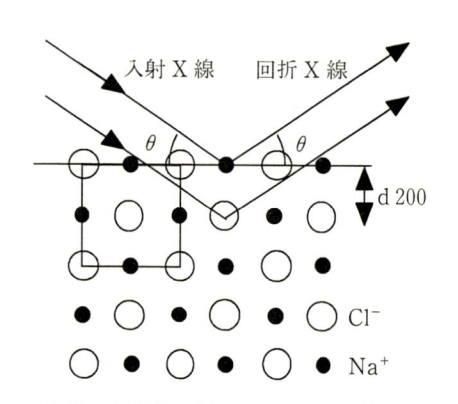

**図2.12** 食塩(NaCl)についてのX線回折

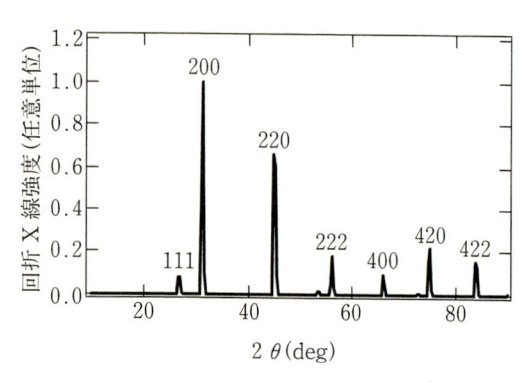

**図2.13** 食塩(NaCl)についての粉末X線回折スペクトル

近い場合に区別できない問題も生じるため，精密な構造決定を行う場合には一般に単結晶試料が必要とされる．しかしながら，近年では解析ソフトの進歩により粉末X線回折法による構造精密化も実現している．

### b. 蛍光X線法

本節のはじめにX線によるK殻電子のイオン化を取り上げたが，生成した1s空孔へ上位の軌道の電子が遷移する際に特性X線が発生する．可能な遷移は選択律により支配されており，量子数 $n, l, m$ において異なる $n$ の間で，$\Delta l = \pm 1$ かつ $\Delta m = \pm 1$ または 0 を満たす必要がある．図2.14には特性X線の名称とエネルギー準位との関係を示す．K殻が励起された際に発生するK系列において，$L_{III}$，$L_{II}$ からの遷移をそれぞれ $K\alpha_1$ 線，$K\alpha_2$ 線，$M_{III}$，$M_{II}$ からの遷移を $K\beta_1$ 線，$K\beta_3$ 線と呼ぶ．これらは総称してそれぞれ $K\alpha$ 線（$K\alpha_{1,2}$ 線）または $K\beta$ 線（$K\beta_{1,3}$ 線）と呼ぶ場合が多い．特性X線の名称は歴史的なものであり，L系列については必ずしも規則的な命名法に従ってはいない．

特性X線のエネルギーは準位間のエネルギー差に相当するために元素に固有である．また，K系列やL系列の特性X線のエネルギー $E$ は以下に示すMoseleyの式に従い，原子番号 $Z$ と単調な関係にある．

$$\sqrt{E} = K(Z-s) \tag{2.10}$$

ここで，$K, s$ はスペクトル線の種類によって決まる定数である．特性X線のエネルギーが元素に固有なことを利用すれば，未知試料の元素組成を知ることができる．さらに，特性X線の強度から定量分析を行うことができる．内殻電子の励起にX線を用いるのが蛍光X線分析であり，電子線やイオンビームを励起に用いる場合にも同様な元素の定性，定量分析が可能である．

蛍光X線分析法の特徴は次のとおりである．

1) 測定試料は化学的処理を必要とせず，非破壊で分析が行える．液体試料の測定も可能である．
2) 適用元素はNaからUまでで，多元素同時分析が可能である．原子番号20（Ca）以上の元素は大気中でも分析できる．
3) 迅速分析が可能である．
4) 分析可能な濃度範囲（ダイナミックレンジ）は1 ppm程度から100%と広く，高精度の分析が可能である．

蛍光X線の測定には，結晶（または回折格子）によりスペクトルを分散させる波長分散型の検出系と，半導体検出器などを用いてX線光子一つ一つのエネルギーを出力パルスの高さに変換するエネルギー分散型の検出系が用いられる．エネルギー分散型の検出系は波長分散型の検出系と比べて分解能の点で劣る場合が多いが，検出効率が高く簡便である．近年主流である小型の蛍光X線分析装置ではエネルギー分散型の検出系が用いられる場合が多い．

図2.15にはステンレス箔（SUS 304）についてエネルギー分散型検出系を用いて得られた蛍光X線スペクトルを示す．蛍光X線強度は元素組成を反映しているが，定量分析を行うためには励起X線に対する感度，試料中での蛍光X線の吸収効果，試料厚さな

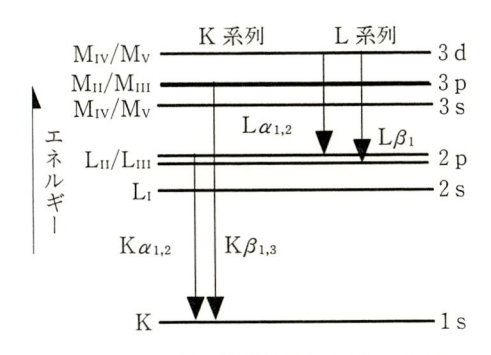

**図2.14** エネルギー準位と特性X線の名称

どを考慮する必要がある．したがって，高精度の定量分析を行うには標準試料を用いて検量線を作成する場合が多いが，近年の蛍光X線分析装置には定量分析のためのソフトが付属する場合が多く，理論パラメーターを用いた計算結果との比較から定量分析を行う機能も実現されている．

蛍光X線分析法では，励起に用いるX線ビームを細く絞ることが困難であるため，空間分解能は一般に数百μm程度であるが，電子顕微鏡と蛍光（発光）X線検出系を組み合わせた電子プローブX線マイクロアナライザー（electron probe microanalysis：EPMA）を利用することで1μm程度の空間分解能での元素分析を行うことが可能である．

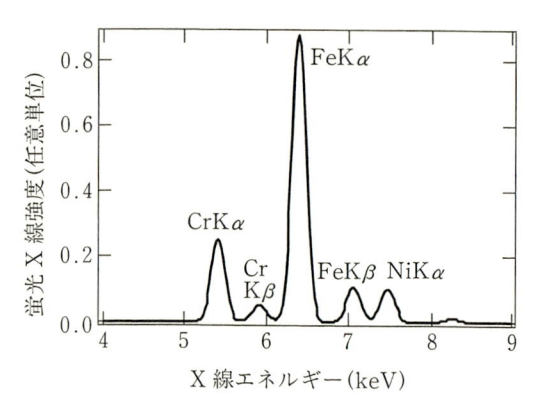

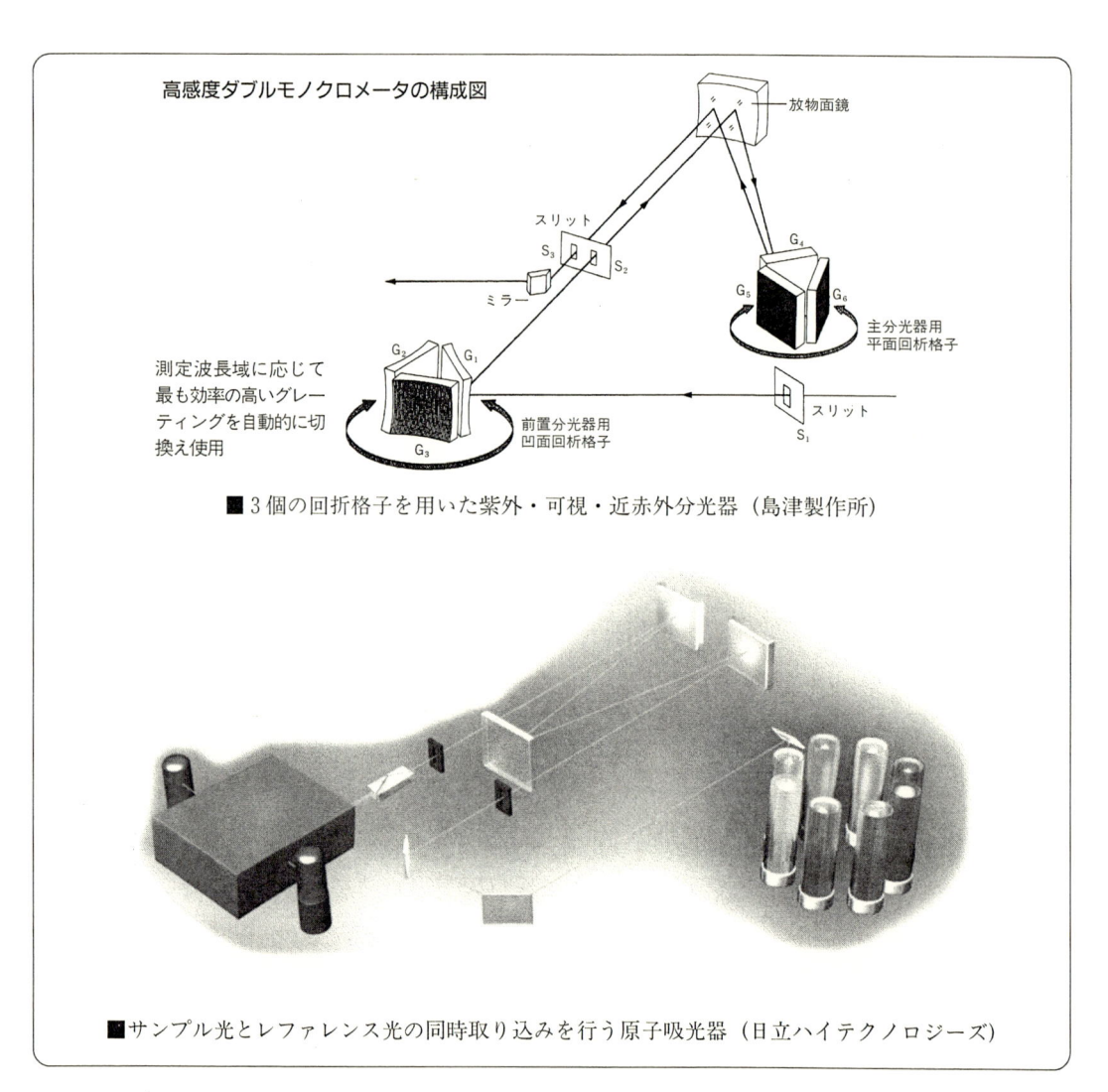

図2.15 ステンレス箔について得られた蛍光X線スペクトル

■3個の回折格子を用いた紫外・可視・近赤外分光器（島津製作所）

■サンプル光とレファレンス光の同時取り込みを行う原子吸光器（日立ハイテクノロジーズ）

# 3 温度を用いた分析法

## 3.1 原子吸光法，誘導結合プラズマ原子発光法，および誘導結合プラズマ質量分析法

### a. 原子スペクトル法の基礎

溶液中に水和イオンとして溶存している元素が噴霧器により微細な液滴として空気-アセチレン炎やアルゴンプラズマのような高温媒体に導入されると，まず塩粒子（分子）から酸化物（分子）となり，ついで熱解離により金属蒸気に対応する裸の自由原子が生成される．この自由原子の中で最低のエネルギー状態にあるものは基底状態原子と，より高いエネルギー状態にある原子は励起状態原子と呼ばれる．ここで，全系が熱平衡にあると仮定すると，各エネルギー状態（エネルギー準位）に存在する原子数の比はMaxwell-Boltzmann分布則に従う．すなわち

$$N_e/N_o = g_o/g_e \exp(E_o - E_e)/kT \quad (3.1)$$

ここで，添字 o は基底状態，e は励起状態，$N$ は原子数，$g$ は統計的重率，$E$ はエネルギー，$k$ は Boltzmann 定数，$T$ は系の絶対温度である．

なお，基底および励起状態イオン間でも同様である．

古典量子論によれば，原子のエネルギー準位は電子の軌道に対応し，基底状態では最外殻電子は原子核に近い軌道上に存在するが，系の温度が上昇する（系の全エネルギーが高くなる）につれ励起状態となり，原子核からより離れた軌道上に順次移る．さらに高いエネルギー状態では，最外殻電子はついに原子核の影響から飛び出して自由電子となり，原子自身はイオン化される．

各エネルギー準位は原子の種類（元素）に固有であり，準位間の移動（遷移）に伴って，吸収あるいは放出されるエネルギーは準位間のエネルギー差に正確に合致する．

したがって，エネルギーの高い励起状態にある原子が，よりエネルギーの低い励起状態へ，あるいは基底状態に移る際には，準位間のエネルギー差に正確に合致した元素固有の波長の線スペクトル発光が観測され（原子発

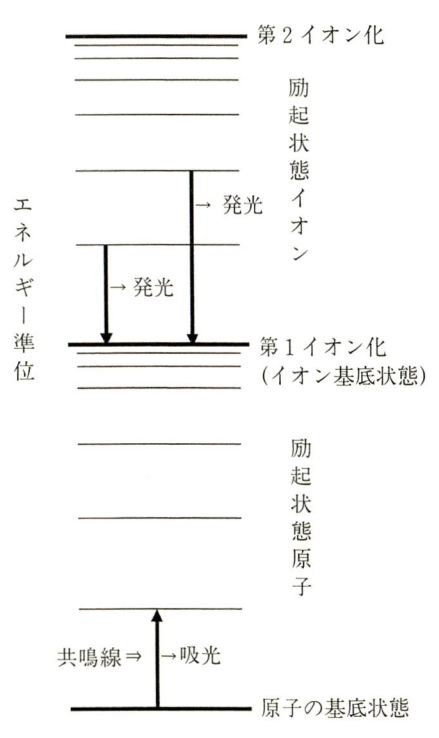

図 3.1 原子のエネルギー準位概念図

光），これとは逆に基底状態原子は準位間のエネルギー差に正確に等しい元素固有波長の線スペクトル光を吸収し励起状態になる（原子吸光）．

空気-アセチレン炎（最高温度 2400 K）中には基底および励起状態原子が存在し，さらに高温のアルゴンプラズマ（最高温度 10000 K）を用いると，そのプラズマ中では基底および励起状態イオンが加わって存在する．

**b. 原子吸光分析法**

原子吸光法（atomic absorption spectrometry）はAASと略称され，高温媒体（原子セル）中では基底状態原子が多いことに着目し，1955年にA.Walsh，およびC.T.J.Alkemadeの2人により別々に創始された．原子吸光法には，原子セルの媒体ごとにフレーム法とファーネス法とがある．

**1）フレーム原子吸光法（Flame-AAS）**

噴霧器により微細な液滴とされた試料溶液を空気-アセチレン炎（原子セル）に空気と混合して導入すると，下記のように基底状態の原子が生成される．

　　微細液滴 → 塩粒子 → 酸化物 → 基底状態原子

この基底状態と励起状態のエネルギー差に正確に一致する波長の光のみが吸収され，この各元素固有波長（分析線）のスペクトル線は中空陰極ランプにより得られる．

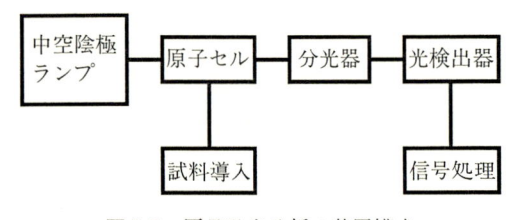

図3.2　原子吸光分析の装置構成

原子吸光光度計の装置構成を図3.2に示すが，中空陰極ランプは文字どおりに孔径3～5 mmの測定元素の金属，合金，焼結合金などを陰極とした円筒状の二極放電管であり，ネオンガスが約1 kPaで封入されている（クロムランプのみアルゴンガス封入）．ほとんどの分析線は紫外領域にあるから，円筒端面（窓）は石英ガラス製である．おもに測定元素ごとの単元素ランプが用いられるが，2元素（Ca-Mgなど）から6元素を組み合わせた複合中空陰極ランプもある．寿命は点灯電流10 mAで500時間程度である．

原子セルは，一般にスリットバーナー（0.5 mm×100 mm）を用いるカーテン状の空気-アセチレン炎である．空気により噴霧された試料溶液（3～6 ml min$^{-1}$）の約7%が微細液滴として，アセチレンおよび空気と混合された後バーナー部に送られる．中空陰極ランプと分光器の光軸に対し，バーナーは平行（バーナー角度：0）に，さらに内炎直上を通過するようにバーナー高さを調整する．このとき，吸収長はスリットバーナーの長さと同一の10 cmとなり最大感度が得られる．バーナーを光軸に対し斜めにするに従い，吸収長は短くなり，相対的に感度が低下するので，高濃度の元素を測定することができる．バーナーを直角（バーナー角度：90°）にすると平行時の約1/8の感度となる．

入射する分析線強度を$I_0$，通過後のそれを$I$とすると，吸光光度法と同様にランベルトーベールの法則が成り立つ．

$$I/I_0 = \exp(k \cdot l \cdot c) \tag{3.2}$$

また

$$A = -\log(I/I_0) = k \cdot l \cdot c \tag{3.3}$$

ここで，$K$は定数，$l$は吸収長（原子セル長），$c$は基底状態原子濃度であり，吸光度$A$は原子セル中の基底状態原子の濃度$c$，すなわち試料溶液中の元素濃度に比例する．

分光器は，通常の吸光光度計に使用されるものとまったく同様な回折格子を分光素子とするツェルニーターナー型であり，光強度の検出は光電子増倍管により，吸光度変換は

### 2) ファーネス原子吸光法(Furnace-AAS)

アルゴン気流中で，炭素管（外径6 mm，内径4 mm，長さ30 mm）またはタンタル箔（幅10 mm，長さ6 cm）に直接通電して原子セルとする．マイクロピペットにより加熱炉に直接注入した試料溶液（10〜50 $\mu l$）は，通電電流を徐々に上げ，乾燥→灰化→原子化（最高 3000 K）され，下記のように基底状態原子が生成される．

試料溶液 → （乾燥）→ 塩粒子 → （灰化）→ 酸化物 → （原子化）→ 基底状態原子

得られた吸光信号はスパイク状であり，このピーク高さを測定値とする．フレーム法や後述する原子発光法に比べ，約10〜100倍の高感度が得られる

### 3) 原子吸光法における干渉

原子吸光法の元素選択性は，測定元素の中空陰極ランプにより支えられるので，共存元素による測定妨害（干渉）は少ないが，以下の干渉には注意しなければならない．

**ⅰ) 物理干渉**　試料溶液中の酸または総塩濃度が高いと，溶液の粘性と表面張力が大きくなり，噴霧時の効率が低下する．試料と標準溶液の主成分濃度を同じにするマトリックスマッチングにより防止できる．したがって，後述の干渉抑制剤を添加する場合，試料と標準溶液の両者に同濃度で加える．

**ⅱ) 化学干渉**　分析元素が共存成分と難解離性の化合物をつくり，基底状態原子の生成が抑制される現象である．典型的な一例は，カルシウムに対するリン酸とケイ酸の干渉であり，高濃度のランタン（干渉抑制剤）添加により回避できる．

**ⅲ) イオン化干渉**　アルカリ，アルカリ土類元素はイオン化しやすく，基底状態原子が減少する．一番イオン化しやすいセシウム（イオン化抑制剤）を高濃度で添加し，目的元素のイオン化を抑制し，基底状態の原子濃度を増加させる．

**ⅳ) バックグラウンド干渉**　多くの元素の分析線は，紫外領域であり，原子セル中の分子や未分解粒子による吸収や散乱のため見かけの吸光度を与える．特に，ファーネス法では著しい．波長依存性がないので，重水素放電管を光源とし見かけの吸光度を求め，中空陰極ランプの吸光度から差し引くか，ゼーマン法や自己吸収法によるバックグラウンド補正も可能であり（詳細は参考文献3を参照），どれも市販装置に組み込まれている場合が多い．

### c. 原子発光分析法

低温の空気-石炭ガス炎を用い1960年，G. R. Kirchihoff と R. Bunsen により始められた炎色反応（炎光分析）を起源とし，当時は新元素のセシウムとルビジウムの発見に寄与した．現在，高温のアルゴンプラズマを励起状態の原子生成に用いるので，炎光分析のルネッサンスといわれる．この原子発光分析法は，V. A. Fassel および S. Greenfield により1964年にそれぞれ独立に創始された．励起状態イオンや原子がそれぞれの基底状態に戻る際，そのエネルギー準位差に正確に一致する波長の元素固有波長の線スペクトル発光が観測され，その発光強度は元素濃度に直接比例する．誘導結合プラズマ-原子発光分析法（inductively coupled plasma-atomic emission spectrometry）は ICP-AES と略称され，図3.3に装置構成を示す．

高周波（27.12 または 40.68 MHz，〜1 kW）の誘導結合により生成されるアルゴンプラズマは研究室内の太陽ともいわれるほど高温（約10000 K）であり，中心部の温度は5000 K とやや低いドーナッツ構造（図3.4，上　参照）である．一部の非金属元素を除

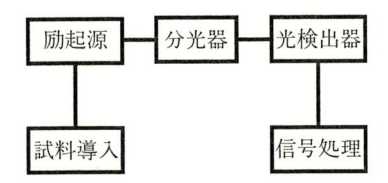

**図3.3** ICP-AES の装置構成

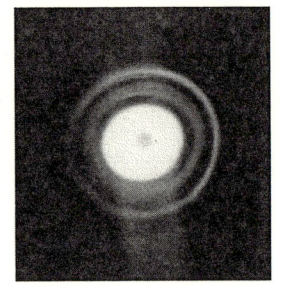

**図3.4** アルゴンプラズマ
左：斜上から見たプラズマ
上：上部から見たプラズマ

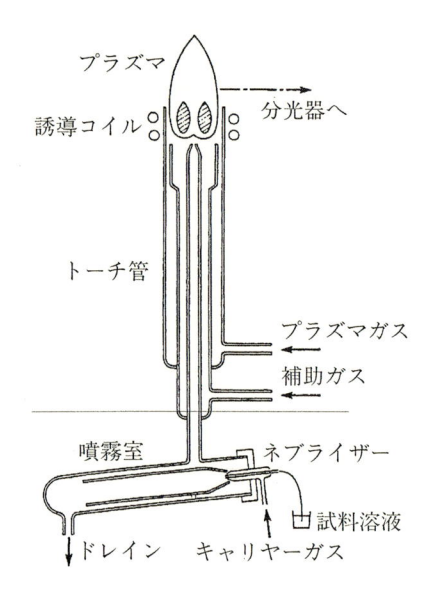

**図3.5** ICP-AES の試料導入部と光源部
（参考文献1より引用）

き，ほとんど全元素の検量線が ppb から％レベルまで直線であるので，微量成分から主成分まで定量でき，励起源が高温のため化学干渉やイオン化干渉もほとんどない汎用性のきわめて高い分析装置である．

試料溶液（$1～2\,ml\,min^{-1}$）はアルゴンガスにより，原子吸光装置と同様の小型の噴霧器と噴霧室により微細化され，その約1％が，図3.5に示すアルゴンプラズマ（トーチ部）に中心アルゴンガス（キャリヤーガス）とともに導入され，下記のように励起状態原子または励起状態イオンが生成される．

微細液滴 → 塩粒子 → 酸化物 → 基底状態原子 → 励起状態原子 → 基底状態イオン → 励起状態イオン

トーチ部は外径約2cmの同心円3層構造の石英ガラス製であり，外側，中間および中心の各アルゴンガス流量はそれぞれ15，1および$1\,l\,min^{-1}$である．

噴霧器により溶液を微細液滴にするので，物理干渉はあり，マトリックスマッチングが望ましい．

ICP-AES法における分析線の重畳による分光干渉は原理的にはないが，元素選択性は分光器により支えられ，原子吸光に比べて高性能（高分解能）の分光器を用い，高濃度で共存する元素の強い発光線（近接線）から，定量目的元素の分析線を単離する必要がある．装置に記憶されている波長表を参考に，試料溶液を噴霧しながら分光器の波長スキャンを行い，得られた分析線のスペクトルプロファイルに基づいて，その分析線の適否を判断する．強い近接線がある場合，感度は劣るが，共存元素の影響が少ない別の分析線を選択する．

回折格子を備えた分光器には選択した単一波長（単元素）のみ測定するモノクロメーター型（ツェルニー-ターナー型マウンティング）と，多くの波長（多元素）を同時に測定できるポリクロメーター型（パッシェン-ルンゲ型マウンティング），階段回折格子（エシェル格子，エバートマウンティング型）

がある．モノクロメーター型でも高速掃引により波長を順々に移動しながら測定し，擬似的な多元素同時測定ができるシーケンシャルタイプもある．

発光強度は試料溶液中の元素濃度に比例し，一つまたは多数の光電子増倍管によって電気信号に変換される．さらに，多波長同時測定用にデジタルカメラと同様な面検出器も使用されている．

**d. ICP-MS 分析法**

既述したように，アルゴンプラズマ中には元素のイオンが存在するので，これを質量分析装置のイオン源とする方法が1980年 R.S. Houk により創始され，誘導結合プラズマ-質量分析法（inductively coupled plasma-mass spectrometry：ICP-MS）と名づけられた．現在，この方法は無機元素の分析法として最高感度（pptレベル）を誇っている．装置構成を図3.6に示す．

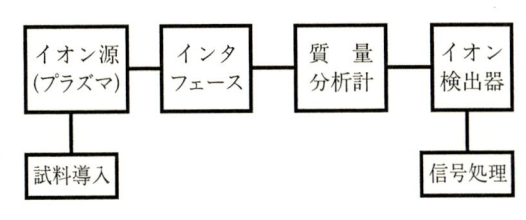

図3.6 ICP-MS の装置構成

ICP-AES とまったく同じプラズマトーチを横置きにし，この10000 K，大気圧のアルゴンプラズマから室温，高真空のマスフィルター部にイオンを導くインタフェース部が ICP-MS 装置の要である．すなわち，プラズマ中心に，先端部に0.5～1 mm 穴をあけ水冷した円錐形のサンプリングコーンを挿入し，直後に設けた同形状のスキマーコーンと組み合わせ，イオンを電界イオンレンズ系に導入する．サンプリングコーン内側は $1\times10^4 \mu Pa$，スキマーとイオンレンズ部は $1 \mu Pa$，マスフィルター部は $0.01 \mu Pa$ と三段差動排気系により順次に真空度を上げる．

次の質量分析システム（マスフィルター）系により質量/電荷（$M/e$）ごとに分けたのち，検出器で計数する．通常，イオンの電荷は1価（$e=1$）であるから，質量 $M$ の原子ごとに，すなわち元素別に測定される．

質量分析システムとして，低分解能であるが操作が簡便で比較的に安価な四重極質量分析計が用いられる．近年，二段の電界および磁界セクターを使用する高分解能の質量分析システムも用いられている．

検出器は二次電子増倍管の一種であるチャンネルトロンを用い，イオン数（原子数）を計数する．このため，ICP-MS 法はきわめて高感度であり，極低濃度の元素を定量できる．

特に，低分解能の四重極マスフィルターでは，同重体の重なりに常に注意する必要がある．感度の点では存在比の多い同位体を測定するのが望ましい．しかし，Cd-114（28.7%）は Sn-114（0.65%）と同重体であるから，スズ共存の場合は使用できないので，Cd-111（12.8%）を測定する．また，プラズマ中に高濃度で存在する ArH は K-39（93.3%）と重なるので，K-41（6.7%）を測定し，単一同位体のみ存在する As-75 は ArCl と重なるので，試料分解に塩酸を使用できない．現在，このような種々の同重体干渉は文献や参考書により，あらかじめ予測可能である．

## 3.2 示差熱分析法

**a. はじめに**

熱分析とは，物質の融解熱，蒸発熱，相転移熱，反応熱，比熱変化などの熱の吸収・放出を温度の関数として測定することをいう．この中で示差熱分析（differential thermal analysis：DTA）は，「物質および基準物質

を，一定速度で加熱または冷却する環境中で同等の温度条件に設置したとき，二つの試料の間の温度差を時間または温度に対して記録する技法」として定義されている．ここで重要なのは，一定速度の加熱・冷却，基準物質との比較，温度差の3点である．同じような測定法でもっと普及している方法に，示差走査熱量計 (differential scanning calolimeter：DSC) がある．DTAとのおもな違いは，温度差をゼロにするように基準物質・試料に補償熱を与え，融解熱などの絶対値が測定できることである．また，DTAと熱天秤 (thermo gravity：TG) を組み合わせたTG-DTA装置も市販されていて，試料の温度による重量変化とDTAが同時に測定できる．

はじめにDTAの原理・使い方を説明し，後半にDSCの実際の使い方，実際のスペクトル例などについて説明する．

### b. 示差熱分析 (DTA) の原理

図3.7に，DTA装置の原理図を示す．ここで，$T_s$, $T_r$, $T_f$ はそれぞれ試料，基準物質，電気炉の温度とする．添え字 $s$, $r$, $f$ はそれぞれ試料，基準物質，電気炉を表す．

電気炉温度 $T_f$ を測定しながら，電気炉のヒーターに流す電流を調節することにより，炉の温度を一定速度で上昇させる．基準物質の温度 $T_r$ は，炉からの熱伝達により，$T_f$ より少し遅れて同じく一定速度で上昇することとなる．この基準物質としては，測定温度内で熱的変化が起こらず，比熱が一定の物質が理想であり，$\alpha$ アルミナ ($\alpha$-$Al_2O_3$) がよく使われる．固体物質を試料例として，DTAの原理を模式的に説明する．$T_r$, $T_f$, $T_s$ の時間変化を，図3.8 (a) に示す．この図は，昇温速度 5℃ min$^{-1}$ の例を示しており，熱伝導の遅れのために基準物質・試料ともに4分後から，5℃ min$^{-1}$ で昇温し始める．基準物質と試料の熱容量の違いにより，両者には温度差がある．12分後には試料が融けはじめ，試料の温度は一定に保たれる．14分後に融け終わり，15分後に定常昇温速度に戻っている．

しかし，基準物質との温度差（昇温直線間の差）は固体のときとは違った値となっている．

この図3.8 (a) から熱分析をできそうに思えるが，通常は試料の温度変化はもっと小さく，図 (a) より熱解析をするのは精度も悪く，便利も悪い．そこで通常のDTAでは，図3.8 (b) のように，試料と基準物質の温度差，

$$\Delta T = T_s - T_r \qquad (3.4)$$

を増幅して，時間に対してプロットする．同時に基準物質の温度 $T_r$ も同じ図にプロットする．こうすることにより，融点 $T_m$ を正確に決定することができる．つまり $\Delta T$ の変化曲線より試料の融け始め ($T_m'$) の時間 ($t'$) を決定し，そのときの $\Delta T (= \Delta T_1)$ と $T_r(t')$ より，

$$T_m = T_r(t') - \Delta T_1 \qquad (3.5)$$

と，融点が決定できる．

この図3.8 (b) を使うのも，時間 ($t'$) を決定して，$T_r(t')$ を決定してと，便利が悪

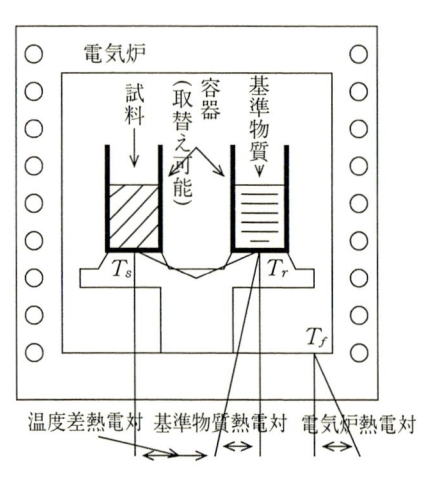

**図3.7** DTA装置の原理図

## 3. 温度を用いた分析法

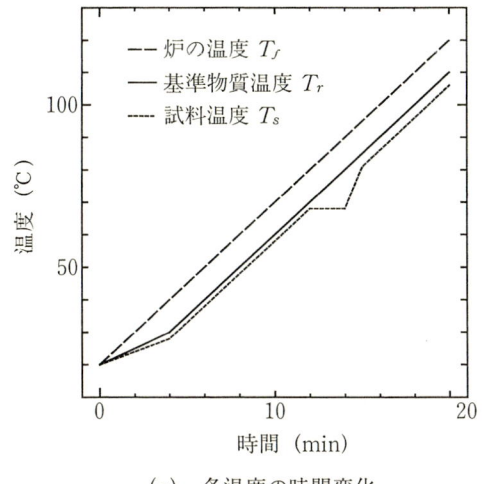

(a) 各温度の時間変化

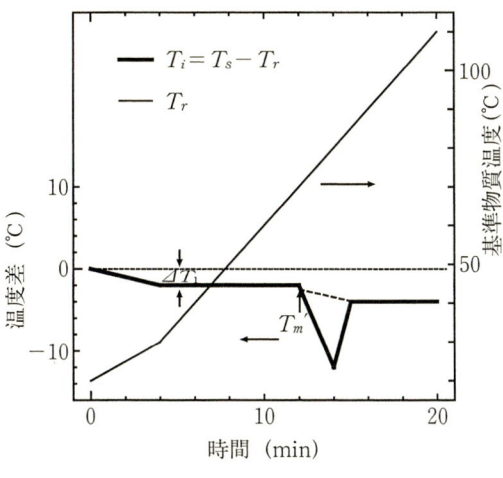

(b) DTA曲線（時間）

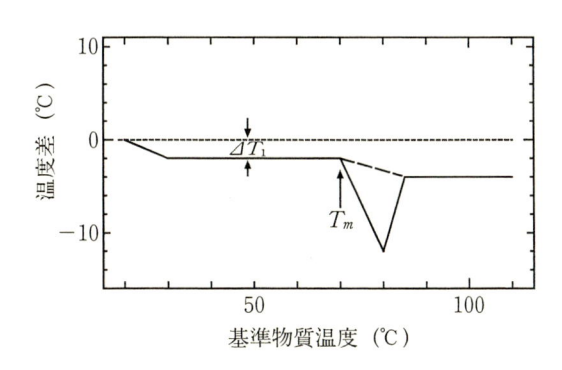

(c) DTA曲線（温度）

**図3.8** 温度変化の表示の仕方

い．現在の市販のDTA装置では，$\Delta T$ を $T_r$ の関数としてプロットすることもできる．

これを図3.8 (c) に示す．これから直接に，
$$T_m = T_m' - \Delta T_1 \tag{3.6}$$
と，融点を求めることができる．

今までのDTAの原理に基づいて，DTAの装置・測定にとって重要と思われる事項について考えてみる．

まず，炉からの熱伝達係数であるが，基準物質への伝達係数と試料への伝達係数が等しくなければならない．その上にこの伝達係数は大きすぎると $\Delta T$ が0となってしまい好ましくなく，小さすぎると熱分析にならないので，適当な値でなくてはならない．逆に，基準物質および試料の内部の熱伝達はなるべく大きい方が望ましい．つまり基準物質全体および試料全体の温度は，均等である方が正確な熱分析となる．

熱変化の小さいところまで観測する（温度差の増幅度を上げる）ためにも，$\Delta T_1$ は小さい方がよい．つまり，基準物質の熱容量と試料の熱容量が等しい方がよい．このために基準物質の量の調整を行う．

なお，図3.8 (c) のようにピークが下に現れるのは吸熱反応であり，発熱反応では上にピークが現れる．ピークの高さは昇温速度に依存し，昇温速度が速いほどピークは大きく，小さな熱変化も観測できる．しかしながら，その変化する温度の絶対値の正しさはこの測定が動的であることを反映して，昇温速度が小さいほど絶対値は正しい．実際の昇温速度はこの二つを考え，また測定にかかる時間を考慮して決定することとなる．現在の市販の装置は昇温速度をプログラムできるので，加熱・冷却と連続的にプログラムして，加熱時・冷却時のDTAを連続して測定することもできる．

図3.9は前例と同じ試料を，同じ速度で加熱，その温度で保持，そして同じ速度で冷却した場合のDTAを示している．この図に見られるように，加熱時には試料の融解による

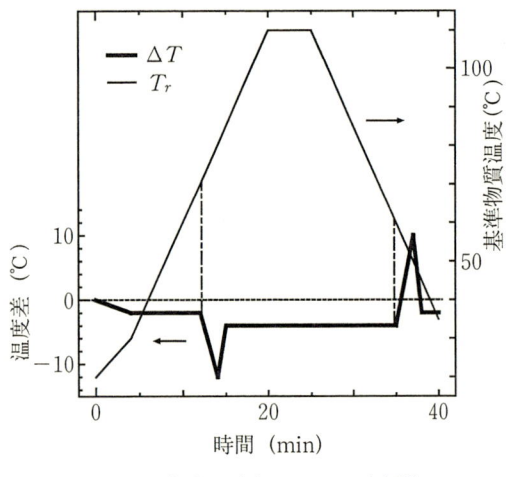

図 3.9　加熱・冷却の DTA（時間）

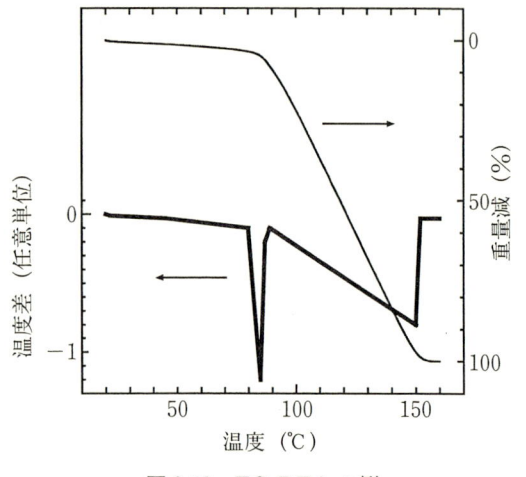

図 3.10　TG-DTA の例

吸熱が起こり，冷却時には凝固による発熱が観測される．また，この図にも示したように，冷却速度が速い場合には過冷却が起こり，凝固点は融解点と違う温度として観測されることが多い．

試料の量については，数百℃以下の測定で数十 mg あるいはそれ以下の量を測定するミクロ DTA とこれより高い温度域で数百 mg あるいはそれ以上の量の試料を測定するマクロ DTA がある．

### c. TG-DTA の実際

前節の DTA 装置の原理図に，試料側に天秤を付加して試料の重量変化を測定できるようにした装置を，TG-DTA 装置という．TG-DTA の測定例として，図 3.10 にナフタリンの例を示す．この図の DTA 部を見ると，最初からわずかにドリフトと思われる程度の吸熱があり，80℃付近に吸熱ピークが現れ，その後も吸熱は少しずつ増え，150℃付近でピークとなり，その後吸熱は 0 に戻っている．これを何も考えないで解釈すると，「80℃付近の吸熱ピークは融点であり，150℃付近のピークは蒸発による吸熱で沸点は 150℃ぐらいである」，となってしまいそうである．

しかし，この DTA を TG と組み合わせて解釈すると少し違ってくる．正しくは，「低温から昇華が起こっていて，DTA のわずかの吸熱と TG の少しずつの重量減が観測される．80℃付近のピークはやはり融点であろう．その後も昇華（蒸発）は続き，150℃付近で試料がなくなり（重量減 100%）吸熱もしなくなる．つまり，150℃付近は沸点のピークではない」．

このように，TG を DTA と組み合わせると，非常に有用である．TG で重量減が観測されるのは，上記の昇華・蒸発，化合物の分解，水和物からの脱水反応など多岐にわたっている．酸化反応で重量増が観測されることもある．

しかし，重量減の起こるような反応を測定するときには注意が必要である．一つには蒸発物により装置内部を汚すことであり，二つ目は，蒸発物あるいは分解生成物が有害でないことをあらかじめ予測しておかなければならない．また，高温で酸化反応が起こることは必要でもないし，有害な場合も多い．このために，通常は TG-DTA 装置内部を不活性ガス（窒素）で置換して測定する．

### d. 示差走査熱量計（DSC）

DSC は基本的には，DTA と同様な動的熱量測定を行っている．違いは，DTA が基準物質と試料の温度差を測定するのに対して，DSC ではその温度差をゼロとするように，補助ヒーターに別々にエネルギー入力を行い，その試料への入力エネルギーの変化を温度の関数として測定することである．このことは，DSC では融解熱などの熱量変化の絶対値を定量できることを意味する．

装置の中心部の原理図を図 3.11 (a) に示す．なお，基準物質と試料の熱容量の差および発熱変化を測定することを考慮して，基準物質・試料への補助エネルギー入力，$E_r$, $E_s$ ともに，何も熱変化のない最初から0ではない．

試料容器には，いろいろの材質の物が使われるが，500℃以下の低温では，アルミ容器が使われることが多く，また試料はこのアルミ容器内で圧縮・密閉されて，試料の熱伝達をよくする場合が多い．この様子を図 3.12 に示す．

市販の装置では，直径 5 mm$\phi$ の試料容器が使われ，試料量は数 mg～数十 mg である．試料の量が少ないほど温度に対して敏感であるが，測定感度は悪くなる．試料の違いにより適当な量を使う．なお，基準としては試料側の容器と同じ容器だけを使う場合も多いが，試料側と熱容量が大体同じとなるようにアルミナなどの基準物質を入れる場合も多い．実際の装置では，熱量変化の絶対値は種々の標準物質を用いて校正してある．

試料が測定範囲で分解反応を起こしたり，高温までの測定をするときには，試料容器は密閉型ではなく開放型を使う．このような場合，大体何が起こるかを把握しておくために，事前に TG-DTA の測定をしておくのも有用である．

実際の装置では，図 3.11 (a) 中心部の形

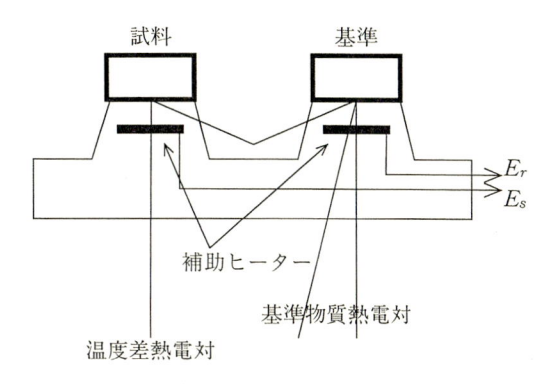

(a) DSC 装置原理図

(b) DSC 装置中心部の写真

図 3.11
一番中心の筒の中の小さな二つの円が基準および試料部である．この装置は，5重の断熱構造になっていて，小さな蓋二つ，二つのベルジャー，大きな密閉蓋も同時に写している

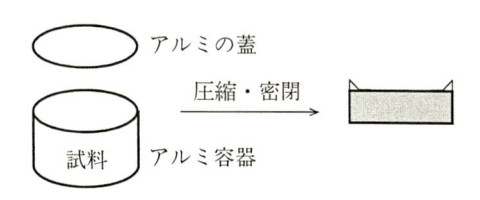

図 3.12　DSC 測定試料

状もいろいろなものがあり，また電気炉も外部加熱型，基盤部内部加熱型と種々の形式がある．この中心部の外に，断熱用に素焼きの筒をかぶせ，その外にベルジャー（つり鐘状の蓋）をかぶせ，かつ全体を密閉して，実際の DSC 装置となる．密閉することは，断熱のためのほかに，装置内部を不活性ガス（$N_2$, Ar）で置換するためにも重要である．

実際の装置の中心部の写真を図3.11 (b) に示す．

不活性ガスで置換後，液体窒素などで冷却し，約−150℃付近から測定できる低温型DSC装置もある．

### e. DSC 測定例

DSCスペクトルの例から，その使われ方の一端を説明する．図3.13は低温DSC装置を用いて測定した例で，上のDSCカーブはSBR（ブタジエンスチレンゴム）のガラス転移温度付近の測定例である．ガラス転移温度より高い温度ではゴム状弾性であり，それ以下の温度では大きな分子運動は凍結していてゴム弾性を示さない固体である．比熱がガラス転移点を境にして変化するのは，いろいろなゴム・高分子に共通の性質である．下のカーブは，尿素-直鎖状炭化水素包接化合物（urea-$n$-paraffin inclusion complex, この場合の炭化水素は$n$-$C_{24}H_{50}$で，包接化合物をUP 24 Cと略す）結晶の斜方晶から六方晶への構造転移点での吸熱ピークを測定した例である．この例では，結晶転移の前後での比熱変化は，SBRのガラス転移前後と違って小さい．

他の例を図3.14に紹介する．これは，尿素-ポリエチレン包接化合物（urea-polyethylene inclusion complex：UPEC）をつくるときのDSC測定を示している．UPECはUP 16 C（$n$-$C_{16}H_{34}$を包接している）にポリエチレンを混合し，110℃のキシレン中で17時間撹拌して，包接されているヘキサデカンをポリエチレンに置換してつくる．

一番上のDSCカーブはこのUP 16 Cの分解過程を示し，114℃のピークは包接化合物が液体ヘキサデカンと固体尿素に分解する吸熱ピークであり，134℃にこの固体尿素の融解吸熱ピークが観測されている．一番下のカーブはUPECの分解時のDSCで固体ポリエチレンの融解も固体尿素の融解も吸熱ピークとして現れず，148℃に包接化合物の分解ピークが観測され，100％UPECであることが確認される．真中のDSCカーブは，UPEC作製途中（4時間後）で沈殿物を取り出し測定したものである．UPECの分解ピークのほかに，まだ反応していないポリエチレンおよび尿素の融解ピークが観測され，置換がまだ完全でないことを示している．この例は反応過程を測定した例であり，また真中の例のように混合物を簡単に分析するにもDSCは有用である．

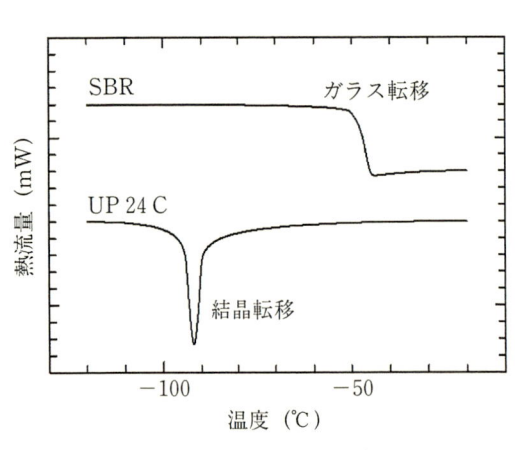

**図3.13** 低温DSCの例

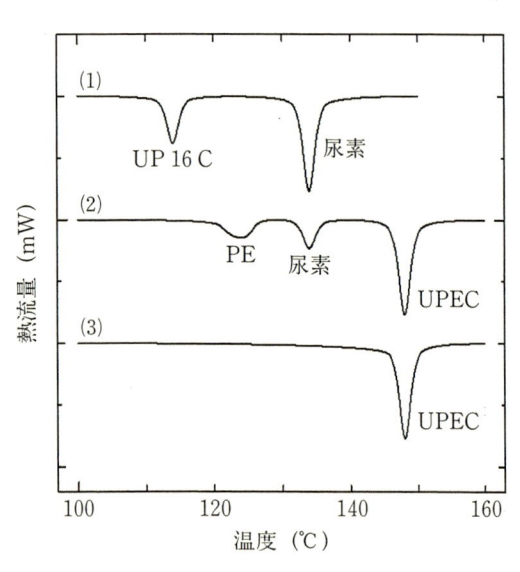

**図3.14** UPEC作製時のDSC

以上，DTA，TG-DTA および DSC は装置も他種類市販されており，短時間で手軽に測定できるので非常に有用であり，新物質，混合物の分析には，他の分析法に先駆けて使われることが多いだろう．

### 参考文献

1) 大道寺英弘，中原武利編：原子スペクトル―測定とその応用―，学会出版センター，1989
2) 鈴木正巳著：原子吸光分析法，共立出版，1984
3) 保田和雄，広川吉之助著：高感度原子吸光・発光分析，講談社，1976
4) 原口紘炁著：ICP 発光分析の基礎と応用，講談社サイエンティフィク，1998
5) 河口廣司，中原武利編：プラズマイオン源質量分析，学会出版センター，1995

---

■コラム

## DTA・DSC で融点・沸点が求められる？

融点に関しては，物質・条件にもよるが，注意深く実験を行えば，1℃の誤差範囲内で融点を決定することは容易であろう．しかし，精度の高い融点の測定をするには，静的な方法によらなければならない．

一方，3.2 節の c. にも述べたように，沸点を求めるには，DTA・DSC ともに不適である．

沸点を求めるには，Swietoslawski の沸点計のような専用装置を用いるべきである．

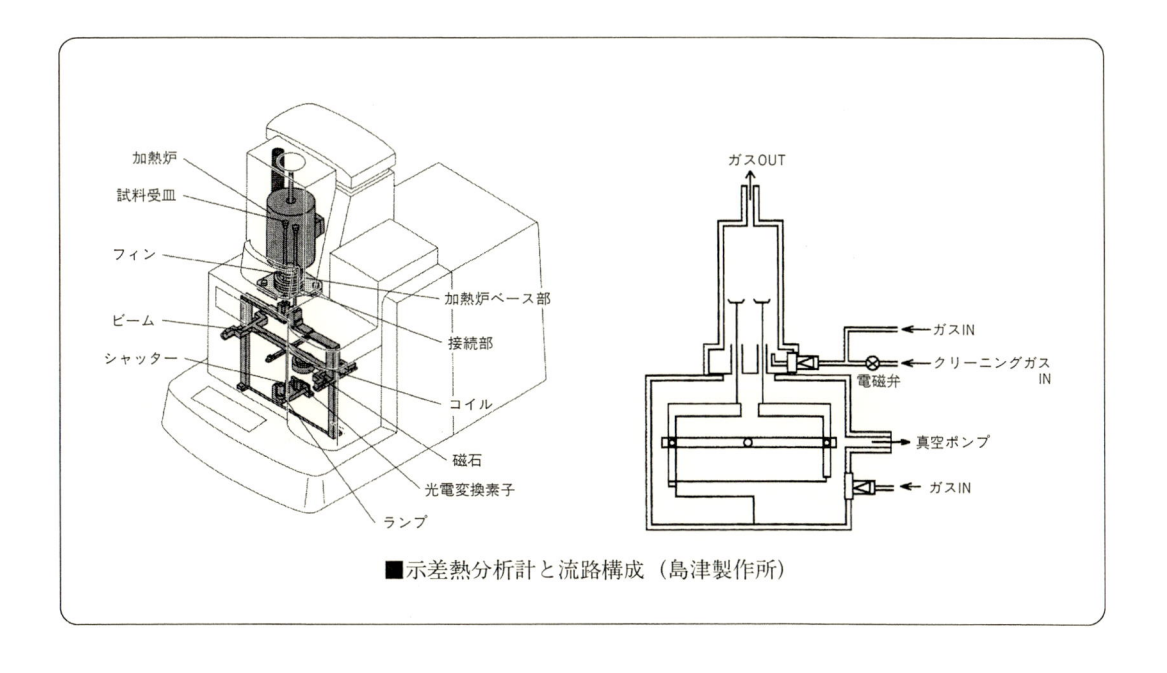

■示差熱分析計と流路構成（島津製作所）

# 4 化学反応を利用した分析法

## 4.1 発光分析法と原理

　発光分析の測定対象は一般に分子やイオンであり，試料の状態はガス，液体および固体である．溶液中の溶質の量である濃度を決定することが目的である．試料の供給方式は，両者ともバッチ（回分）法とフロー（流れ）法がある．測定対象が適当な発光団をもたない場合は，化学反応で発光能をもつ化学種に導いたり，発光団を測定対象と共有結合させてから測定する．これら誘導化の方法も種々開発されている．

　酸化還元反応により生成したエネルギーを吸収することにより励起状態に達した分子は，短時間後にエネルギーを失って基底状態に遷移する．この失活過程では，一般的に熱としてエネルギーを放出する無放射遷移または分子間のエネルギー移動が起こることもあるが，ある一定の構造をもつ分子ではこの過程で光を放射する．発光分析法とは，このとき放出される光の波長・強度を測定して定性・定量を行う分析法である．発光反応をする化学種の数は限られているので，蛍光物質へのエネルギー移動を利用した発光分析法の開発により応用範囲を広げている．試料中の発光種の量に比例した発光強度の増大により定量するが，逆に試料中の発光妨害種による発光強度の減少を利用する定量法もある．発光分析法は，蛍光分析法や吸光光度法に比べ分析対象が限られるが，選択性が優れている．測定装置では光源部が不要なので，光源部由来の熱や迷光の影響がなく装置として簡単になり，高感度が得られやすい．感度は検出器の性能にも依存するが，一般に蛍光法より1桁から2桁程度高く，ppbからpptレベルの検出限界があり，希薄濃度の試料の分析に適している．

### a. 発光試薬と反応機構

　試薬自体が発光体である系と試薬の反応エネルギーを与えることで，蛍光体である測定対象種を発光させる系に分類できる．

#### 1) 試薬自体が発光体である系

　代表的な発光試薬としてルミノール，ルシゲニン，ルテニウム錯体がある．ルミノール（5-アミノ-2,3-ジヒドロ-1,4-フタラジオン）は最もよく用いられる発光試薬であり，発光機構は古くから盛んに研究されている．しかしながら反応条件で発光機構がそれぞれ異なり，複雑なため完全には解明されていないが，実際には多分野で応用されている．その多くはアルカリ性で遷移金属イオンなどの触媒存在下，過酸化水素と反応する際の青白い発光を利用している．過酸化水素，ヨウ素，次亜塩素酸イオン，過マンガン酸イオンなどの酸化剤の検出あるいは過酸化水素存在下で触媒である遷移金属イオンの検出などに応用されている．少数であるが還元性種と反応して発光することが報告されている．ルミノールは5位にアミノ基をもち，このアミノ基を介在して測定対象分子と共有結合により結合させる発光誘導化法では発光強度が著し

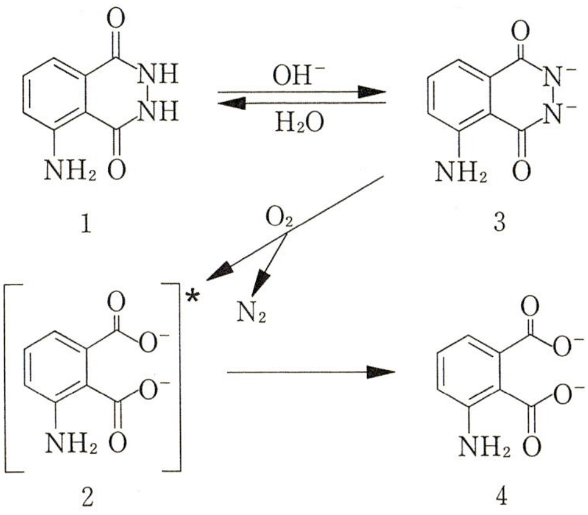

**図 4.1** ルミノールの化学発光機構

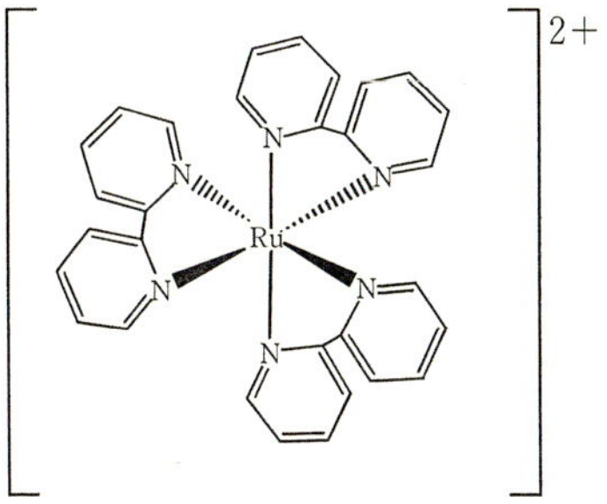

トリス(2, 2′-ビピリジル)ルテニウム(II)錯イオン

$$Ru(bpy)_3^{2+} \longrightarrow Ru(bpy)_3^{3+} + e^-$$
$$Ru(bpy)_3^{3+} + 還元性物質 \longrightarrow [Ru(bpy)_3^{2+}]^* + 生成物$$
$$[Ru(bpy)_3^{2+}]^* \longrightarrow Ru(bpy)_3^{2+} + h\nu (630\ mm)$$

**図 4.3** ルテニウム錯体の化学発光機構

く低下する．発光強度の減少の少ない，6位にアミノ基をもつイソルミノールが発光誘導体化に利用される．タンパク質の標識，特に化学発光イムノアッセイの抗原あるいは抗体を標識する際にも利用されている．

ルシゲニン（$N, N$-ジメチル-9, 9-ジアクリジニウム硝酸塩）はアルカリ性化で過酸化水素と反応して青緑色の発光をするので検出に応用されるが，また還元性種と反応して発光する．発光種は $N$-メチルアクリドンと考えられている．ルシゲニンの濃度により発光最大波長が 80 nm シフトすることが知られている．また，ルシゲニン類似の化合物である $N$-メチルアクリジニウムエステル誘導

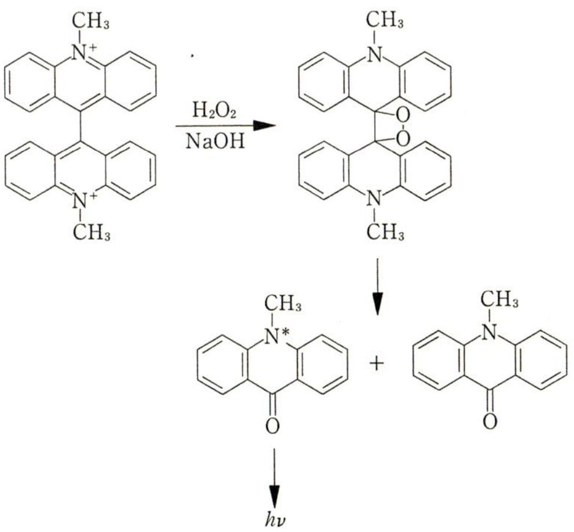

**図 4.2** ルシゲニンの化学発光機構

体が種々開発され，たとえばタンパク質の標識，特に化学発光イムノアッセイの抗原あるいは抗体を標識する際の発光誘導化剤として利用されている．

代表的なルテニウム錯体 $[Ru(bpy)_3]^{3+}$ とその発光機構を図 4.3 に示す．脂肪族第三アミン，シュウ酸や 1, 2-ジケトンなどの還元性種の検出に有効であることが，酸化性種の検出に適用されるルミノールとは対照的である．しかし，還元性種ならばすべて検出可能とは限らず，選択性があり，この部分も発光機構は未解明である．この錯体は 2 価の状態で試薬溶液を調製し，利用直前に 3 価の状態に酸化して利用するが，このための方法が数種提案されている．この錯体も誘導体が種々開発され，タンパク質の標識，特に化学発光イムノアッセイの抗原あるいは抗体を標識する際にも利用されている．

**2) 蛍光体を発光させる系**

シュウ酸エステルは，過酸化水素などの酸化反応により過シュウ酸エステルとなり，ついで転移反応により，ジオキセタンを生成する．これと測定対象種である電子を放出しやすい蛍光体（fluorophore；Flu）との間で電化移動錯体を形成する．この電子移動により蛍光体が励起され，これが基底状態に戻るときエネルギーが放出される．このときエネル

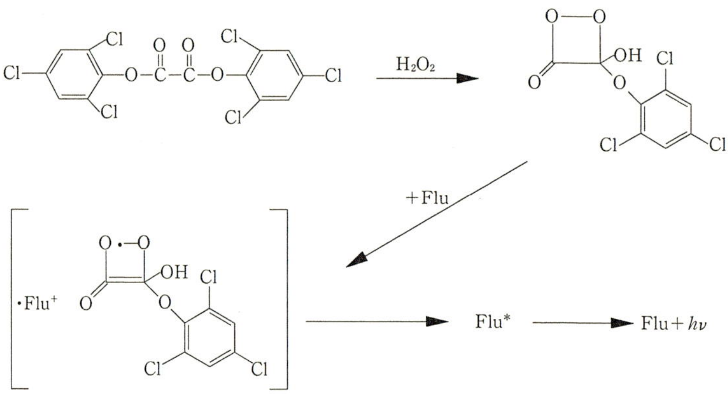

**図4.4** 過シュウ酸エステルの化学発光機構

ギーの一部が光となって放出される．したがって，測定対象種の発光スペクトルはその蛍光スペクトルと一致し，発光強度は蛍光体の濃度と比例する．一定濃度のペリレンなどの蛍光体を添加した系で過酸化水素量を測定することも可能である．いずれも少量の水分を含むアセトニトリルなどの有機溶媒系で行う．図4.4に最もよく利用されるビス(2,4,6-トリクロロフェニル)オキザレート(TCPO)の発光機構を示す．

### b. 化学発光の量子収率

化学発光する効率を量子収率と呼び，次式で表される．

$$\Phi_{CL} = \Phi_C \times \Phi_E \times \Phi_F \tag{4.1}$$

ここで，$\Phi_{CL}$ は化学発光の量子収率，$\Phi_C$ は生成物の化学反応収率，$\Phi_E$ は励起状態分子の生成収率，$\Phi_F$ は化学反応による励起分子の蛍光収率（4.2節参照）である．

一般に，化学発光量子収率は，周囲の状態により著しく影響を受ける．溶媒の種類，触媒の種類，溶存酸素濃度，温度，pH，試薬濃度が影響する．たとえば条件によるが，ルミノールの化学発光の量子収率は 0.02～0.2 程度であり，シュウ酸エステル系では 0.3 を超えることもある（生物発光はこれに比べるときわめて高い効率であり，ホタルでは 0.8，ウミホタルでは 0.25 程度である）．

### c. 装置と測定

**1) 発光検出器**

後述する蛍光検出器は，その光源部を稼働させなければ，発光の波長分布を求める分光測定に応用できる．この場合，2種の反応液を個別に連続送液し，三方ジョイントで混合し，直後に内体積 0.5 mℓ 程度の発光セルに導き，連続発光させながら分光器を作動させることで発光スペクトルが得られる．なお，光電子増倍管には波長により応答特性が異なるから補正が必要である．一般にスペクトルを測定することは少なく，微弱光を高感度に検出する機器を用いる．このため，微弱発光をできるだけ多く捕獲・検出できるようにするため，発光を分光せずに用いることが多い．可視部領域波長の発光ならば光電子増倍管を用いてアナログ増幅器に接続して用いるか，光電管を利用してパーソナルコンピューターと接続し，フォトンカウンター型検出器として用いる．いずれも暗電流によるノイズの低減や発光強度の再現性の改善を目指すならば，管付近の低温化や恒温化が望ましい．

**2) 送液ポンプ**

発光分析では，試薬混合と同時に発光が始まるので，バッチ型よりフロー型での測定が多く，送液ポンプを使用する．多くの化学発光検出系では，発光強度は試薬濃度に比例する．送液ポンプの流量安定性がベースライン

の安定性に大きく影響し,また数秒周期の圧力変動(脈流)はノイズ幅に影響することも多い.このため,シリンダー内をプランジャーが往復するタイプのポンプを用いる際は,ダンパー効果を働かせて可能な限り脈流の効果を抑制する必要がある.小型化したHPLCポンプの使用は,試薬の消費も少ない.注射器型のシリンジポンプでは,ステッピングモーターの採用や,ピストン部の送り機構(螺旋部の精度)に由来する脈流に注意する必要がある.

### 3) 発光セル

バッチ法では1cm角形ガラスセル,あるいは円筒セルを用いる.反応条件で発光強度が影響されるので,温度調節機能,密閉機能,窒素ガスパージ機能,撹拌装置,試料注装置などを必要に応じて取り付けて用いる.フロー型測定にはセル内体積0.1 ml以下の渦巻セルが頻用される.発光セル部の形態は,発光強度や検出感度に影響する.多くは試料を送る液と発光試薬を送る液の2種の液の混合がかかわることが多い.液の混合が始まる部分がセルの外にある形式とセル内で混合が始まる形式がある.発光時間が短い発光系では,後者の採用が求められる.一方,発光時間が長時間の系では,セル内体積を大きくすることで感度の改善が期待できるが,極端に大きくすることは良くない.これは,HPLCカラムなどに接続した場合,ピーク幅が広がってしまうからである.また,発光系は酸化還元反応がかかわるので,混合以前から2種の液とセル部の温度は制御しておく必要がある.一般に,温度の増大に伴い発光強度は増大し,発光時間は短縮する.温度制御型のセルを組み込んだ検出器も市販されるようになった.

### 4) 検量線

横軸に測定対象種濃度,縦軸に発光強度をプロットした検量線は直線になることも多いが,S字型あるいはその一部分の型になることも多い.また,原点を通らないことも多い.したがって,ある一つの濃度による発光強度と原点を結んだ,いわゆる一点検量線法は大きな誤差を伴うので,避けた方がよい.

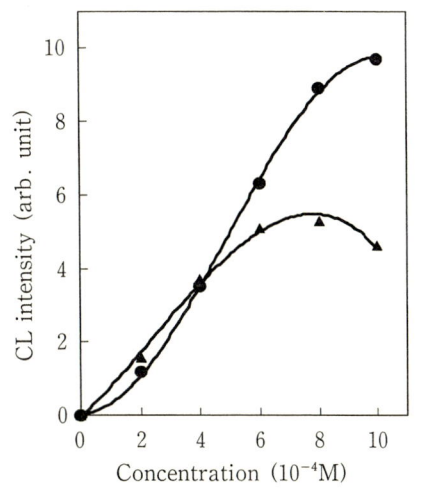

図 4.5 化学発光法による検量線例

### d. 応用例

以下に代表的な実例を示す.

### 1) ルミノール化学発光法による銅イオンの定量

フロー型分析の応用例としてHPLCに接続し,触媒能をもつ遷移金属イオンの検出を示す.測定対象である銅イオンは,試料注入器を経由してカラムに注入される.カラム出口と検出器の間に三方ジョイントを取り付け,0.1 mMルミノールと2 mM過酸化水素を含む0.1 mMホウ酸緩衝液(pH 11)と混和後,直ちに化学発光検出器に導き,発光強度を測定する.このとき,ホウ酸緩衝液より希薄な緩衝液を溶離液に用いれば,発光反応時をアルカリ性に保ち得る.ルミノールの化学発光には,最小でpH 5.5が必要で,pH 11〜12付近で最大発光強度を示す.アルカリ性下では,遷移金属イオンは水酸化物を形成し,水に不溶となるので,何らかのマスキング剤を添加する必要があるが,マスキング

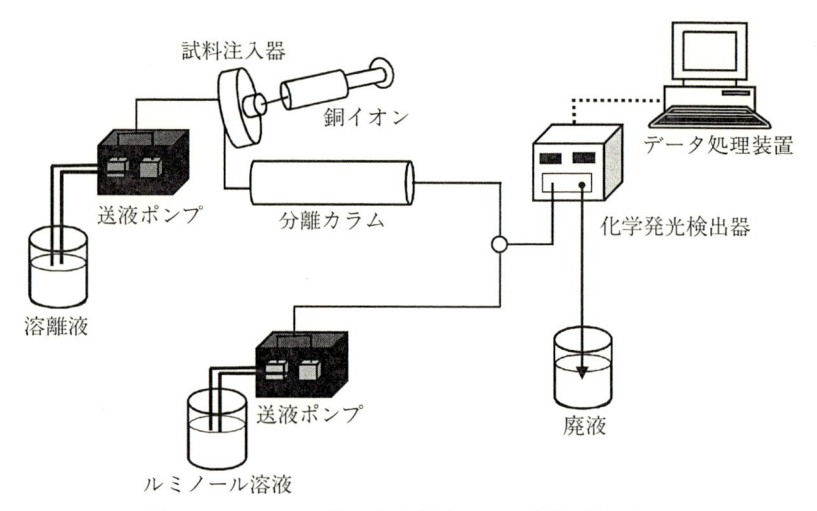

図 4.6 ルミノール法による銅イオンの検出の流路図

効果により触媒能が低下し，発光強度が減少する．マスキング剤として，アンモニア，エチレンジアミンなどの窒素を配位原子とする多座配位子，あるいは酒石酸，クエン酸，コハク酸などのヒドロキシ酸などが用いられている（アミノ酸やタンパク質もマスキング効果をもち，発光量を減少させるので，この減少量を利用した定量法が開発されている）．反応液から過酸化水素を除き，マスキング剤とコバルト（II）塩を添加しておくことで，過酸化水素の定量に応用できる．また，後述のシュウ酸エステル発光法と同様，過酸化水素を生成する酵素反応系では，生成した過酸化水素を測定して基質の定量や酵素活性値を測定できる．

**2) ルシゲニンによるアスコルビン酸の定量**

化学発光イムノアッセイ法では，過酸化水素の検出に用いられる．ここでは，還元性のアスコルビン酸の検出を，HPLCの検出部としてルシゲニン化学発光法を用いて行った

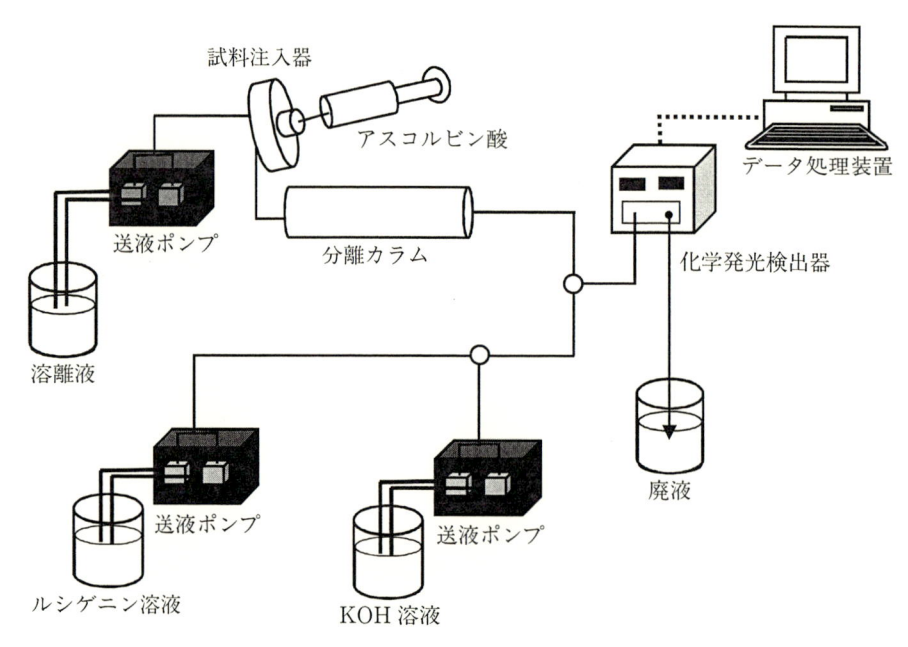

図 4.7 ルシゲニン化学発光法によるアスコルビン酸の検出の流路図

系を図4.7に示す．ルシゲニンは$10^{-4}$M，発光反応直前で0.5 M KOH溶液と流路下で混合する．これは，ルシゲニンの発光にアルカリ条件が必要で，ルシゲニン溶液の寿命が短いためこのような手順になる．アルカリ性となったルシゲニン溶液はカラムからの溶出液と混和するが，いったん直径0.5 mm，長さ1 mm程度の反応コイル内で完全に混和・反応させてから発光検出器に導く方がよい結果を与える．カラムは低イオン交換容量の陰イオン交換樹脂，溶離液は0.05 Mの酢酸を用いる．10 mg $l^{-1}$程度の検出が可能である．サンプルのアスコルビン酸は空気中の酸素と反応するので，酸性溶液下，密栓，冷暗所保存であっても1時間以内で利用する．

**3) ルテニウム錯体法による第三アミンの定量**

$[Ru(bpy)_3]Cl_2 \cdot 6H_2O$（市販している）を10 mMの硫酸中に0.3 mM程度の濃度で溶解する．この溶液を試薬として利用する直前に酸化処理して3価錯体の状態にする．具体的には，過酸化鉛粉末を投入し，撹拌後ろ過することで3価錯体が得られる．当初，橙色であった2価錯体溶液の色が3価錯体の薄緑色に変わる．この反応液を冷蔵庫内などの冷暗所に保存して用いる．あるいは電解酸化法で2価錯体溶液を3価錯体溶液にして利用する．または流路電解セルを発光検出器の直前に設け，大面積の陽極上で酸化を進行させて，3価錯体溶液を連続供給する．3価のこの錯体の酸化電位は1.24 Vであり，水の還元電位1.25 Vと接近しているため，数時間で3価から2価に戻る．そのため，酸性にすることでこの反応を抑制している（市販の2価のルテニウム錯体から3価のルテニウム錯体のヘキサフルオロリン酸塩を合成する方法が報告されており，この塩は冷暗所に水分を含まないアセトニトリル溶液で1週間以上保存が可能であると報告されている）．この方法が注目される理由は，生体構成成分のうち，アミン化合物がしばしば生理活性であり，測定法の開発の必要性が高く，第一アミンや第二アミンは誘導法による蛍光測定法などが開発されているが，第三アミンはその構造から誘導法が期待できない．現在，第三アミンの測定法としては，この方法以外に適当な方法が見出せていないからである．

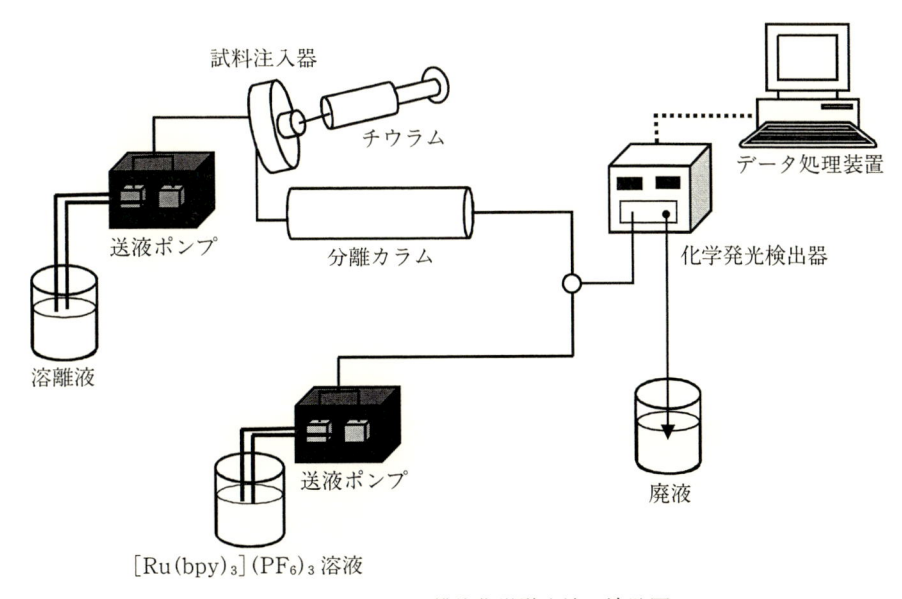

**図4.8** ルテニウム錯体化学発光法の流路図
サンプル：チウラム

### 4) シュウ酸エステルによる蛍光性有機化合物の定量

測定対象は蛍光体であること，電子を失い，ジオキセタンと電荷移動錯体を容易に形成する必要がある．したがって，無機物よりも有機物で蛍光性をもつ化合物であることが多い．発光試薬として最もよく利用されるのは，ビス (2,4,6-トリクロロフェニル) オキザレート (TCPO) である．TCPO試薬溶液の作製にはいくつかの要件がある．0.5 mM の TCPO はアセトニトリルと酢酸エチルの同体積混合液に溶解しておく．ついで，この混合溶液に 30 mM 過酸化水素を添加して試薬とする．これらを2台のポンプにより個別に送液し，三方ジョイントをとりつけたミキシングコイルで混和する．このTCPOと過酸化水素を含む液をカラムからの溶出液と混和し，ミキシングコイルを通過させたのち，発光検出器に導く．サンプルは蛍光体としてダンシル化アミノ酸を用いる．検出限界は1 pmol 以下であるが，用いる水，有機溶媒，試薬純度を十分に検討することで50 fmol 程度の検出限界を得ることができる．

HPLCのカラム用の溶離液は，緩衝液とアセトニトリルの混合液であるが，50％以上のアセトニトリルを含むことが望ましい．HPLCのカラムでの分離達成のために溶離液組成は水分を添加することも多いが，検出には水分が少ない方がよい結果を与える．これは，反応試薬溶液の溶媒組成と溶離液の溶媒組成が大きく異なっていると均一に混合されるのが困難になるためと，発光試薬であるTCPOはアセトニトリルに数 mM 程度しか溶解しないので，水分が混和されると析出するためと思われる．

また，この方法は前述のルミノール発光法と同様，過酸化水素を生成する酵素反応系に適用すると，生成した過酸化水素を pmol レベルで測定できるので，高感度で基質の定量や酵素活性を測定できる．

## 4.2 蛍光分析

分子は光吸収により励起状態に遷移し，きわめて短時間後にエネルギー放出することで基底状態に遷移する．基底状態にもどる失活

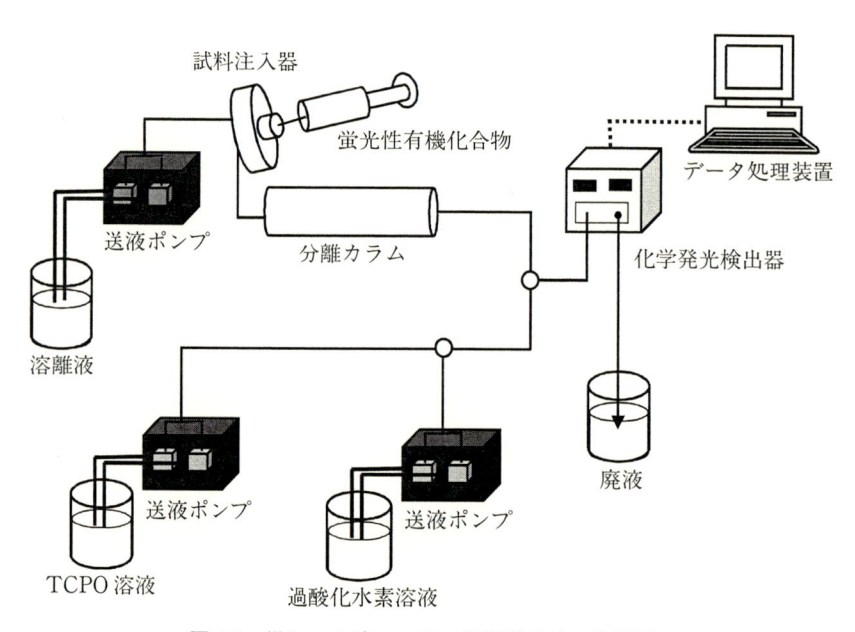

図4.9 過シュウ酸エステル化学発光法の流路図

過程でエネルギーを熱として放出する無放射遷移や周囲の分子へのエネルギー移動が起こる．特定の構造をもつ分子は失活過程でのエネルギーの放出を光放射で実現する．この放射光を蛍光と呼び，その波長や強度から定性や定量を行う方法を蛍光分析法と呼ぶ．対象となるほどの蛍光強度を示す化合種は限定されているので，検出には選択性がある．多くの化学種は蛍光性をもたないので，測定対象とする際は蛍光性の化学種に誘導することが必要となる．また，ある種の化学種の蛍光強度は特定の物質の共存により消失・減少するが，この現象を利用する消光分析法もある．吸光光度法と比べて対象化学種は少ないが，感度は1～2桁程度高く，光吸収と光放出の2過程をもつので選択性も高い．感度は装置の性能，特に光源強度に依存し，検出限界はおおむねppbレベルである．

### a. 蛍光放射

図4.10に典型的な有機分子のエネルギー順位図を用いて，光吸収に伴う光放射過程と無放射遷移過程の概略を示す．通常の温度で分子は，同一分子軌道内の電子は互いに逆のスピンをもっている対をつくり，基底状態にある．スピン多重度 $S_M$ は電子のスピンの状態を表し，スピン量子数の総和 $S$ を用いて $S_M = 2S+1$ で表される．多重度1の状態を一重項状態（$S$, singlet state）という．三重項状態（$T$, triplet state）ではスピン多重度 $S_M = 3$ であり，二つの電子が同じスピンをもつので $S=1$ である（逆のスピンの二つの電子のスピン量子数は$+1/2$と$-1/2$，同じスピンであると$+1/2$と$+1/2$である）．

図4.11に電子遷移に伴う光の吸収と発光の概略を示す．分子の全エネルギーは電子エネルギー，振動エネルギーおよび回転エネルギーの和で表される．各エネルギーの値は連続的でなく，量子化されており，不連続である．図4.9では回転準位は略しており，電子エネルギー状態上に振動状態の準位があり，振動状態上にさらに回転準位がある．電子は光吸収により基底一重項状態 $S_0$ から種々の振動状態を含む励起一重項 $S_1$ に遷移する．$10^{-12}$秒程度後，振動エネルギーを熱として放出し，$S_1$ 状態の中の最低位の振動順位に移る．ついで基底一重項状態に遷移するが，そのエネルギー差に対応する光を放射する．これらの過程で，光吸収によるエネルギーは，一部は熱エネルギーに使われるので，蛍光波長は吸収光（励起光）よりも低いエネルギーである長い波長をもつことが多く，これをStokesの法則と呼ぶ．基底状態と励起状態の振動準位間隔が類似していて，励起（吸収）スペクトルと蛍光スペクトルが左右対称

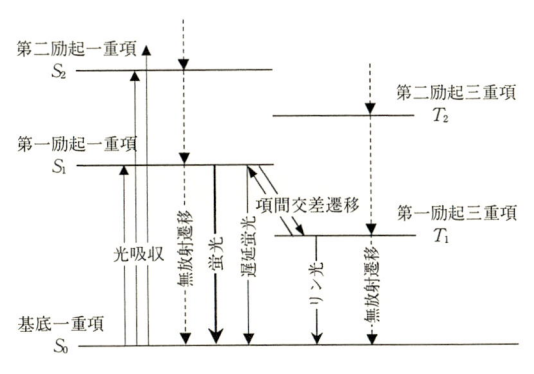

**図4.10** 光吸収と蛍光およびリン光発光

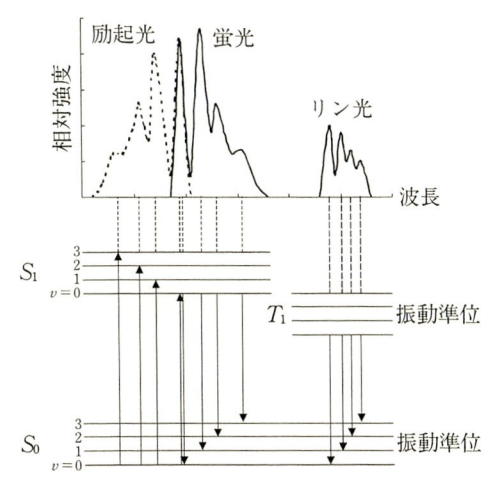

**図4.11** 電子遷移と励起および発光スペクトル

をなすことも多い．同一多重度間 ($S_0 \to S_1$) の遷移に伴う放射光が蛍光であり，異なる多重度間 ($T_1 \to S_0$) の遷移に伴って放射光はリン光である．遷移確率の高い許容遷移による蛍光の緩和過程は $10^{-6} \sim 10^{-9}$ 秒程度と短時間であり，異なる多重度間の禁制遷移から生じるリン光では $10^{-4} \sim 10$ 秒程度と長時間である．

### b. 試料濃度と蛍光強度

蛍光性化学種を濃度 $C$ mol dm$^{-3}$ で含む溶液が満たされた光路長 $L$ cm のセルを強度 $I_0$ の入射光が通過すると，吸収された光の強さ $I_a$ が減った透過光 $I_t$ が得られる．

量子収率は $\phi_f$ で表され，この値の大きな物質は大きな蛍光強度を与える．蛍光強度 $F$ は吸収された光の強さ $I_0$ と量子収率 $\phi_f$ の積で表される．

$$F = I_a \phi_f = I_0 \left(1 - \frac{I_t}{I_0}\right) \phi_f \tag{4.2}$$

また濃度 $C$，光路長 $L$ あるいは $I_t/I_0$ が増加すると蛍光強度 $F$ は指数関数的に減少する．

ここでモル吸光係数を $\varepsilon$ とすると下式に書き換えられる．

$$F = I_0 (1 - 10^{-\varepsilon CL}) \phi_f \tag{4.3}$$

$e^{-x} = 1 - x + x^2/2! - x^3/3! \cdots$ であるので，この式を展開すると

$$F = I_0 \phi_f \left[ 2.303 \varepsilon CL - \frac{(2.303 \varepsilon CL)^2}{2} \right.$$

$$\left. + \frac{(2.303 \varepsilon CL)^3}{6} \cdots \right] \tag{4.4}$$

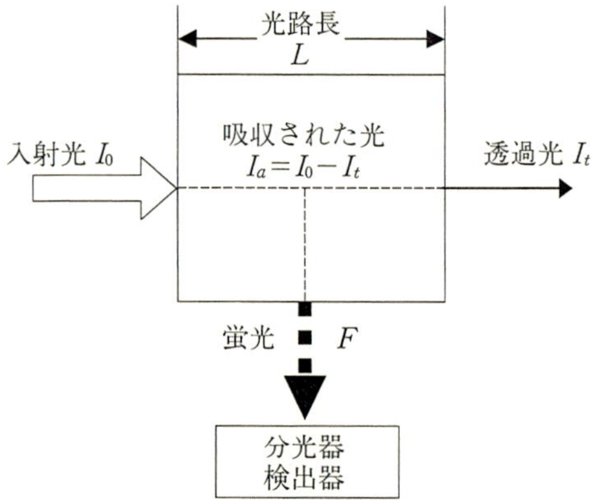

上式で $\varepsilon CL$ が十分小さければ右辺のカッコの中の第2項以下は無視でき，下記の式となる．

$$F = 2.303 \, I_0 \phi_f \varepsilon CL \tag{4.5}$$

同一の装置や同一の測定条件であれば特定の化学種の $I_0 \phi_f \varepsilon L$ は一定となり，蛍光種が低濃度ならば蛍光強度は濃度に比例する．当然，光源強度が高いと蛍光強度も比例して高くなり，検出感度も改善される．

### c. 量子収率

溶媒や温度などの測定条件を変化させたり，光源強度の異なる装置の使用は化学種の蛍光強度に影響を及ぼすので，特定の化学種の発光効率を示すのには量子収率が使われる．量子収率は化学種からの蛍光量子数を化学種が吸収した光量子数で除した値で定義され，0～1の値をとる．

$\phi_f = $ 蛍光光量子数/吸収した光量子数
$$\tag{4.6}$$

蛍光性の化学種は固有の量子収率をもち，その数値は公的機関や学会などが定めた方法である絶対測定法によって測定されている．一般にはそれらの方法は煩雑であるため，通常は数値が報告されている標準蛍光物質との強度比較により量子収率を求める．これらの方法は，購入した蛍光分光光度計の取扱い説明書に解説されていることが多い．一例をあげると，溶液調製直後のキニーネの 0.1 mol dm$^{-3}$ 硫酸溶液の 20 ℃ における励起波長 366 nm で測定したときの蛍光量子収率を 0.55 として相対収率を求める．相対法による量子収率の決定のために用いられる標準物質の代表例を表 4.1 に示す．

希薄試料濃度の溶液について，試料濃度 $C_1$ の溶液の蛍光強度を $F_1$，標準物質として硫酸キニーネを用いて，その濃度 $C_s$ の溶液

**図 4.12** 蛍光測定のための励起光に対する角度

表 4.1　蛍光性物質の蛍光量子収率（$\phi_f$）

| 蛍光物質 | 溶媒 | 励起波長(nm) | 量子収率（$\phi_f$） |
| --- | --- | --- | --- |
| 硫酸キニーネ | 0.1 M 硫酸 | 366 | 0.55 |
| ウラニン | 水溶液 | 366 | 0.97 |
|  |  | 436 | 0.90 |
| ローダミン B | エタノール | 366 | 0.73 |
|  |  | 535 | 0.97 |

の蛍光強度 $F_s$ をとる．また，$\phi_{fs}$ を硫酸キニーネの量子収率とする．このとき蛍光強度の比は次のように表される．

$$\frac{F_1}{F_s} = \frac{I_0 \phi_{f1} \varepsilon_1 C_1 L}{I_0 \phi_{fs} \varepsilon_s C_s L} \tag{4.7}$$

また，同一のセルおよび同一の装置を用いたときは次式で表される．

$$\frac{\phi_{f1}}{\phi_{fs}} = \frac{F_1 \varepsilon_s C_s}{F_s \varepsilon_1 C_1} \tag{4.8}$$

モル吸光係数 $\varepsilon$ および濃度 $C$ は既知であるから，標準物質の蛍光強度と試料溶液の蛍光強度の比を決定することで，測定対象の化学種の量子収率 $\phi_{f1}$ が求められる．

### d. 蛍光の消光

試料溶液中に特定の物質が共存すると，その量に応じて蛍光強度が低下することがある．この作用をもつ物質を消光物質と呼び，その濃度を $[Q]$ とすると測定された蛍光濃度は次式で表される．

$$\frac{F_0}{F} = 1 + a[Q] \tag{4.9}$$

消光物質が共存しないときの蛍光強度を $F_0$，$a$ は比例定数である．消光物質を用いて，横軸に消光物質濃度 $[Q]$ を，縦軸に $(F_0/F)-1$ をプロットした検量線を作製すれば，消光物質の濃度を求めることができ，この方法を消光分析と呼ぶ．

蛍光消光現象は，蛍光分析の信頼性や再現性の低下の原因になることもある．よい測定のためには考慮すべきことであり，次のような原因がある．

① 濃度消光：濃度が高くなると励起種と未励起種の衝突の確率が高くなり，動的消光しやすくなる．

② 常磁性イオンによる消光：特に 3 d 軌道が電子で満たされていない Fe (III), Ni (II), Cr (III), Cu (II), Co (II) はしばしば蛍光性分子に対して大きな消光性を示す．これは可視部吸収帯の生成による光吸収で蛍光性分子のエネルギーを熱に変換し，系間交差の速度が増すなどの効果のためである．

③ 酸素分子による消光：ナフタレン，アントラセンなどの多環芳香族炭化水素をはじめ，多くの蛍光性物質は酸素により消光する．酸素分子が基底状態で常磁性三重項状態をとり，励起分子とエンカウンター錯体をつくるためとされている．蛍光分析を行う場合酸素による失活には注意をはらう必要があり，酸素を除くために窒素ガスの通気や真空抜気法が用いられる．

④ 温度消光：温度が高くなると分子間の衝突頻度が増加したり，内部転換，系間交差が起こりやすくなり，蛍光強度が減少する．温度による影響が大きい試料については温度制御下での測定を行う．

### e. 測定装置
#### 1) 蛍光分光光度計

図 4.13 に蛍光分光光度計装置の基本構造の概略を示す．装置は，キセノンランプなどの励起用光源部，励起光用モノクロメーター，蛍光用モノクロメーター，試料室，光電子増倍管を用いた光検出部，記録計やメー

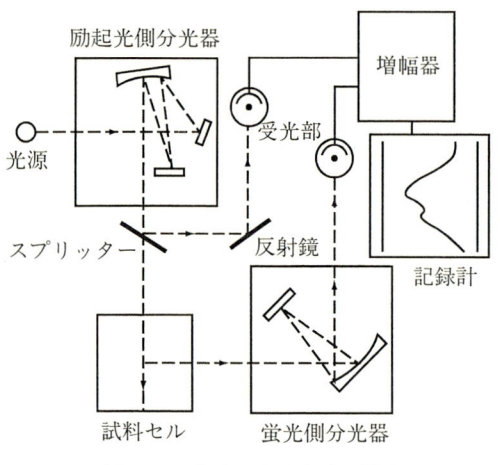

**図4.13** 蛍光分光光度計の構成

ターからなる．入射励起光と直角の方向で蛍光強度を測定し，モノクロメーター用のスリットは励起光側を広く，蛍光側を狭くするのが一般的である．

蛍光スペクトル用の標準的なセルとしては，4面とも透明な角形無蛍光石英セルが使用される．吸光光度計と比べて蛍光光度法は感度が高く，セルの汚れが些少であっても測定に大きな影響を与えるので，セルの洗浄や保存には注意が必要であり，超音波洗浄したり，メタノール中につけ込んで保存する．

### 2）溶媒と試薬

吸光光度分析法では参照セルを採用することでより不純物の影響を抑制できるが，蛍光光度法では参照セルがないので溶媒中の不純物の影響を受けやすい．このため高純度な溶媒や試薬を用いることが必要で，蛍光測定用の蒸留水や有機溶媒が各種市販されていて入手できる．必要に応じて蒸留などで精製したり脱酸素操作を行う．試薬類についても同様で，再結晶などをして試薬中の蛍光消光物質や発蛍光物質などの不純物を除去する．

### 3）溶液の調製

吸光光度法と比較して高感度であるので，蛍光分析では溶液中の試薬濃度が薄い．このため，周囲の環境からの影響を受けやすく，寿命も短いことが多い．したがって，溶液調製後は速やかに測定する．また試料の濃度が高すぎると，検量線は直線とならず，誤差の原因となる．図4.14に見られるように，極端な場合，中心部まで十分な励起光が達せず，セルの入口付近でのみ励起光の吸収と蛍光の放出が起こり，検出器は蛍光を取り込むことができない．

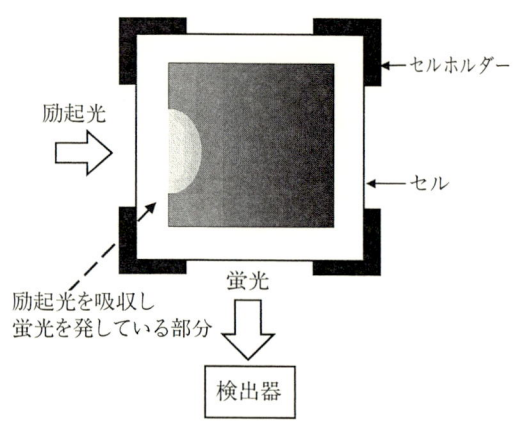

**図4.14** セル内での高濃度溶液の光吸収と蛍光

### 4）測　定

定量を目的とする場合は，励起スペクトルと蛍光スペクトルとも見かけのスペクトルでよい．しかし，信頼できる励起スペクトル，蛍光スペクトルを得るには光源と光検出部の光電子増倍管は検討しておく必要がある．多くは光源にキセノンランプが用いられているが，すべての波長で同一の強度で発光しているわけでなく，特に470 nm付近に強い発光がある．これら影響を除くため，分光後の光の一部を取り出し強度測定し，数値を割算回路に送り，励起光の波長依存性を除いている．また光電子増倍管の感度も波長依存性があり，感度特性曲線で示される．400〜600 nmではおおむね一定の感度であるが，これら両端のあたりでは低下している．したがって，装置の取扱い説明書に載っている分光感度特性曲線で補正するか，適当な標準溶液を

用いて既知のスペクトルと比べて補正値を波長ごとに求めておく．励起波長および蛍光波長が不明な試料の測定では測定波長領域を当初に決めなければならない．吸収スペクトルは励起スペクトルとは同じものだから，あらかじめ分光光度計で吸収スペクトルを得て試料濃度範囲と励起波長を推定しておくことが可能である．一般的には，適当な蛍光検出波長を選び，励起波長をスキャンして励起スペクトルを測定する．次に，得られた最大蛍光強度を与える波長に励起光を固定し，蛍光波長をスキャンして蛍光スペクトルを得る．ついで最大蛍光波長に固定して，励起スペクトルをスキャンし励起スペクトルを得る．定量を行う際は，この蛍光波長およびこの励起波長を用いる．通常，蛍光スペクトルの横軸は波長（nm）であるが，縦軸の蛍光強度は任意目盛りで，装置や溶液系に依存する．したがって縦軸は相対発光強度であり，対数目盛であることはほとんどない．

得られたスペクトルの信頼性を確認することが望ましい．目的成分の蛍光スペクトル以外に不純物に起因する蛍光が含まれていないことを，目的物質を含まない試薬ブランク溶液を用いて確認する．また溶媒だけで測定することで，溶媒が原因であるかを確認する．励起光の散乱光（迷光）が原因となる場合は励起光と同一波長をもつので判断できる．ラマン光が原因と疑われる場合は，ラマン光の波長が励起光より少し長波長であるので判断できるが，さらに励起波長を少しずらして蛍光スペクトルの測定を行い，比較する．図4.15に示すように，励起波長の変化に対応してラマン光や散乱光はシフトするが，試料に固有な蛍光スペクトルは不動であり，励起波長を少し変えた場合は蛍光強度は変化するが最大蛍光波長は動かない．

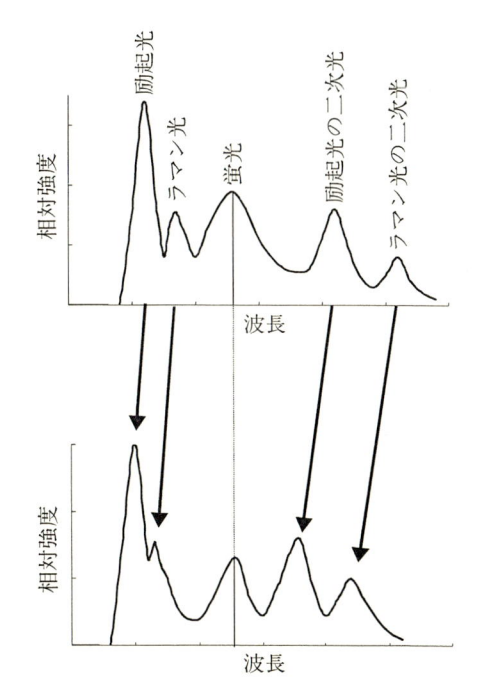

図4.15 励起光の波長変化に起因する蛍光とラマン光の変化（上図から下図の状態へエネルギー移動に伴う極大波長のシフト）

## 4.3 リン光分析法

リン光分析法とは，試料から放射されたリン光強度を測定して目的成分を定量する方法である．リン光は多重度が異なる状態間の遷移によって起こる発光であり，通常は有機化合物の基底状態は一重項であるから蛍光は励起一重項状態から基底状態への遷移によるものであり，一方リン光は最低励起三重項状態（第一励起三重項）から基底一重項状態へ遷移によるものである．図4.10および4.11に示すように，基底状態から励起一重項状態へ遷移した電子の一部は項間交差遷移により励起三重項状態に移るからである．

### a. 原 理

リン光分析の原理は蛍光分析と基本的に同じであり，方法やセル室に専用の装置が取り付けできれば蛍光光度計も利用できる．強度$I_0$の入射光が濃度$C$ mol dm$^{-3}$の溶液を含む

厚さ $L$ cm のセルを通過するとき $I_a$ の光が吸収され，透過光の強度 $I_t$ となる．蛍光の量子収率 $\phi_f$ の代わりにリン光の量子収率 $\phi_p$ を用いると，放射されるリン光は吸収した励起光の強さ $I_a$ と量子収率 $\phi_p$ に比例する．リン光の強度 $P$ は

$$P = I_a \phi_p = I_0 \left(1 - \frac{I_t}{I_0}\right) \phi_p \quad (4.10)$$

また $I_t/I_0$ は，$C$ あるいは $L$ が増すと指数関数的に減少する．

$$P = I_0(1 - 10^{-\varepsilon CL}) \phi_p \quad (4.11)$$

ここで $\varepsilon CL$ が小さい（0.01以下）とき，次式が得られる．

$$P = 2.303 \, I_0 \phi_p \varepsilon CL \quad (4.12)$$

したがって，蛍光分析と同様に低濃度領域ではリン光の強度は試料濃度に比例する．

### b. 測定方法

励起三重項状態は励起一重項状態よりも低いエネルギー準位にあるので，リン光波長は蛍光波長より小さいエネルギーをもつことになり，つまり長くなる（図4.10）．またリン光は，一重項状態から異なる励起三重項からの禁制遷移であるため，蛍光に比較して寿命が著しく長い．励起のための入射光を停止後，リン光は数ミリ秒から数秒程度持続する．蛍光とリン光を総称して発光現象とも呼ばれるが，蛍光の寿命と比べてリン光は寿命が長いため，溶媒分子などとの衝突により失活しやすい．したがって溶媒に必要とされる性質は，試料に対する溶解度が十分であり，試料を励起する際に発光しないこと，試料分子と相互作用しないことなどである．溶媒に溶かした後，冷却凍結してリン光を測定するが，シクロヘキサン，ベンゼンなどの無極性の結晶溶媒中で微細構造に富むスペクトルを与えることがある．

リン光測定の装置は原理的には蛍光と同じであるが，液体窒素温度の低温で測定するため石英窓つきジュワービンの中にセルとして石英製の細管（内径5mm）あるいはキャピラリー（内径1mm）を入れ，リン光を測定する．蛍光とリン光は測定される波長範囲が重なることが多く，お互いの測定を妨害する．しかしリン光と蛍光の寿命にはかなりの差があり，この差を利用して時間的に寿命の短い蛍光，励起光および散乱光から寿命の長いリン光だけを取り出す．図4.16にリン光を取り出す装置，ホスホロスコープの一例を示す．Kasha型ホスホロスコープは窓を開けたシリンダー状の回転円筒であり，中に試料を入れたセルが入る．励起側が開のときは検出側が閉になり，寿命の短い蛍光や励起光はカットされる．逆に励起側が閉のときは検出側が開になり，寿命の長いリン光が検出される．これ以外にも多種多様なリン光計測用セルが考案されており，ベックレル型では入射光を遮るセクターがモーターで回転し，回転数を制御することで幅広いリン光寿命に対応している．

一般にリン光測定を室温で行うと，測定分子と溶媒分子との衝突が起こり，リン光強度の減少が起こる．この熱的失活過程を抑制するため試料を極低温にして測定するが，試料の溶解度が低下すること，装置内のセル室に

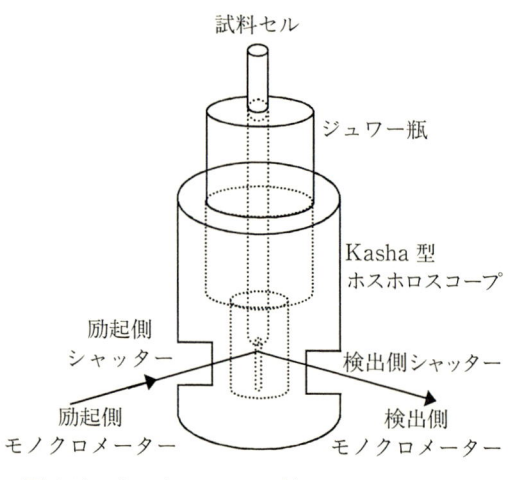

**図4.16** ホスホロスコープを用いたリン光測定

低温制御部が必要などの問題点があった．最近では，測定分子を液層でなく，固相表面に吸着させるなど熱的失活過程を避けて測定する室温リン光測定法が発達してきた．試料を界面活性剤ミセルに取り込ませたり，デキストリンなどに包接させたり，シリカゲルなどに吸着させたり，あるいはフィルター上に固着させるなどにより，種々の芳香族有機化合物などの測定に適用されている．

## 4.4 フローインジェクション分析

### a. フローインジェクション分析の原理

分析化学実験では溶液反応をビーカー，メスフラスコ，ピペット，ビュレットなどを用いて行っているが，現場分析では機器分析が中心となっている．特に技術が要求される手分析は敬遠される傾向にある．その一方，on-line あるいは on-site 分析が可能な分析法の開発が進み，日常的に利用されている．

フローインジェクション分析法（FIA）は"連続した流れの中で反応・検出を行うこと"を基本概念とし 1975 年に提案され，FIA を用いるさまざまな手法が実用化されている．FIA の原理は"内径 0.25～0.5 mm のテフロンチューブに 0.5～1 m$l$ min$^{-1}$ の流速で試薬を定量ポンプで送液し，その流れに 20～200 $\mu l$ の試料を注入し移動に伴う拡散により化学反応を進行させ，その反応生成物をオンラインで検出する"ことが基本になる．図 4.17 に最も単純な一流路検出システムを示す．装置は送液ポンプ，サンプルインジェクター，反応コイル，検出器，記録計から構成される．送液ポンプは，低圧・定流量・無脈流のものが好ましい．連続送液できるペリスタポンプやプランジャーポンプが一般的である．

サンプルインジェクターは，六方バルブがよく利用される．このバルブには，サンプルループが装着でき，試料注入量を制限できる．内径 0.5 mm のチューブの場合，50 cm のループにすれば約 100 $\mu l$ を注入することになる．サンプルが注入されてからの反応場・反応時間は反応コイルの長さで決まる．反応速度の速い反応系では，反応コイルは 10 cm でも十分である．反応に時間を要する系では 7～10 m のコイルを用いることもある．反応後，反応生成物は検出器に導入されるが，検出器は分光光度計，蛍光光度計，原子吸光光度計，化学発光検出器，原子発光検出器，電気化学検出器など，化学反応系の特徴を生かした選択的な検出器を用いる．成分量は記録計のピーク高さを測定することが多い．

FIA の装置構成には，他の機器分析法にはみられない特徴がある．溶液の送液，試料注入量，注入後の反応場・時間，検出までの時間，これらが物理的に厳格に制御されている．したがって，同一条件下で反応生成物が生成・検出されることになる．すなわち，再現性のよい結果を得ることができる．FIA による再現性は，多くの場合相対標準偏差（RSD）は 1% 以下で，反応系によっては 0.2% が得られる．

多くの手分析による化学反応は，図 4.18 の定常状態（化学平衡）に達したとき測定す

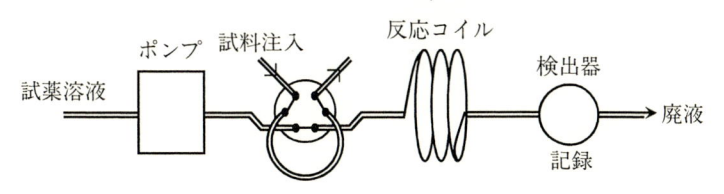

**図 4.17** フローインジェクション分析のための基本構図

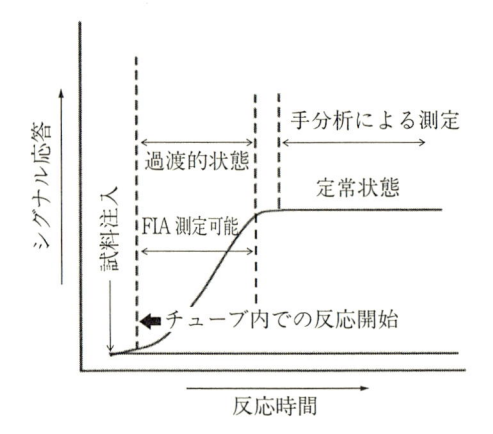

**図 4.18** 手分析法と FIA 法における検出時間とシグナル応答

る．反応時間，試薬量は余裕をもった条件に設定される．しかし，FIA は反応物を生成するための反応条件が物理的に制御されているため，反応が終結する前，すなわち反応の過渡的状態で検出しても再現性のある結果が得られる．このことは，反応が完結しない状態での測定が可能であることを意味する．したがって，一つの結果を得る分析速度は速くなり，1 時間あたり 100 の試料が連続的に分析できることもある．

また，試薬は一般的には 0.5～1.0 ml min$^{-1}$ で送液される．たとえば，0.8 ml min$^{-1}$ で送液すると，1 時間連続測定しても 48 ml しか溶液を排出しない．これは，50 ml メスフラスコ 1 本分で，1 時間あたり 20 試料を測定できるとすれば 1 試料に 2.4 ml の消費となり，手分析よりはるかにむだなく測定できる．流路は用いる反応系で異なるが，できるだけ単純な構成にすることが好ましい．

**b. 反応システムの構成**

流路は，試料の検出条件により一流路から多流路で構成される．

① 一流路の例：アクリノール（図 4.19）は pH 4 で強い蛍光を発する（図 4.20）．励起波長（excitation：$E_x$）は 366 nm，蛍光波長（emission：$E_m$）は 496 nm に存在する．キャリヤー（pH 4 の緩衝液）にアクリノール溶液 100 $\mu l$ を注入すると，反応コイル（内径 0.5 mm，長さ 1 m）内で混合され，蛍光検出器へ導入され蛍光強度が測定される．1～10×10$^{-9}$ mol l$^{-1}$ の範囲で検量線が作成できる．検出システムを図 4.21 に示す．R.S.D（$n=10$）は 0.5％である．

② 二流路の例：5-Br-PSAA（図 4.22）は pH 3.2 でパラジウムと錯形成する．そのモル吸光係数は，波長 612 nm で 9.84×10$^4$ l mol$^{-1}$ cm$^{-1}$ と大きく，合金中の Pd の分析に適用できる．図 4.23 にフローダイアグラムを示す．キャリヤーとして 0.1 mol l$^{-1}$ 塩酸を，試薬として pH 3.8 の緩衝液に溶解した 5-Br-PSAA を 0.85 ml min$^{-1}$ で送液する．

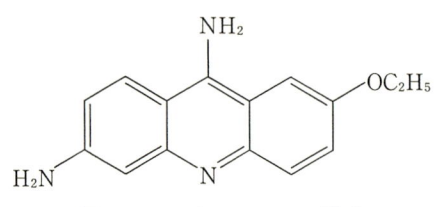

**図 4.19** アクリノールの構造

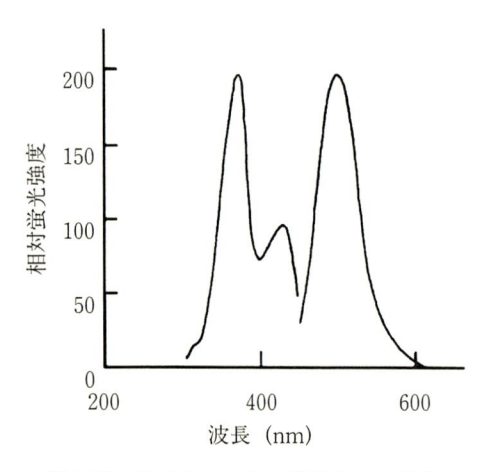

**図 4.20** アクリノールの励起光スペクトル（アクリノール 2×10$^{-7}$ mol l$^{-1}$, pH 4.0, $E_x$ 366 nm, $E_m$ 496 nm）

## 4. 化学反応を利用した分析法

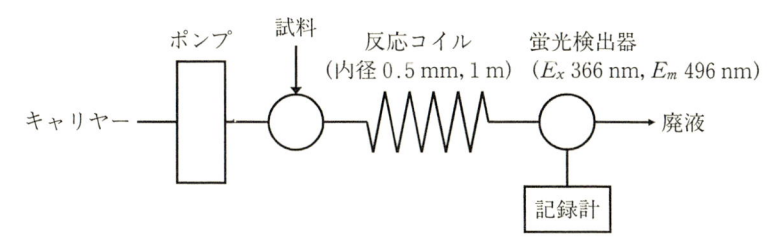

**図 4.21** アクリノール分析のフローシステム
キャリヤー (pH 4 の緩衝液)；ポンプ流量 $1.3\,\mathrm{m}l\,\mathrm{min}^{-1}$；試料注入量 $100\,\mu l$ (pH 4)

**図 4.22** 5-ブロモ-2-ピリジルアゾ-5-プロピルスルホプロピルアミノアニリン (5-Br-PSAA) の構造

示す．再現性のよい結果が得られる．

③ 四流路の例：システインによる鉄(III)の還元反応は 1, 10-フェナントロリン (phen) 存在下で進行するが，そ

キャリヤーに注入された試料は 2 m（内径 0.5 mm）の反応コイル中で錯生成する．検量線は $10\sim100\,\mu\mathrm{g}\,l^{-1}$ の範囲でよい直線性が得られ，R.S.D ($n=10$) は $100\,\mu\mathrm{g}\,l^{-1}$ Pd に対し 0.6% であった．反応コイルは 2 m と短く，1 時間あたりの分析数は 50 で分析速度は速い．5-Br-PSAA は pH 4.5 以上で鉄，ニッケル，コバルトなどの遷移金属と錯生成するが，pH 3.2 付近で錯生成する金属は少なく，この pH を選択することで他金属からの妨害を防ぐことができる．Pd の検量線（フローシグナル）を図 4.24 に

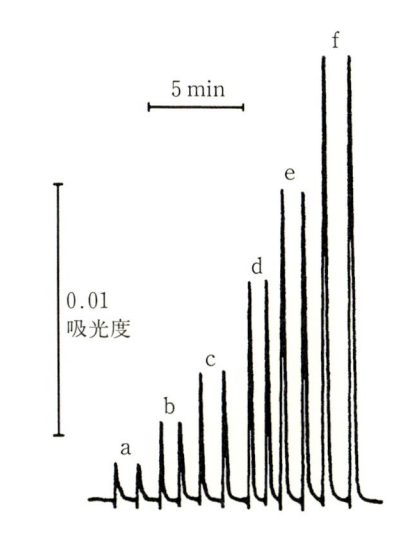

**図 4.24** パラジウムのフローシグナル
注入したパラジウムの濃度：(a) 10, (b) 20, (c) 30, (d) 50, (e) 70, (f) $100\,\mu\mathrm{g}\,l^{-1}$

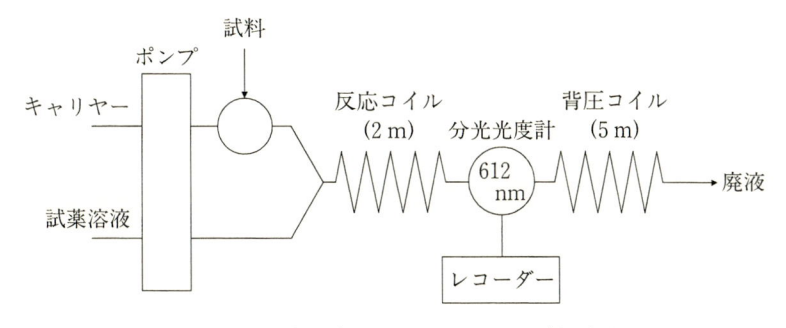

**図 4.23** 二流路検出系（パラジウム分析の例）
ポンプ流量 $0.85\,\mathrm{m}l\,\mathrm{min}^{-1}$；試料注入量 $100\,\mu l$；キャリヤー $0.1\,\mathrm{mol}\,l^{-1}$ HCl；試薬，$1.5\times10^{-4}\,\mathrm{mol}\,l^{-1}$ 5-Br-PSAA (pH 3.7)，背圧コイル（内径 0.25 mm）

の速度は遅い．しかし，この反応系に銅（II）が共存すると，還元反応は速やかに進行し生成された鉄（II）はphenと錯体を形成する．この錯生成は銅（II）の濃度に比例することから銅の微量分析に応用できる．この指示反応を図4.25に示す．

システインは，銅（II）により酸化されシスチンを生成し，銅（II）は銅（I）に還元される（式(2)）．銅（I）は鉄（III）により酸化され再び銅（II）を生成する（式(3)）．還元された鉄（II）はphenと赤色錯体（$[Fe(phen)_3]^{2+}$, $\lambda_{max}=510$ nm）を形成する（式(4)）．その鉄（II）の発色強度は銅（II）濃度に比例するので銅（II）の定量に応用する

ことができる．この反応は，サイクリックに起こるので，化学量論的な反応より感度が約1000倍増大し，$0.1\sim10$ $\mu$g $l^{-1}$ Cu（II）の定量が可能となる．この反応システムをFIAに導入すると図4.26の構成となる．

キャリヤーには$1\times10^{-2}$ mol $l^{-1}$硝酸，試薬1はpH 4.8に調製した$1\times10^{-3}$ mol $l^{-1}$システイン，試薬2は$2\times10^{-3}$ mol $l^{-1}$鉄（III），試薬3は$4\times10^{-3}$ mol $l^{-1}$ phenをそれぞれ1 m$l$ min$^{-1}$で送液する．六方インジェクションバルブで試料を200 $\mu l$注入する．この反応は速いので，反応コイルはそれぞれ0.1 m, 3 m, 0.2 mと短い．検出は510 nmで行う．この接触反応は，鉄（III）およびphenの濃度，反応時間などの影響を受けやすく手分析法では反応の制御が困難であるが，FIAに導入することで実験条件を精度よく制御できる．1 $\mu$g $l^{-1}$の銅（II）をR.S.D 1％で定量することができる．銅（II）に対する$S/N=3$での検出限界は0.04 ng m$l^{-1}$と高感度である．

$$\begin{array}{c}\text{cysteine} \searrow \text{Cu(II)} \searrow \text{Fe(II)} \xrightarrow{\text{phen}} \text{Fe(II)-phen} \\ \text{cystine} \nearrow \text{Cu(I)} \nearrow \text{Fe(III)}\end{array} \quad (1)$$

$$2\text{cysteine} + 2\text{Cu(II)} \longrightarrow \text{cystine} + 2\text{Cu(I)} \quad (2)$$

$$\text{Cu(I)} + \text{Fe(III)} \longrightarrow \text{Cu(II)} + \text{Fe(II)} \quad (3)$$

$$\text{Fe(II)} + \text{phen} \longrightarrow \text{Fe(II)-phen} \quad (4)$$

**図4.25** Cu(II)を触媒とするシステインの酸化反応およびFe(III)の還元

### c. カラムを組み込んだフローシステム

FIAは，高速液体クロマトグラフィー（HPLC）と異なり，流れシステム中での分離

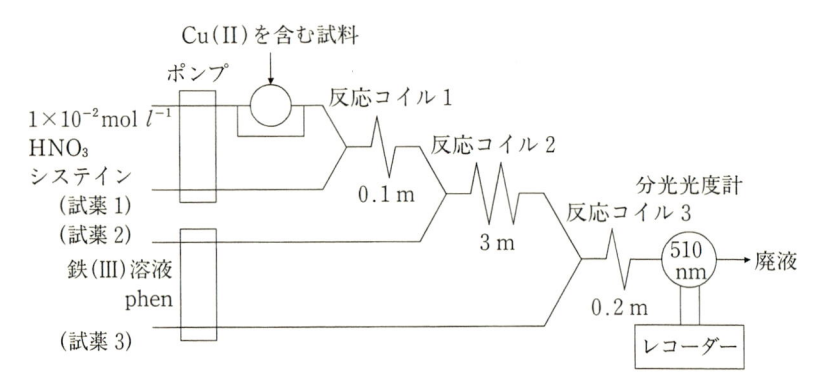

**図4.26** 四流路系（微量銅分析のフローシステム）
システイン$1\times10^{-3}$mol $l^{-1}$＋酢酸塩緩衝液（0.1 mol $l^{-1}$, pH 4.8）；鉄(III)$2\times10^{-3}$mol $l^{-1}$；phen $4\times10^{-3}$mol $l^{-1}$；試料注入量 200 $\mu l$

機能をもたない．しかし，FIA 流路中にカラムを組み入れ，酸化還元，イオン交換，沈殿熟成，濃縮，反応促進の機能をもたらすことができる．たとえば硝酸イオンを測定するとき，Cd/Cu 還元カラムに硝酸イオンを含む試料を注入すると，硝酸イオンは亜硝酸イオンに還元され，スルファニルアミドと N-1-ナフチルエチレンジアミン共存下でジアゾ化-カップリングして発色するので，その吸光度を 540 nm で測定し，間接的に硝酸イオンの濃度を求めることができる．

図 4.27 に，硫酸イオンを測定する化学反応を，図 4.28 には測定システムを示す．

硫酸イオンは，バリウムイオンと溶解度の小さい沈殿 $BaSO_4$ を生成する．そこで，試薬としてジメチルスルホナゾIII-$Ba^{2+}$ 錯体，キャリヤーには蒸留水を送液する．硫酸イオンを含む試料が注入されると $BaSO_4$ の沈殿が生成し，キレート試薬ジメチルスルホナゾIII が遊離され，吸光度（$\lambda = 662$ nm）は減少する．この減少率が硫酸イオン濃度に比例することにより濃度測定ができる．流路には陽イオン交換カラムとガラスビーズを充填した二つのカラムを組み込む．前者は試料中の $Mg^{2+}$，$Ca^{2+}$ などを取り除くため，後者は $BaSO_4$ の沈殿熟成用である．

最近，検出器として電気加熱炉原子吸光法（GFAAS）や誘導結合プラズマ原子発光分析法（ICP-AES）を用い海水中の鉛，ウラン，純水中の不純物金属を定量する方法が開発されているが，これらの試料に含まれる金属は微量である．そこでキレックスやキトサンなどのキレート樹脂を充填したカラムを組み込み，試料を 100～1000 倍濃縮する方法が開発されている．この濃縮法により数十 ng $l^{-1}$ レベルの金属イオンの定量が可能である．

### d. 溶媒抽出/FIA 法

溶媒抽出は，手分析法では目的物質の抽出，濃縮，不純物・妨害物質の除去を目的に

**図 4.27** DMS III-Ba 錯体と $SO_4^{2-}$ との反応

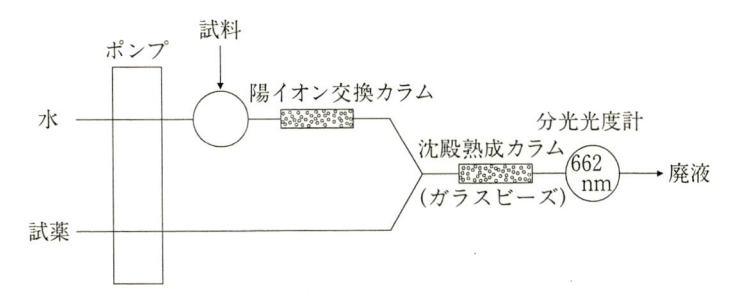

**図 4.28** 硫酸イオンの検出システム
試薬 DMS III-Ba キレート試薬；ポンプ流量 1.5 m$l$ min$^{-1}$；試料注入量 100 $\mu l$

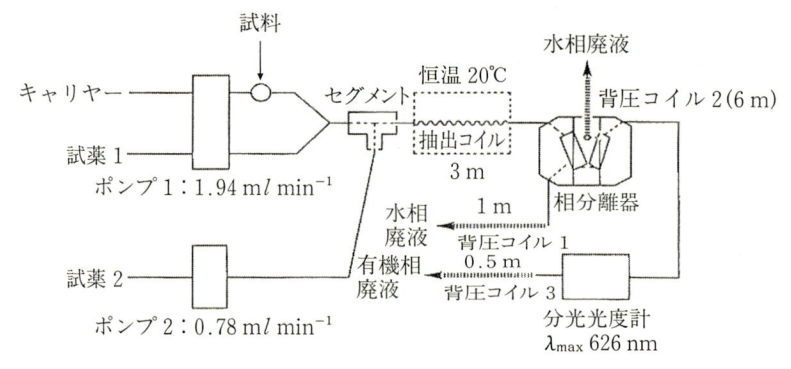

**図 4.29** 陰イオン界面活性剤分析のフローシステム
キャリヤー蒸留水；試薬1マラカイトグリーン（$1\times10^{-5}$ mol $l^{-1}$，pH 5）；
試薬2（トルエン＋MIBK）＝（1＋1）；試料注入量 200 $\mu l$

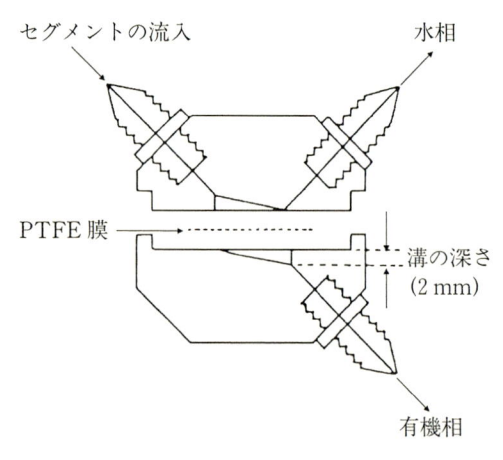

**図 4.30** 相分離器
PTFE膜（孔径 0.8 $\mu$m，細孔率 60%）

よく用いられる手法である．特に，濃縮を目的とする利用は高感度分析には不可欠とされてきた．しかし，最近は揮発性あるいはハロゲン含有有機溶媒の手分析法での使用は室内環境汚染，実験者保護の観点から敬遠され，固相抽出法へ転換されている．しかし，無色の陰イオン界面活性剤や陽イオン界面活性剤を高感度定量するには，モル吸光係数の大きな対イオン染料を用いる溶媒抽出法は有用である．FIAは閉鎖系なので，使用する有機溶媒は揮散することはなく，また使用される有機溶媒量は手分析法と比べるときわめて少ない．陰イオン界面活性剤の分析システムを図4.29に示す．このシステムでは1時間あたり20の試料が分析できる．

手分析法では，1回の抽出操作に10 m$l$のクロロホルムを使用するが，上記のFIAでは20回測定しても46 m$l$しか使用しない．したがって，総廃液量は1/4に削減できるメリットがある．相分離器（セパレーター）は有機相の回収に影響を与えることからいろいろな構造が提案されているが，最もポピュラーなものは疎水性のPTFE膜をはさむもの（図4.30）である．

抽出コイル内では，有機相と水相の分節（セグメント）が形成され，目的物が有機相に抽出される．両相がセパレーターに導入されるが，有機相は疎水性PTFE膜を通過し検出器に導かれ，イオン会合体の吸光度が測定される．水相と少量の有機溶媒は，PTFE膜に弾かれ排出される．できるだけ多くの有機相を検出器に導入できるよう，ニードルバルブや背圧コイルを用いて調節する．しかし，内部圧の変化で水相が膜を透過することもあるので有機相の回収率にこだわることはない．

### e. 多成分同時分析システム

FIAは迅速性・再現性・繰り返し精度・試薬の低消費・高感度などに優れた手法であるが，分離機能をもたないため，多成分同時

## 4. 化学反応を利用した分析法

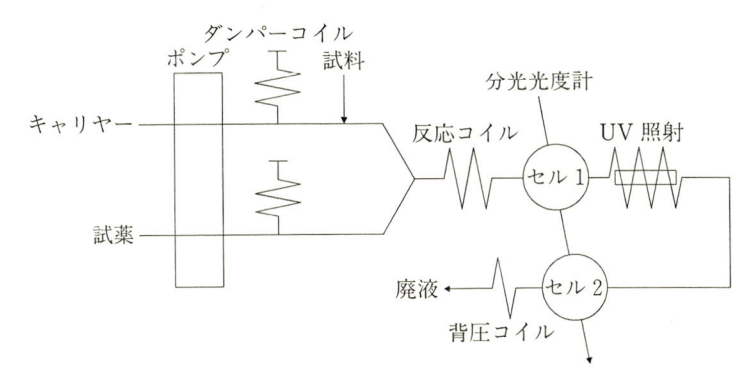

**図 4.31** 二つのフローセルを用いる鉄の定量システム
キャリヤー（$0.1\,mol\,l^{-1} H_2SO_4$）；試薬（0.2%タイロン溶液，pH 4.5）

分析ができない．しかし，酸化還元反応や反応速度差を利用すれば2成分あるいは3成分を同時分析することは可能である．鉄(III)および総鉄の分析システムを図 4.31 に示す．

キャリヤーには $0.1\,mol\,l^{-1}$ 硫酸を用い，試薬として pH 4.2 の緩衝液で調整した 0.2%タイロンを送液する．試料が注入されると，鉄(III)がタイロンと錯生成するのでその吸光度（$\lambda = 480\,nm$）を測定する．測定後の溶液に紫外線を照射すると，鉄(II)が酸化され鉄(III)となり，タイロン錯体が再び形成される．その吸光度を再度測定する．したがって，最初は鉄(III)を，続いて総鉄が検出できる．

一方，鉄と銅を同時に一つの検出器で分析するため，直列型フローセルが開発された．その構造を図 4.32 に示す．先にあげた 5-Br-PSAA は銅(II)と赤色錯体を形成し，$\lambda = 578\,nm$ に吸収ピークを示す．鉄(II)も同様に，$\lambda = 558\,nm$ に吸収ピークをもつ錯体を形成する．しかし，5-Br-PSAAは銅(I)，鉄(III)とは錯生成しない．この原理を応用して銅と鉄の同時分析システムを組み立てる（図 4.33）．

キャリヤー（CS）は，酸化剤 $NaIO_4$ を含む $1\times10^{-2}\,mol\,l^{-1}$ 塩酸溶液，試薬（RS）は pH 4.5 に調製された 5-Br-PSAA 溶液，AS はアスコルビン酸溶液で CS, RS は $0.45\,ml$

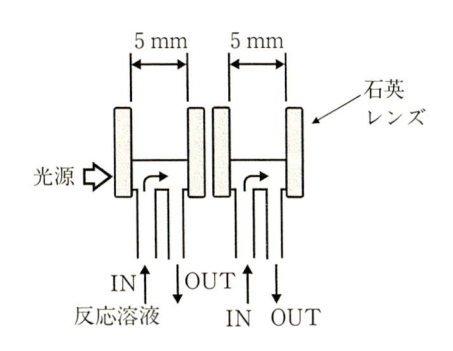

**図 4.32** 検出用直列型フローセル内の溶液の流れ図

$min^{-1}$, AS は $0.2\,ml\,min^{-1}$ で送液する．5-Br-PSAA-Cu(II) 錯体は 0.2 m のコイル中で反応し，吸光度がセル1（$\lambda=558\,nm$）で測定される．セル1を出た溶液に AS が加えられると，5-Br-PSAA-Fe(II) が形成される．Cu(II) は Cu(I) に還元され，赤色の銅錯体は消失するため 5-Br-PSAA-Fe(II) のみが測定される．直列型フローセルの光路はシングルビーム検出なので，ピークシグナルは図 4.34 のようになる．

FIA は約 $1\,ml\,min^{-1}$ の流れの中で時間を制御して溶液反応・検出を行う方法である．用いる化学反応に応じて流路設計を行い，便利な検出システムを組み立てる．検出には，吸光光度計や蛍光光度計がよく用いられる．FIA は省試薬・省溶媒のシステムであり，分析精度は高く多検体分析に適している．ま

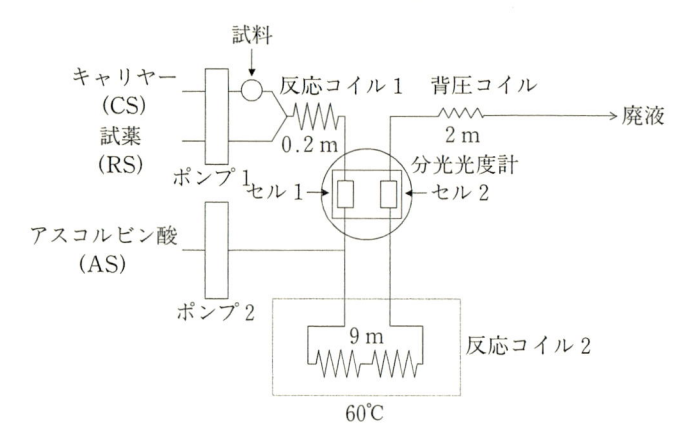

**図4.33** Cu と Fe の同時定量のフローシステム
キャリヤー $1\times10^{-2}$ mol $l^{-1}$ HCL ($1\times10^{-4}$ mol $l^{-1}$ NaIO$_4$ 含有)；試薬 5-Br-PSAA ($1\times10^{-4}$ mol $l^{-1}$, pH 4.5)；アスコルビン酸 $2\times10^{-2}$ mol $l^{-1}$；ポンプ1流量 0.45 m$l$ min$^{-1}$；ポンプ2流量 0.2 m$l$ min$^{-1}$；試料注入量 200 $\mu l$

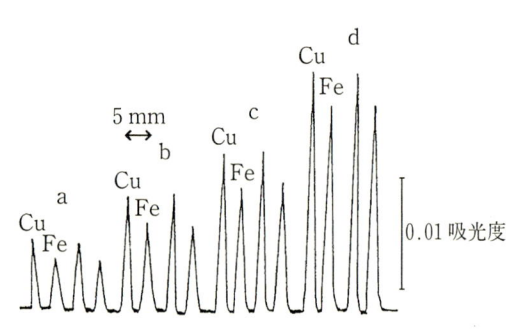

**図4.34** 直列型フローセルによる Cu と Fe の検量線
試料 (a)30, (b)50, (c)70, (d)100 $\mu$g $l^{-1}$；試料注入量 200 $\mu l$（1回の注入により Cu と Fe の二つのピークが出現）

た，濃縮・分離などの前処理にも利用され，応用範囲は広い．

### 参考文献

1) 神谷 功著：化学発光，講談社，1972
2) 今井一洋編：生物発光と化学発光，廣川書店，1989
3) 辻 章夫，菅野剛史編：化学発光イムノアッセイ，ライフサイエンス社，1992
4) A.K.Campbell : Chemiluminescence: Principles and Application in Biology and Medicine, Ellis Horwood Ltd., Chichester (England), 1988
5) A.M. Garcia-Campana, W.R.G. Baeyens, Ed. : Chemiluminescence in Analytical Chemistry, Marcel Dekker, Inc., New York, 2001
6) 渡辺光夫：ケイ光分析，廣川書店，1970
7) R.S.Becher 著，神田慶也訳：けい光とりん光，東京化学同人，1971
8) 田村善蔵，太幡利一，保田和雄編：けい光分析，講談社，1974
9) 徳丸克己編：けい光現象，共立出版，1975
10) 田村善蔵，石橋信彦，大倉洋輔，谷村武徳，辻 章夫編：LC けい光分析，講談社，1978
11) 木下一彦，御橋廣眞編：蛍光測定，学会出版センター，1983
12) 西川泰治，平木敬三：蛍光・りん光分析法，共立出版，1984
13) 井口洋夫他編：第4版 実験化学講座第7巻 分光II，1992
14) J.Ruzicka, E.H.Hansen : Flow Injection Analysis, 2 nd Ed., Wiley, 1988
15) 本水昌二，酒井忠雄編：FIA 技術論文集，FIA 研究懇談会，2000

# 5 電子移動，イオン移動を伴う分析法

この章では電子移動，イオン移動を伴う分析法と題して，電気化学的測定法を利用する機器分析について解説する．電気化学測定法は，小型の機器を使用して容易に精度よく分析できるので，環境，プロセス制御，材料，医療，食品などのさまざまな分野で幅広く使用されている．電気化学測定法は大別すると，電流を計測する方法（アンペロメトリー）と電位を計測する方法（ポテンシオメトリー）に分けられるが，前者については5.1で，後者については5.2でそれぞれ解説する．

## 5.1 電気化学，ボルタンメトリー

### a. 電流-電位曲線の測定

電流-電位曲線の測定に基づく物質の定性，定量法は20世紀の初めポーラログラフィーという名称で世に現れた．ポーラログラフィーを発明したチェコのヘイロフスキーが1959年のノーベル化学賞を受賞したことからもわかるように，この方法は非常に高く評価され，溶液中の微量金属イオンや有機化合物の分析に広く用いられてきた．しかし，水銀電極を用いるいわゆるポーラログラフィーは，有害な水銀を使用することや使用可能な電位範囲が狭いことから，現在ではほとんど行われていない．現在では，金属や炭素などの固体電極を使用したいわゆるボルタンメトリーがおもに用いられているので，この節でもボルタンメトリーをおもに取り上げて解説する．なお，ポーラログラフィーとボルタンメトリーは別の分析法ではなく，電流-電位曲線を測定する手法としては同じものであり，両者をともにボルタンメトリーと呼んでも差し支えはないが，歴史的経緯から滴下水銀電極（後述）を用いる分析法を通常ポーラログラフィーと称する．

### b. 電極反応速度論

#### 1) 電流は反応速度である

ここでは，電流を測定する分析法を理解するための基礎知識として，電極反応の速度論について学んでみよう．電極反応の平衡論については，次節でも解説する．

酸化された化学物質（酸化体）をO，あるいは還元された化学物質（還元体）をRと表し，次のような単純な反応を考える．

$$O + ne \longrightarrow R \quad (5.1)$$

流れた電気量を$Q$，電解によって消費したO（あるいは生成したR）の物質量を$N$とすると，ファラデーの法則から，

$$Q = nFN \quad (5.2)$$

となる．ここで，$F$はファラデー定数で，電子の素電荷とアボガドロ数の積で表され（つまり電子1モルのもつ電荷），96485 C mol$^{-1}$の値をもつ．電流$I$は電極反応速度を$v$，電極表面積を$A$とすると，次式で表される．

$$I = dQ/dt = nFdN/dt = nFAv \quad (5.3)$$

つまり，電流は電極反応速度を表す．このように，反応速度が電流計で直読できる，ある

いは定電流電解のように反応速度を外部から容易に制御できる点が電極反応の大きな特徴である.

いま,右向きの反応速度を $v_f$(速度定数 $k_f$),左向きを $v_b$(速度定数 $k_b$)とし,OとRの表面濃度をそれぞれ $C_o$, $C_r$ とすると,通常の反応と同様に次式が成立する.

$$I_f = nFAk_fC_o \tag{5.4}$$
$$I_b = nFAk_bC_r \tag{5.5}$$

$I_f$ および $I_b$ はそれぞれ正方向および逆方向の電流であり,正味の電流はこれらの差になる.電流は正,逆いずれかの方向をプラスにして符号をつけて表すが,〜の記号は絶対値の大きい方から小さい方を差し引くという意味で用いている.

$$I = I_f \sim I_b \tag{5.6}$$

速度定数 $k_f$, $k_b$ は均一相反応の場合と異なり,「長さ/時間」の次元をもつが,活性化エネルギーを $\Delta G$ とするとアレニウス型の式で表されるのは均一相反応と同様である.

$$k = [定数][\exp(-\Delta G/RT)] \tag{5.7}$$

**2) 電位の影響**

均一相反応では活性化エネルギーは広い温度範囲で一定とみなせるが,電極反応では反応物の一つである電子のエネルギーは電極電位によって大きく変化するので,活性化エネルギーも電位によって変化する.5.2の式(5.18)に示すように,ギブスエネルギーは $-nFE$ に等しいので,電流と電位の関係式は次式のようになる.

$$I_f = nFAk_{f0}C_o\exp(-\alpha nF\eta/RT) \tag{5.8}$$

$$I_b = nFAk_{b0}C_r\exp((1-\alpha)nF\eta/RT) \tag{5.9}$$

ここで,$k_0$ は平衡電位における速度定数で標準速度定数と呼ばれ,$\eta$ は過電圧で平衡電位 ($E_e$) を基準にした電位差である ($\eta = E - E_e$).$\alpha$ は移動係数(転移係数)と呼ばれ,電極でのエネルギー変化が活性化エネルギーにどの程度影響するかを示すパラメーターである.つまり,活性化エネルギーは,全エネルギー変化 ($nF\eta$) のうち $\alpha$ の割合だけ,$E=0$ の場合より高くなっていると考えると式 (5.8) が得られる.遷移状態が電極の近くであれば $\alpha$ は1に近く,電極から遠く離れていると0に近い値をとるが,実験的には $\alpha$ は 0.5 付近の値を示す.

平衡電位付近での電流-電位曲線を図 5.1 に示す.平衡では正,逆両反応の速度は等しいから,大きさが同じで向きが異なる電流が流れ,正味の電流はゼロとなる.この電流を交換電流 ($I_0$) と称する.

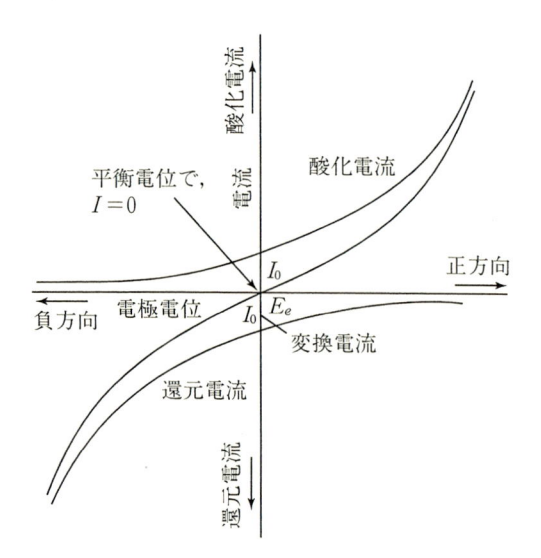

**図 5.1** 電極電位と電流の関係

正味の電流は酸化電流と還元電流の和として表される.

過電圧がある程度大きくなると,$I_f$ あるいは $I_b$ のいずれかが正味の電流のほとんどを占めるようになる(図 5.1 で電位が正方向に大きくなると,正味の電流は酸化電流にほぼ等しく,負方向に大きくなると還元電流にほぼ等しい).この条件では,式 (5.8),(5.9) からわかるように電流は電位に対して指数関数的に増加する.このように,電流の対数と過電圧との間に直線関係が成立する領

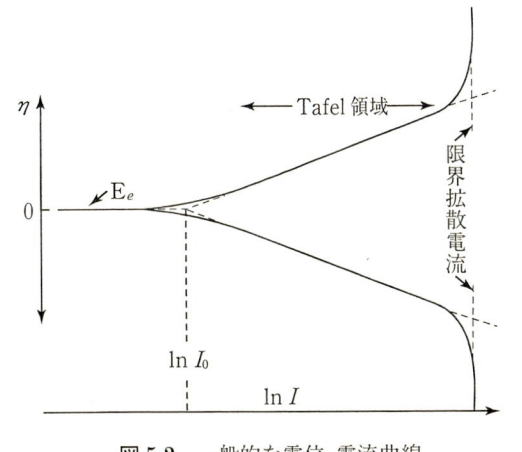

## 5. 電子移動，イオン移動を伴う分析法

図5.2 一般的な電位-電流曲線

域をターフェル領域という（図5.2）．

### 3) 濃度の影響

過電圧を大きくしてゆくと，電流はどこまでも指数関数的に増加するわけではない．反応が進行すると，電極表面での反応物の濃度が減少する．その濃度勾配による拡散によって，反応物は電極表面に供給される．この様子を図5.3に示す．ここで$\delta$は拡散層の厚さで，静止溶液では0.1～0.5 mm程度であるが，撹拌や対流によって大きく変わる．このときの電流は拡散係数を$D$，溶液内部（バルク）での濃度を$C_{(b)}$，電極表面での濃度を$C$とすると，次式で与えられる．

$$I = nFAD(C_{(b)} - C)/\delta \tag{5.10}$$

物質輸送速度は$C=0$のとき最大となるから，電位を大きく変化させても，流すことのできる最大電流（$I_{lim}$）は次式となり，これを限界電流という．

$$I_{lim} = nFADC_{(b)}/\delta \tag{5.11}$$

すなわち，過電圧を大きくしてゆくと，電極表面での反応物の濃度は速やかにゼロとなり，式（5.11）で表される一定の値となる．この様子を図5.2に示した．

分析の立場からみると，限界電流を測定すれば溶液濃度が求まることになる．

### c．電極と測定

#### 1) 電解セル

電気化学測定に必要な道具について解説する．電解セルは通常図5.4に示すような3電極方式が用いられる．つまり，試料を含む溶液の中に測定用の動作極（作用極），電流を流すための対極，電位の基準となる参照電極の3本の電極を浸す．電流は動作極と対極との間を流れ，参照電極には流れない．なお，溶液の抵抗か流れる電流が大きい場合は，それらの積で与えられるオーム降下による誤差を少なくするため，ルギン管（図5.4に示すようにガラス管を加工したもの）を用いて参照電極の先端を動作極に近づける工夫が必要である．

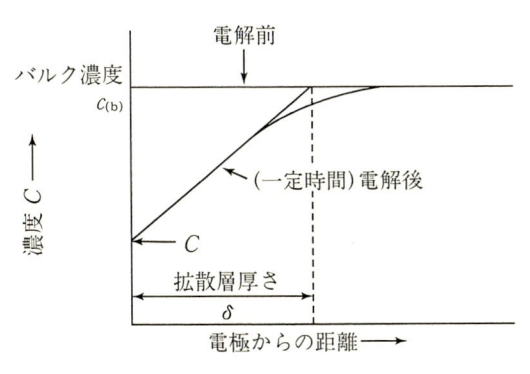

図5.3 電極近傍の拡散層

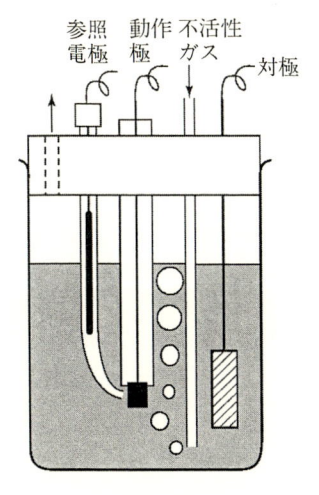

図5.4 三電極式電解セル

溶液に空気中の酸素が溶解していると，酸素自身の還元電流が観測されたり，試料を酸化してしまう可能性がある．これを避けるためには，窒素やアルゴンなどの不活性ガスを測定する前に通気する．ただし測定中は，拡散層の厚さに影響を与えないため，通気してはならない．

容器は図のようなビーカー型の単室セルでよく，動作極と対極を別々の部屋に分離する必要はない．

### 2）電　極

動作極としては，a. に述べたように，現在は白金や金などの貴金属電極や炭素電極がよく用いられる．これらの電極自身が酸化や還元に対して比較的安定なためである．炭素電極には，材料によってグラッシーカーボン，グラファイト，カーボンペーストなどいろいろの種類がある．目的によっては，半導体や金属酸化物などの固体も用いられる．

固体電極を用いる場合には，再現性のよいデータを得るために，電極の前処理が重要である．研磨剤による機械的研磨や超音波洗浄などがよく用いられるが，どんな処理法が有効であるかは場合により異なる．

対極は，試料や溶媒と反応しなければ何を使用してもかまわないが，動作極と同じように貴金属や炭素がよく用いられる．参照電極については，次の電位測定の項で解説するので，そちらを参照していただきたい．

### 3）溶　液

試料溶液には，溶液の伝導度を上げるため，過剰の（通常 0.1～1 M 程度）電解質を溶解させる．これを支持電解質と呼ぶが，酸化や還元に対して安定な無機塩類がよく用いられる．水以外の溶媒を使用する場合は，溶解度の点から，使用可能な塩類はかなり限られる．カチオンとしては四級アンモニウムイオンやアルカリ金属イオンが，アニオンとしては過塩素酸イオンなどがよく用いられる．

溶媒に求められる性質としては，試料の溶解性，酸化-還元に対する安定性とともに，支持電解質の溶解性を考慮する必要がある．このため，誘電率の大きな溶媒を使用する必要がある．最も身近で使いやすい溶媒は水であるが，簡単に電気分解されることや試料の溶解性の点で万能とはいえない．水以外の溶媒（非水溶媒）としては，アセトニトリル（MeCN），炭酸プロピレン（PC），ジメチルホルムアミド（DMF）などがよく用いられる．

用いるシステムがどの程度酸化-還元に対して安定であるかは用いる動作極，溶媒，支持電解質によって決まる．つまり，この 3 種類のうち，最も反応しやすいもので規定される．システムがどのような電位範囲で使用可能であるかを示す指標を電位窓といい，いくつかの例を図 5.5 に示す．

水系では，炭素電極（C）が広い電位窓をもち，白金電極では 1.5 V 程度である．水銀は還元反応を観測するには都合がよいが，水銀自身が容易に酸化されるため，酸化反応の測定には適さない．非水溶媒中では酸化，還元ともにかなり広い電位窓をもつ．非水系では，図には白金の場合しか示してないが，炭素電極でも同程度の電位範囲で使用可能である．炭素電極の種類中でホウ素をドープして半導体としたダイヤモンド電極は，水溶液中でも広い電位窓をもち，かつ残余電流（次節参照）が小さいという興味深い性質を示す．

### 4）測定装置

測定に必要な装置としては，動作極の電位を指示された値に保つ機能をもつポテンシオスタットと三角波などの各種の電圧波形を発生させる関数発生器（装置によってはポテンシオスタットに内蔵されている）が必要である．なお，演算増幅器（OP アンプ）を使って自作もできる．これらに加えて，電位と電

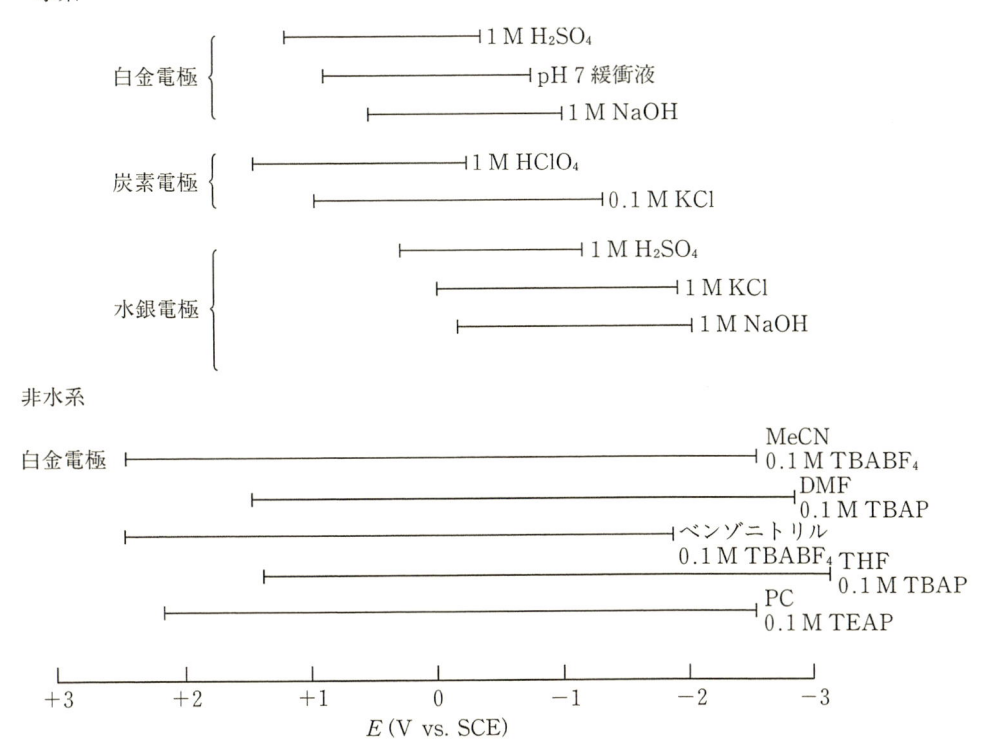

図 5.5 水系および非水系における電位窓
TBA：テトラブチルアンモニウムイオン，TEA：テトラエチルアンモニウムイオン，P：過塩素酸イオン

流を記録するための記録計（XY-レコーダー）があればよい．最近では，ポテンシオスタットの制御やデータの取り込みなどはパソコンを通して行うことが多い．

### d．ポーラログラフィー
#### 1）滴下水銀電極の特徴

ポーラログラフィーは，滴下水銀電極（液体の水銀を毛細管を通して数秒程度の落下時間で繰り返し滴下させる電極）の電位をゆっくりと掃引しながら流れる電流を記録する．このとき得られる電流-電位曲線（ポーラログラム）の例を図 5.6 に示す．水銀滴の成長により電極面積が変化するのでギザギザの形になるが，電流の最大値を結んで曲線を描くと図 5.7 に示す形となるが，これは図 5.2 で説明したものと同様である．電位が電極反応が起こる値に達してないときには，残余電流

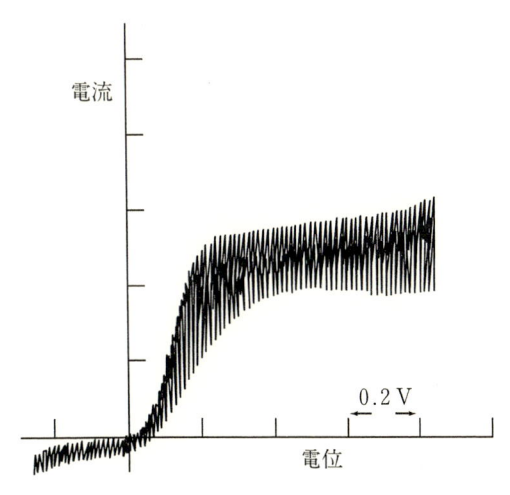

図 5.6 酸素のポーラログラム

（電気二重層の充電や不純物により流れる電流）と呼ばれるわずかな電流しか流れない．電極反応による電流は，電位とともに最初指数関数的に増加し，やがて拡散によって支配される一定の電流となり，この電流値（$I_d$）

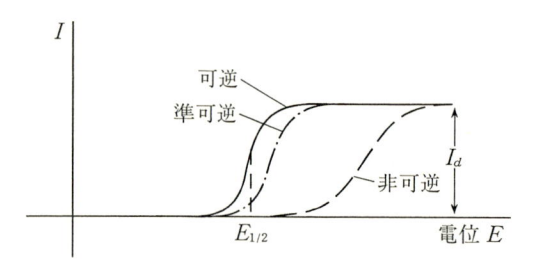

**図5.7** ポーラログラムに及ぼす速度定数の影響

は濃度に比例し定量分析ができる.

$$I_d = 定数(電極に依存)nD^{1/2}C_{(b)} \quad (5.12)$$

また，電流が$I_d$の半分になる電位を半波電位（$E_{1/2}$）といい，これは濃度に無関係で物質固有の値なので，定性分析の指標となる.

### 2）可逆と非可逆

ここで電極反応の可逆，非可逆という用語について触れておこう．通常非可逆反応とは反応が一方向のみに進行し，逆向きの反応は起こらないとして理解される．電極反応においては，両方向の速度定数が同程度の大きさであっても，速度定数の値が小さい場合はその反応は非可逆という．ある反応が可逆であるか非可逆であるかは，反応速度を測定する時間域に依存する．一つの目安として，通常用いられる秒～分の時間域ならば，標準速度定数として$10^{-2}$ cm s$^{-1}$以上ならば，可逆系として振る舞うとみなしてよい.

可逆系と非可逆系とでは，電流-電位曲線の形状が異なり，したがって適用すべき理論式も違ってくる．図5.7には，速度定数によりポーラログラムがどのように変化するかを併せて示す．いずれの場合も，限界電流値は濃度が一定であれば変化しないが，半波電位は異なる．理論式によると，可逆系では半波電位は系の標準電位とほぼ等しいが，非可逆系では速度定数に依存する複雑な内容となる.

### e．ボルタンメトリー
### 1）ボルタンメトリーとは

ボルタンメトリーとは，電極電位を初期電位（$E_i$）から一定の掃引速度（電位変化，$dE/dt = v$）で変化させながら，流れる電流を測定する方法である．電位を一方向のみに掃引する方法をリニアースイープボルタンメトリー（線形電位走査法，LSV），電位を反転電位（$E_\lambda$）まで掃引した後逆転し，もとの$E_i$に戻す方法をサイクリックボルタンメトリー（CV）という．試料の濃度を測定するだけならLSVで十分であるが，CVのほうが得られる情報量が多いため，分析のみならず材料や生化学の分野などではCVがよく用いられる．ただし，ポーラログラフィーでは近似的に一定時間後の電流を電位の関数として測定するが，LSVやCVでは電流を電位と時間の関数として測定するため，理論的取扱いは複雑になる.

### 2）ボルタモグラム

$E_i$を反応の起こらない電位，$E_\lambda$を限界電流領域に設定した場合の可逆系のボルタモグラムを図5.8に示す．なお図5.1，5.2とは異なり，ここでは溶液中には1種類の反応物（O）しか含まれていない．図5.8をみると，

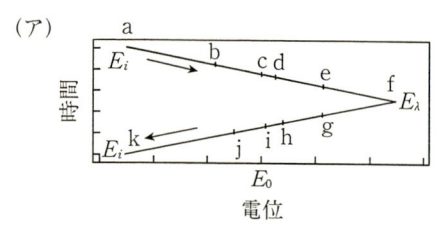

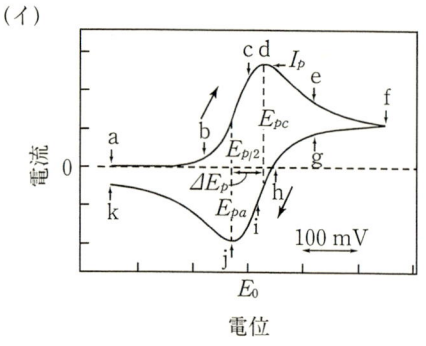

**図5.8** CVの電位掃引（ア）と可逆系サイクリックボルタモグラム（イ）．（イ）の図中のa～kは（ア）の各点に対応

Oの還元反応が起こり始めてから電流が指数関数的に増加する点はポーラログラムとよく似ている．しかし，その後電流は一定にはならず，ピークを経て減少する．これは，拡散層の厚さが時間とともに増加し，拡散により電極表面に達するOの数が減少するためである．

ボルタンメトリーにおいては，ポーラログラフィーにおける$I_d$や$E_{1/2}$に代わるものとして，ピーク電流（$I_p$）とピーク電位（$E_p$）を用いる．ピーク電流は次式で与えられる．

$$I_p = 定数\, n^{3/2} A D^{1/2} v^{1/2} C_{(b)} \tag{5.13}$$

$I_p$がバルク濃度に比例することは予想されるとおりであるが，ピーク電流は掃引速度の平方根にも比例して増加する．ピーク電位は先に述べた可逆系の半波電位を$E_{1/2}(r)$とすると，数値計算の結果次式が得られる．

$$E_p = E_{1/2}(r) - 1.1\, RT/nF \tag{5.14}$$

常温では，$E_p$は標準電位と$29\,\mathrm{mV}/n$だけずれていることになる．

$E_\lambda$で折り返して，電位を引き続き同じ速度で逆方向に掃引すると，こんどは生成したRの酸化電流が観測され，これも同様にピークを描く．電極反応で生成したRが安定に存在するならば，両方のピーク電流値は等しくなる．もし，ピーク電流比が1より小さいならば，掃引速度を上げてやれば1に近づく可能性がある．

ピーク電位差を$\Delta E_p$とすると，式（5.14）から

$$\Delta E_p = 2.2\, RT/nF \tag{5.15}$$

となるが，この関係は反応の可逆性の診断に有用である．ただし，前にも述べたように，可逆性は観測時間との兼ね合いだから，ある条件下で式（5.15）が成立したとしても，掃引速度を大きくしてゆくと$\Delta E_p$は大きくなり成立しなくなる．

掃引速度が同じでも，電極反応の標準速度定数が小さくなれば非可逆系の挙動を示すようになる．速度定数が1/10に減少した場合のボルタモグラムの変化を模式的に図5.9に示す．速度定数の減少によりピーク電位が$E_{1/2}(r)$からどんどん離れてゆくのは図5.7と同様であるが，非可逆系ではピーク電流値も可逆系より減少する点が異なる．

複雑になるので式は省略するが，非可逆系でもピーク電流値が$v^{1/2}$と$C_{(b)}$に比例する点は変わらない．ピーク電位は，掃引速度の対数に依存して変化する．

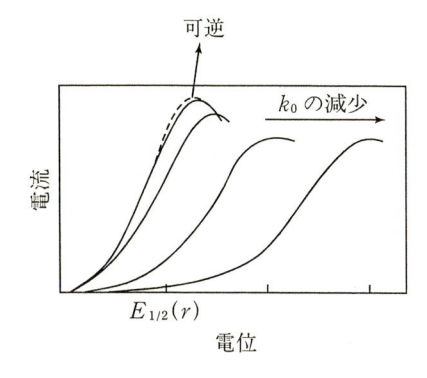

図5.9 電子授受の標準速度定数$k_0$とボルタモグラムの形

### 3）修飾電極

近年電極の表面に高分子や酵素などの機能物質を固定化した修飾電極の研究が盛んである．ボルタンメトリーは，このような固定化電極の研究にも有用であり，得られる可逆系のボルタモグラムを図5.10に示す．

この場合は，溶液からの拡散による補給がないので，電流‐電位曲線はピークを過ぎた後また最初の値に戻る左右対称の形状となる．ピーク電流は，図5.8とは異なり，掃引速度$v$に直接比例する．また還元と酸化のピーク電位は等しくなる．

図5.10のピーク面積から求まる電気量（横軸は電位であるが，掃引速度によって時間に換算できる）は，ファラデーの法則によって物質量と関係づけられ，微量分析が可能である．たとえば，図の電気量が$1\,\mu\mathrm{C}$

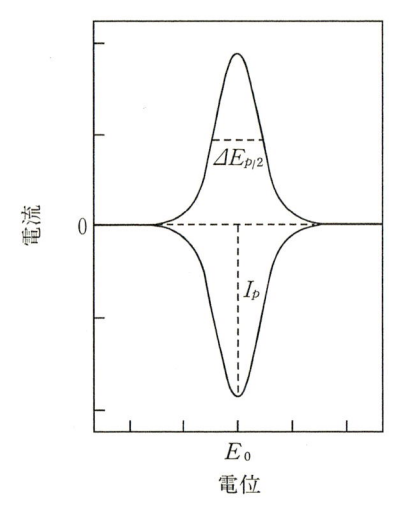

**図5.10** 吸着系の可逆ボルタモグラム

($1\mu A \times 1s$ だから検出は容易)で $n=1$ とすると、約 $10^{-11}$ mol の物質を検出したことになる。

## f. 他の電気化学測定法
### 1) 時間変化の測定

電気化学測定において基本となる変数は電位、電流、時間($t$)の3種類である。ボルタンメトリーは掃引速度($dE/dt$)を制御しながら、電流と電位を観測するという測定法である。それ以外にも上記3種類のうち一つを制御して、残りを観測するという測定法も存在し、図5.11にいくつかの例を示す。

電位を反応の起こらないところから反応が起こるところまでステップさせ、流れる電流と時間の関係を測定する方法をクロノアンペロメトリー（ポテンシャルステップ法）という。電流は時間とともに減衰するが、限界電流領域にステップした場合、電流と時間の関係は次式となる。

$$I = nFAD^{1/2}C_{(b)}/\pi^{1/2}t^{1/2} \tag{5.16}$$

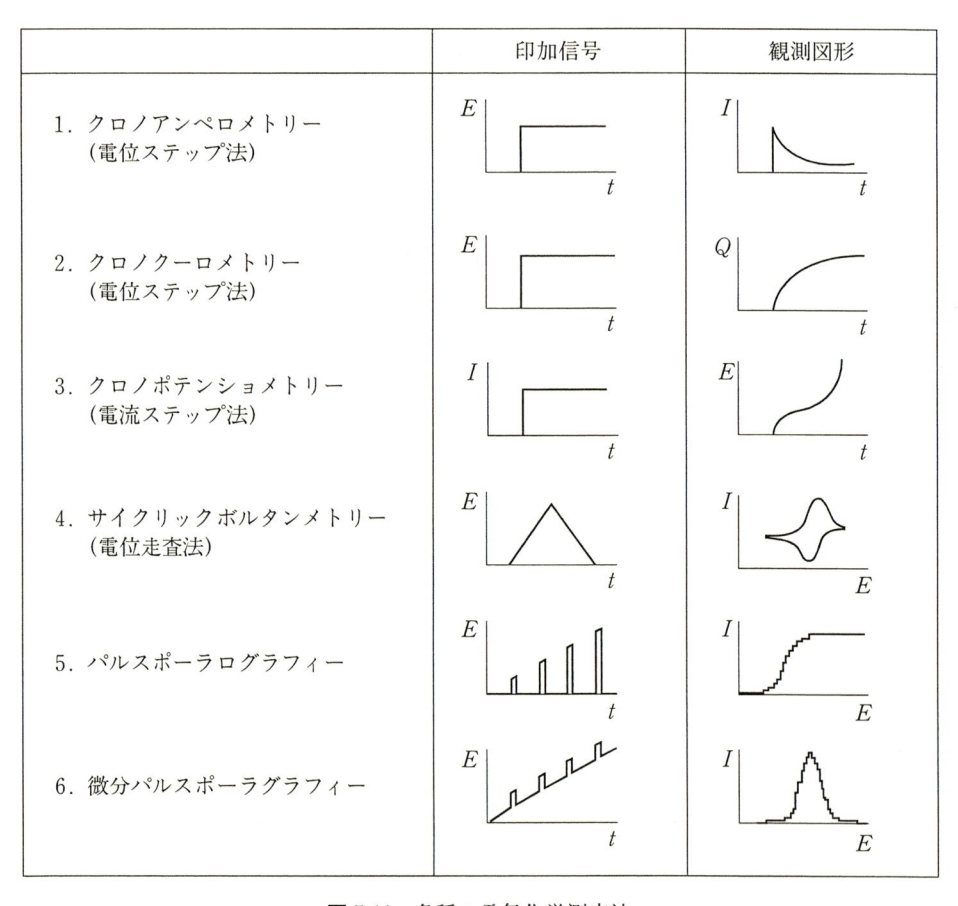

| | 印加信号 | 観測図形 |
|---|---|---|
| 1. クロノアンペロメトリー（電位ステップ法） | $E$ vs $t$ (step) | $I$ vs $t$ (decay) |
| 2. クロノクーロメトリー（電位ステップ法） | $E$ vs $t$ (step) | $Q$ vs $t$ (rising) |
| 3. クロノポテンショメトリー（電流ステップ法） | $I$ vs $t$ (step) | $E$ vs $t$ |
| 4. サイクリックボルタンメトリー（電位走査法） | $E$ vs $t$ (triangle) | $I$ vs $E$ |
| 5. パルスポーラログラフィー | $E$ vs $t$ (pulses) | $I$ vs $E$ |
| 6. 微分パルスポーラグラフィー | $E$ vs $t$ (stair pulses) | $I$ vs $E$ (peak) |

**図5.11** 各種の電気化学測定法

これに対して，一定の電流を流して電位の時間変化を観測する方法をクロノポテンシオメトリーという．電位は反応の起こる電位に急激に変化した後緩やかに変化し，反応物の表面濃度がゼロになるとまた急激に変化する．そこに至るまでの時間を遷移時間（$\tau$）といい，次式で表される．

$$\tau^{1/2} = \pi^{1/2} nFAD^{1/2} C_{(b)} / 2I \tag{5.17}$$

つまり，遷移時間の測定により定量分析ができる．定性の指標としては四分波電位（$E_{\tau/4}$, $t = \tau/4$ での電位）が用いられ，可逆系では $E_{1/2}(r)$ に一致する．

これらの方法は，理論式が式 (5.16)，(5.17) に示すような単純な解析解として得られるため，反応電子数 $n$ や拡散係数 $D$ を正確に測定したい場合などには有効である．ここに紹介した方法は，いずれもいわば LSV に相当する正方向の反応のみに注目する場合であるが，電位をステップした後また最初の値に戻したり（クロノアンペロメトリー）あるいは電流の向きを途中で反転させる（クロノポテンシオメトリー）などのいわば CV に相当する手法も存在する．

**2) パルス法**

初期電位を一定にしてステップ電位を連続的に変化させ，一定時間（通常 0.01～0.1 s 程度）後の電流をサンプリングして電流-電位曲線を作成すると，ポーラログラムと類似の曲線が得られ，この方法をノーマルパルスボルタンメトリー（NPV）という．ステップ幅を一定にして（初期電位は変化する）ステップ前後の電流値の差を測定すると，ノーマルパルスボルタモグラムを微分した形のベル型の電流-電位曲線が得られ，この方法を微分パルスボルタンメトリー（DPV）という．

DPV における理論式は省略するが，NPV における限界電流や DPV におけるピーク電流はいずれもバルク濃度に比例するので定量分析ができる．これらのパルス法は，短時間での電流を取り扱うことや残余電流の寄与が小さいことから感度が高く，通常のボルタンメトリーに比較して検出限界濃度は 1～2 桁低下する．

クロノポテンシオメトリーを行うには，ガルバノスタットと呼ばれる定電流装置が必要である．この機能は，通常ポテンシオスタットに付随しているが，なければポテンシオスタットと固定抵抗一つあれば定電流は発生できる．パルスボルタンメトリーの機能が付随している装置は限られるが，手間をいとわなければ通常の装置を用いて測定することは可能である．

このほかにも，電極を回転させて測定する対流ボルタンメトリーや微小の交流を印加して交流出力を解析する交流法などがある．これらの測定には回転装置やロックインアンプなどの別の装置が必要であり，詳細は電気化学の専門書を参照されたい．

**g. アンペロメトリーの応用**

**1) 特殊な分析法**

図 5.6 に示したポーラログラムにおいて，酸素の飽和濃度は $10^{-3}$ M のオーダーである．図の残余電流との兼ね合いからみて，通常のボルタンメトリーでは $10^{-5}$ M 以下の濃度の成分を分析するのは容易ではなさそうである．パルス法を使うなどの工夫をすれば，検出下限は $10^{-7}$～$10^{-8}$ M くらいまで低下するが，もっと微量な成分が分析できないだろうか．

あらかじめ動作極の表面に分析しようとする物質を電解や吸着などの方法で濃縮させ，その後電位を掃引して表面に存在する物質の電極反応に基づく電流を測定する方法があり，ストリッピングボルタンメトリーと呼ばれている．たとえば，溶液中の金属イオンを前電解により還元析出させ，その後電位を正

方向に掃引してイオンとして再溶出させる方法がある．この方法では，天然水中の$10^{-9}$～$10^{-10}$Mレベルの鉛やカドミウムなどの定量が可能である．

固体電極を用いるボルタンメトリーでは，ボルタモグラムの形状は電極反応速度に依存し，取扱いが複雑になることはすでに述べた．固体電極を用いて容易に定常の限界電流を得る方法として，微小電極を用いる方法がある（図5.12）．電極の溶液面の大きさを$\mu$m程度と拡散層の大きさ（a.で述べたように0.1～0.5 mm程度）よりはるかに小さくすると，半球状の拡散様式となり，拡散層が厚くなると拡散層の面積も増加するので，一定の限界電流が流れる．このような微小電極を用いる利点としては，解析が容易である点に加えて，細胞の中などの局所分析が可能な点や，電流が小さいので伝導度の低い溶液中での測定が可能な点があげられる．

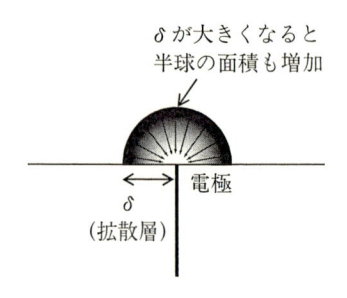

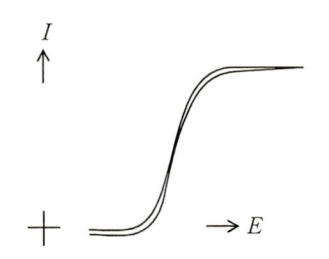

図5.12　微小電極でのボルタモグラムの形状

### 2) 他の分析法との融合

電気化学測定法と他の機器分析法を融合させることも有効である．液体クロマトグラフィーの検出器としては，紫外吸光，屈折率，伝導度などの変化を検出するものが通常用いられる．これらは汎用である反面，物質の構造に対する特異性にかける．電位を一定に保って電流を検出する型の電気化学検出器では，電気化学的に活性な物質のみ検出可能な選択的な検出が特徴である．また，電極として炭素の粒などを充填して，検出器に入ってきた物質量のすべてを反応させれば，電気量とファラデーの法則により絶対量が定量できる．

走査トンネル顕微鏡などの走査プローブ顕微鏡は，表面を原子，分子レベルで観察する方法として定着している．この方法は，真空中のみでなく溶液中でも測定が可能なため，電気化学でもよく用いられる．探針に一定の電位を印加して溶液に溶かしたレドックス種の電流を測定すると，試料の導電性に応答して電流に変化が現れるので，表面の形状以外の情報も得られる．これは，走査型電気化学顕微鏡として市販されている．

### 3) 選択性の向上

電気化学的分析法は，異なる物質であってもその酸化還元電位が似通っていれば，それらを区別することはできない．たとえば，図5.6の酸素の還元において，同じ電位領域で還元される金属イオンが共存すれば，それらを同時に検出する．もちろん半波電位が大きく異なれば，電位を制御して分離して検出できるが，半波電位が近接している場合はできない．

酸素の場合は，テフロンなどの酸素透過性のプラスチック膜で表面を覆えば，酸素を選択的に還元できる．このような工夫をした酸素測定用の電極をクラーク型酸素電極といい，バイオセンサーなどに使用されている（図5.13参照）．

クラーク型の酸素電極を使用するにはポテンシオスタットが必要である．これに対し

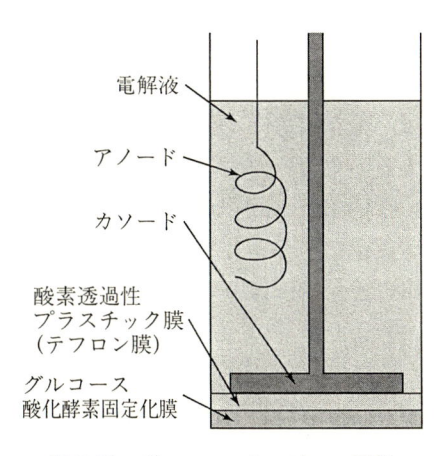

**図5.13** グルコースセンサーの構造

て，鉛電極と組み合わせて電池を構成した型の電極も市販されており，この場合は電流計だけで酸素濃度が測定できる．

電気化学的分析法において応答の選択性をあげるもう一つの方法は，基質選択性を有する物質で電極表面を被覆することである．メディエーター（電子移動触媒）を固定化した電極などがよく用いられる．また，表面に固定化した触媒により選択的な反応を起こさせ，そのとき消費あるいは生成した物質の量を測ることによる間接定量も可能である．たとえば，グルコースはグルコース酸化酵素の働きで酸素により酸化され，過酸化水素を生成する．電極表面にグルコース酸化酵素を固定化し，先ほどのクラーク型酸素電極で酸素濃度を測定するとグルコース濃度が測定できる（図5.13）．酵素の種類を変えると，尿酸などの他の物質も同様の原理で測定できる．複数の酵素を組み合わせるとコレステロールなども分析できる．

### 4) 材料評価への応用

ボルタンメトリーは分析手段としてのみでなく，新しい機能物質や素材の性質や特性を評価する手段としてもきわめて有用である．白川英樹博士のノーベル賞受賞のもととなったポリアセチレンは，ヨウ素のような酸化剤で化学的にドーピングできるだけでなく，電気化学的なドーピングも可能である．ポリアセチレンを電極としてアセトニトリル中で測定したボルタモグラムを図5.14に示す．正方向への電位掃引によるポリマーの電気化学的酸化と折り返したときの還元ピークが明瞭に観測されている．このような測定をもとにバンド構造などの物性が明らかになるだけでなく，導電性ポリマーを使って電池をつくろうという発想が生まれた．

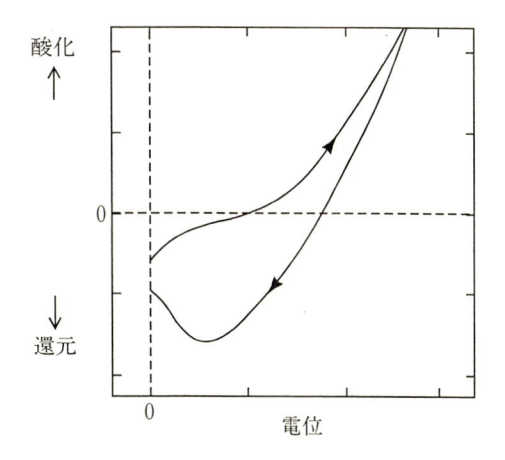

**図5.14** ポリアセチレンのCV（アセトニトリル中）

## 5.2　イオン選択性電極

### a. ポテンシオメトリー

5.1の電流を測定して溶液中の物質を定量する方法（アンペロメトリー）に対して，電池の起電力を測定して溶液中のイオンなどを定量する測定法を"ポテンシオメトリー"と呼ぶ．ポテンシオメトリーの一つの方法として，溶液中の特定のイオンに選択的に発生した起電力を測定する．これに用いる電極をイオン選択性電極という（単にイオン電極あるいはイオンセンサーともいう）．イオン選択性電極は，イオンに感応する官能膜と内部電極とから構成される．

ポテンシオメトリーによる定量は，広い濃度範囲にわたる測定が可能なこと，測定装置

が電圧計だけできわめて簡単なことや連続した分析が容易であるなどの利点を有し，環境のモニターやプロセスの制御などに広く使用されている．

ポテンシオメトリーによって測定可能な物質はイオンだけではないが，この節ではイオン選択性電極に主点をおいて解説する．

**b. 電気化学の平衡論**

まず，ポテンシオメトリーによる測定を理解するために，電気化学の平衡論について解説する．

反応のギブスエネルギー（$\Delta G_r$）と電位との間には，

$$\Delta G_r = -nFE \tag{5.18}$$

の関係が成り立つ．これは，ギブスエネルギーは反応の非膨張の最大仕事であり，電気的仕事に等しいことによる．

反応ギブスエネルギーは，式（5.1）のような電極反応を考えた場合，次式で組成と関係づけられる．

$$\Delta G_r = \Delta G_{r0} + RT \ln a_{(r)}/a_{(o)} \tag{5.19}$$

ここで，$\Delta G_{r0}$ は標準反応ギブスエネルギー，$a_{(r)}$ と $a_{(o)}$ はそれぞれRとOの活量である．

式（5.18）と式（5.19）を組み合わせると，

$$E = E_0 - RT/nF \ln a_{(r)}/a_{(o)} \tag{5.20}$$

となる．ただし，$-\Delta G_{r0}/nF = E_0$ とおき，この $E_0$ を標準電位という．

この式をネルンスト（Nernst）の式といい，ポテンシオメトリーの基礎となる重要な式である．ネルンスト式と同じ形の式は，式（5.8），（5.9）を平衡電位において $I_f$ と $I_b$ が等しいとおいても導かれるので，興味のある読者はやってみていただきたい．

式（5.20）の意味するところは，電位は組成の対数に対して直線的に変化するということであり，前節で述べた「電流は濃度に比例する」という現象とは大きく異なる．これが

はじめに「広い濃度範囲にわたる測定が可能なこと」と述べた理由である．

では，実際に電位は組成によってどの程度変化するのだろうか．常温では $T = 298$ K，$R = 8.314$ J K$^{-1}$ mol$^{-1}$ の値を用いて $RT/F = 25.7$ mV となる．通常は自然対数よりも常用対数を用いるので，式（5.20）は次のようになる．

$$E = E_0 - 59.2 \text{mV}/n \log a_{(r)}/a_{(o)} \tag{5.21}$$

つまり，常温で活量の比が1桁変化すると，$n=1$ の場合は約 60 mV，$n=2$ では約 30 mV 変化する．

式（5.21）は一対の電気化学反応に適用される式であるが，実際はもう一組の電気化学反応と組み合わせて電池を構成し，その電池の起電力（無電流電池電位）を測定する．測定される量はネルンストの式で表される電位の差になる．

組み合わせる相手は何でもよいが，水素電極を基準に選ぶきまりになっている．つまりすべての温度で，

$$E_0(\text{H}_{2(g)}/\text{H}^+_{(aq)}) = 0 \tag{5.22}$$

とする．このようにして求めた $E_0$ の値の一例を表5.1に示す．この表より，たとえば電位の低い方の還元体Rは電位の高い方の酸化体Oを還元する（熱力学的に還元可能である）．金属イオン/金属のレドックス系について $E_0$ の順番に並べた表をつくると，昔暗

**表5.1** いくつかの標準単極電位（酸性溶液中での値）

| 電極反応 | 標準電極電位 | 電極反応 | 標準電極電位 |
|---|---|---|---|
| $\text{Li}^+/\text{Li}$ | $-3.05$ | $\text{H}^+/\text{H}_2$ | $0.0$ |
| $\text{Na}^+/\text{Na}$ | $-2.71$ | $\text{Cu}^{2+}/\text{Cu}$ | $0.34$ |
| $\text{Mg}^{2+}/\text{Mg}$ | $-2.36$ | $\text{Fe}^{3+}/\text{Fe}^{2+}$ | $0.77$ |
| $\text{Al}^{3+}/\text{Al}$ | $-1.66$ | $\text{Ag}^+/\text{Ag}$ | $0.80$ |
| $\text{Zn}^{2+}/\text{Zn}$ | $-0.76$ | $\text{Br}_2/\text{Br}^-$ | $1.09$ |
| $\text{Fe}^{2+}/\text{Fe}$ | $-0.44$ | $\text{O}_2/\text{H}_2\text{O}$ | $1.23$ |
| $\text{Cr}^{3+}/\text{Cr}^{2+}$ | $-0.41$ | $\text{Cl}_2/\text{Cl}^-$ | $1.36$ |
| $\text{Cd}^{2+}/\text{Cd}$ | $-0.40$ | $\text{Ce}^{4+}/\text{Ce}^{3+}$ | $1.61$ |
| $\text{Ni}^{2+}/\text{Ni}$ | $-0.25$ | $\text{F}_2/\text{F}^-$ | $2.87$ |

記させられた「イオン化傾向」の序列となる．ただし，熱力学的な反応の序列を決めるのは $E_0$ ではなく，ネルンストの式で決まる電位である．つまり $E_0$ が近接している場合，組成によっては序列が逆転する可能性がある．

同じ電気化学反応で組成が異なる二つの電極を，適当な隔膜で隔てて配置したような電池を濃淡電池という．簡単のためRの活量は一定にしてOの活量だけ変化させると，$E_0$ は同じであるから，電池の起電力は次式となる．

$$E = -RT/nF \ln a_{(o,2)}/a_{(o,1)} \quad (5.23)$$

ただし，添え字 1, 2 はそれぞれ隔室 1, 2 における活量を示す．これにより，片方の濃度（活量）が既知であれば他方を定量できる．また，このような取扱いは，生体細胞膜の膜電位などを考える際にも重要である．

式 (5.20) では濃度ではなく，活量がでてきた．活量は活量係数を $\gamma$，質量モル濃度が $m$ のとき，

$$a = \gamma m \quad (5.24)$$

で表され，対象がイオンでもイオンでなくても同じ表現となる．電荷をもたない物質においては，物質間の相互作用は濃度がかなり高いときはじめて顕著になるので，通常濃度では $\gamma$ は 1 に近いと考えてよい．しかし，イオン同士の相互作用は静電的相互作用であり，非常に強くしかも遠い距離で働くので，イオン溶液においては非常に希薄な溶液（$10^{-3}$ M 以下）でなければ，活量を使う必要がある．

ただし，静電的相互作用におけるカチオンとアニオンの寄与を実験的に分離することはできないので，理想性からのずれの原因を両種のイオンに平等に割り当てて，平均活量係数（$\gamma_\pm$）を導入する．つまり，NaCl や KCl 溶液の平均活量係数は実験的に求められるが，$Na^+$ イオンや $Cl^-$ イオン個々の活量係数は求まらない．

平均活量係数は，電位測定などによって実験的に求めることもできるが，デバイ－ヒュッケルの極限法則，

$$\log \gamma_\pm = -z^+ z^- A I^{1/2} \quad (5.25)$$

から計算もできる．ここで，$A$ は定数で 25℃ の水溶液では $A = 0.509$ であり，$z^+ z^-$ はカチオンとアニオンの電荷，$I$ はイオン強度である．図 5.15 に示すように，式 (5.25) はイオン強度が小さい領域では実測値とよく一致する．

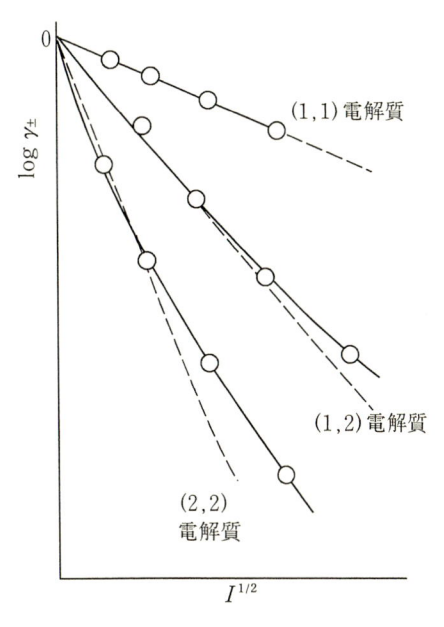

**図 5.15** デバイ－ヒュッケルの極限法則の実験的な検証．実線：実測値，破線：計算値

### c. 測定システム

測定は，試料溶液にイオン選択性電極と参照電極（基準電極あるいは比較電極ともいう）の2本の電極を挿入し，その間の電位差を電流を流さない状態（あるいはできるだけ微少の電流条件）で測定する．その概略を図 5.16 に示す．アンペロメトリーとは異なり，溶液に支持電解質を溶解させたり不活性ガスを通気させたりする必要はない．

先に述べたように，熱力学的な基準として

用いられているのは水素電極である（この電極をNHEあるいはSHEと略記する）．これは，図5.17 (a) に示すようにpH=0の酸水溶液中に白金電極（通常は表面に白金黒をつけて面積を増やしてある）を浸し，水素ガスを1 atmになるように吹き込むものである．書物の中で基準として用いるには問題ないが，実験室や野外で使用するには，水素ボンベの管理や火気に対する注意などの点で使いにくく，実際はほとんど使われていない．実際使われているのは，金属／難溶性金属塩で構成されるタイプの電極で，特に多く用いられているのはカロメル電極と銀-塩化銀電極である．

カロメル電極（図5.17 (b)）は水銀に塩化水銀(I)をのせ，それを$Cl^-$イオンを含む溶液と接触させた電極である．

電気化学反応は，

$$1/2 Hg_2Cl_2(s) + e \longrightarrow Hg(s) + Cl^-(aq)$$

だから電極電位は，

$$E = E_0 - RT/nF \ln a(Cl^-) \quad (5.26)$$

となる（固体の活量は1）．つまり，電位は溶液中の$Cl^-$イオンの活量に依存するので，必ず溶液組成を明示しなければならない．最もよく用いられるのはKClの飽和溶液で，この電極を飽和カロメル電極（SCEと略記）といい，水素電極に対して次の値をもつ．

$$E(SCE) = +0.241V \text{ vs. NHE}$$

各種の$Cl^-$イオンを含む溶液を使用したときの電位を図5.18に示す．また，塩化水銀の代わりに硫酸水銀や酸化水銀を用いると，硫酸イオンや水酸イオンに感応する電極が作製できる．

銀-塩化銀電極（図5.17 (c)）は，銀の表面に塩化銀の薄い層をつくり，$Cl^-$イオンを含む溶液に浸したものである．

$$AgCl(s) + e \longrightarrow Ag(s) + Cl^-(aq)$$

のように反応が進むので，カロメル電極と同

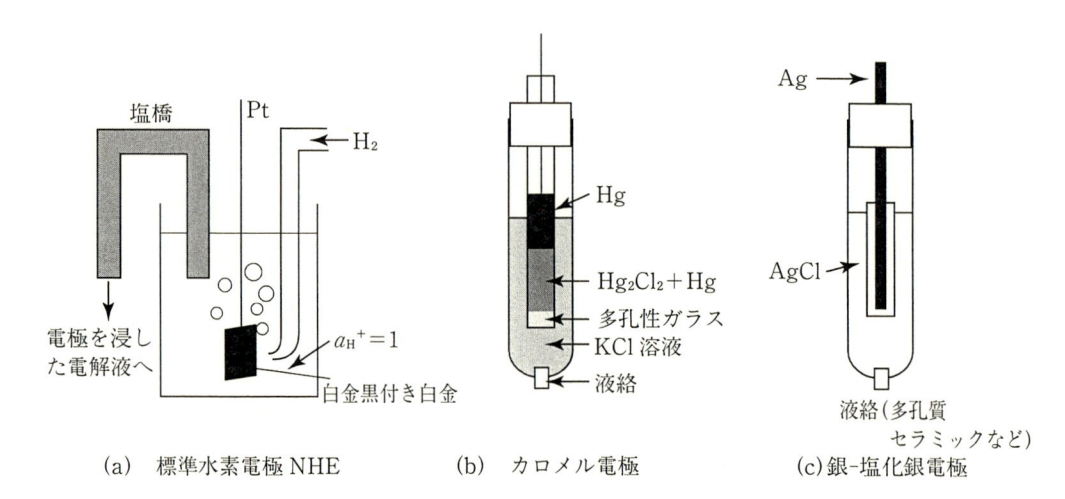

図5.16 イオン選択性電極の測定系の概略

(a) 標準水素電極 NHE　　(b) カロメル電極　　(c) 銀-塩化銀電極

図5.17

## 5. 電子移動，イオン移動を伴う分析法

水素電極基準

| | |
|---|---|
| Hg/Hg$_2$SO$_4$, H$_2$SO$_4$(0.5 M) | 0.68 |
| Hg/Hg$_2$SO$_4$, K$_2$SO$_4$(sat'd) | 0.64 |
| Hg/Hg$_2$Cl$_2$, KCl(0.1 M) | 0.334 |
| Hg/Hg$_2$Cl$_2$, KCl(1 M) NCE | 0.280 |
| Hg/Hg$_2$Cl$_2$, KCl(sat'd) SCE | 0.241 |
| Hg/Hg$_2$Cl$_2$, NaCl(sat'd) SSCE | 0.236 |
| Ag/AgCl, KCl(sat'd) | 0.197 |
| NHE | 0.000 |

図 5.18　各種参照電極の電位

様に電位は Cl$^-$ イオンの活量に依存する．KCl の飽和溶液を使用すると電位は，

　　$E$(Ag/AgCl/satKCl)
　　　　= +0.197 V vs. NHE

となる．

　先に述べたボルタンメトリーや次に述べる pH メーターなどの測定で用いられる参照電極は，ほとんどがカロメルか銀-塩化銀電極であり，溶液としては一定濃度に保ちやすい飽和 KCl を使う．以前は SCE が多く使用されたが，最近は水銀を使用しない銀-塩化銀電極の方が多く用いられる．これらの電極はいずれも水溶液を用いるが，非水溶液においては，銀イオンを溶かした非水溶液に銀線を浸した Ag/Ag$^+$ 電極もよく使用される．

　参照電極に KCl の飽和水溶液を使うとき，これを試料溶液に接続する必要がある．そのまま浸したのでは両方の溶液が混合してしまうので，液の混合をできるだけ小さくして，イオンの移動は可能になるような接続をしなければならない．一つの解決策が，塩橋を使用して接続する方法である．塩橋とは，飽和 KCl などの塩の濃厚溶液を用いて寒天を固めたもので，ゼリーの中をイオンが移動する．他に，多孔性のガラスなどを用いて接続する方法もある．

　二つの電極の間の電位差を測定するには電圧計があればよい．ただし先に述べた「できるだけ微少の電流しか流さない状態で測定する」という点に注意する必要がある．デジタルマルチメーターなどの電圧計を使用するなら，入力抵抗の高い機種を使わなければならない．次に述べる pH メーターは，他のイオン電極の測定にも使用可能である．

### d. pH メーター

　最も身近なイオン選択性電極は，溶液中の水素イオン濃度を測定する pH メーターである（図 5.19）．pH センサーは，ガラスの薄い膜の内部に参照電極を配置した構造を有し，そのガラス膜は H$^+$ イオンだけをほぼ選択的に透過させる性質を有する．ガラス膜の膜電位を $E_m$，内部と外部の参照電極の電位をそれぞれ $E_{r,int}$ と $E_{r,ext}$ とすると，測定される電位差は次式となる．

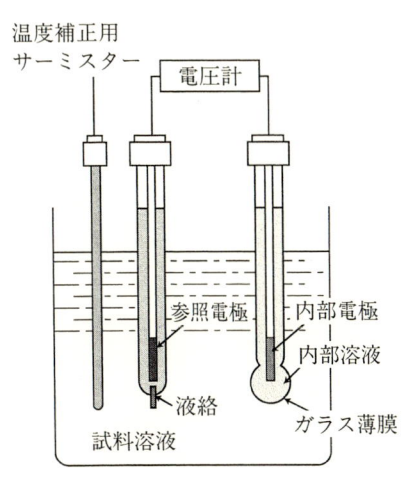

図 5.19　pH センサーを含む pH メーターの基本構造

$$E_{mea}=E_{r,int}+E_m-E_{r,ext}+E_{lj} \quad (5.27)$$

ここで，$E_{lj}$ とは液間電位を意味する．液間電位とは，種類の異なるイオンを含む溶液が接触すると，イオンの移動度の差によって発生する電位差で，溶液組成が決まれば一定の値になる．$E_m$ は外部と内部の $H^+$ イオンの活量をそれぞれ $a(H^+_{,ext})$ と $a(H^+_{,int})$ とすると，

$$E_m=RT/F \ln a(H^+_{,ext})/a(H^+_{,int})$$
$$(5.28)$$

となる．$a(H^+_{,int})$ は一定だから，測定される電位差は試料溶液中の $H^+$ イオンの活量のみに依存し，pH が測定できる．

実際の pH 測定においては，ガラス電極を pH 標準液に浸したときと試料溶液に浸したときの電位の差から，試料溶液の pH を決定する．使用される pH 標準液を表 5.2 に示す．なお，図 5.19 ではガラス電極と外部参照電極の 2 本を別々に試料溶液に浸すように書いてあるが，市販の pH メーターのほとんどは 2 本の電極を一体化した型の電極（参照電極をガラス薄膜を用いた電極の上部に設置する．複合電極とも呼ぶ）を使用している．

### e. 種々のイオン選択性電極
#### 1) 妨害イオン

目的イオンを伝導種（イオン電極の電位は膜中をある特定のイオンが選択的に透過することにより発生する）とするイオン伝導体を感応膜に用いるイオン選択性電極で測定される電位は，式 (5.27)，(5.28) と同様に，目的イオン $i$ の活量 $a_i$ の対数に依存し，ネルンストの式に従う．

$$E_{mea}=E_{const}+RT/z_iF \ln a_i$$
$$=E_{const}+0.0592(V)/z_i \log a_i (25℃)$$
$$(5.29)$$

ここで，$E_{const}$ は電極の構成（参照電極，内部液など）に依存する定数，$z_i$ はイオン種 $i$ の電荷である．

式 (5.29) は目的イオン以外に電位に影響

表 5.2　5 種類の標準溶液(水溶液)の pH 値

| 温度(℃) | 25℃で飽和した酒石酸水素カリウム〔$KHC_4H_4O_6$〕 | 0.05 mol kg$^{-1}$ フタル酸水素カリウム〔$C_6H_4(COOK)(COOH)$〕 | 0.025 mol kg$^{-1}$ リン酸二水素カリウム〔$KH_2PO_4$〕+0.025 mol kg$^{-1}$ リン酸水素二ナトリウム〔$Na_2HPO_4$〕 | 0.008695 mol kg$^{-1}$ リン酸二水素カリウム〔$KH_2PO_4$〕+0.03043 mol kg$^{-1}$ リン酸水素二ナトリウム〔$Na_2HPO_4$〕 | 0.01 mol kg$^{-1}$ 四ホウ酸二ナトリウム〔$Na_2B_4O_7$〕 |
|---|---|---|---|---|---|
| 0 |  | 4.003 | 6.984 | 7.534 | 9.464 |
| 5 |  | 3.999 | 6.951 | 7.500 | 9.395 |
| 10 |  | 3.998 | 6.923 | 7.472 | 9.332 |
| 15 |  | 3.999 | 6.900 | 7.448 | 9.276 |
| 20 |  | 4.002 | 6.881 | 7.429 | 9.225 |
| 25 | 3.557 | 4.008 | 6.865 | 7.413 | 9.180 |
| 30 | 3.552 | 4.015 | 6.853 | 7.400 | 9.139 |
| 35 | 3.549 | 4.024 | 6.844 | 7.389 | 9.102 |
| 38 | 3.548 | 4.030 | 6.840 | 7.384 | 9.081 |
| 40 | 3.547 | 4.035 | 6.838 | 7.380 | 9.068 |
| 45 | 3.547 | 4.047 | 6.834 | 7.373 | 9.038 |
| 50 | 3.549 | 4.060 | 6.833 | 7.367 | 9.011 |

を及ぼすイオンが存在しないときに成り立つが，実際は他のイオン種 $j$（活量を $a_j$，電荷を $z_j$ とする）の妨害を受けるため，測定される電位は次式となる．

$$E_{mea} = E_{const} + RT/z_iF$$
$$\times \ln[a_i + \sum K_{ij}a_j(z_i/z_j)] \quad (5.30)$$

$K_{ij}$ はイオン選択係数と呼ばれ，この値が小さいほど，妨害イオンの影響を受けず，イオン選択性電極の目的イオンに対する選択性がよい．先に述べたpH測定用のガラス電極は，妨害イオンの影響をきわめて受けにくい良好なイオン選択性電極で，他のイオンが高濃度に存在しても，pH=0〜14 の広い範囲で測定が可能である．10の14乗（100兆）もの広い濃度範囲を，希釈や濃縮などの前処理なしに直接測定可能な分析法は他に例をみない．ただし，ガラス膜の種類によっては，$Na^+$ などの1価のカチオンにも少し感応するため，強アルカリの溶液では誤差を生じる場合もある．

他のイオン電極では，これほどの広い濃度範囲は測定できない．妨害イオンのない条件下で，通常濃度の高い方の限界は 1〜0.1M，低い方の限界は $10^{-5}$〜$10^{-8}$M 程度である．図 5.20 に模式的に示すように，妨害イオンが存在すると，定量可能な濃度範囲は選択係数の大きさに依存して狭くなる．市販のイオン選択性電極には，妨害イオンの種類と選択係数が情報として与えられているので，使用に際しては試料溶液に妨害イオンがどの程度含まれているかを確認する必要がある．イオンの種類によっては，共存不可（微量でも存在すると測定できない）の場合もあるので注意が必要である．

### 2) ガラス膜電極

イオン選択性電極を，用いる感応膜により分類すると，図 5.21 に示すようにガラス膜型，固体膜型，液体膜型（高分子膜型）の3種類に大別できる．以下に各項目別にそれら

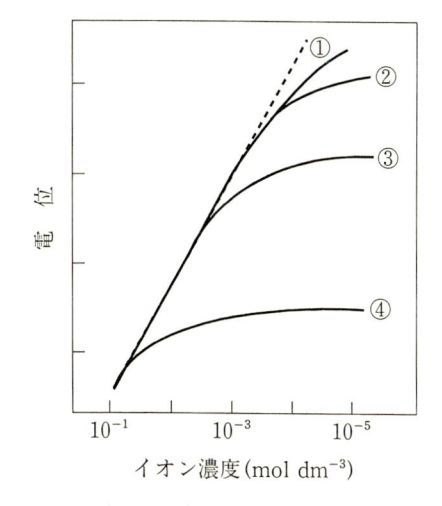

**図 5.20** イオン選択性電極の電位応答と共存イオンの影響．破線はネルンスト応答を示す．①→④ と $K_{ij}$ が大きくなる

の概要を述べる．

ガラス膜電極としては，先に述べた $H^+$ イオンに応答する電極のほかに，$Na^+$，$K^+$ などのアルカリ金属イオンに応答する電極もある．ガラス膜の主成分は $SiO_2$ であり，これに $Na_2O$ や $Al_2O_3$ などが含まれており，それらの組成に依存してアルカリ金属イオンに対する応答の選択性が異なる．代表的なガラス膜電極の特性を表 5.3 に示す．なお，5.2 節のa.で種類の異なる溶液を接続するには，多孔性のガラスを用いる方法もあると述べた．ここで用いるガラス膜は，細孔の存在により液が通過しているのではないことを注意しておく．

### 3) 固体膜電極

ガラス膜の代わりに，難溶性の無機塩膜を用いてイオン選択性電極をつくることもできる．代表的な固体膜電極を表 5.4 に示す．アニオンに応答する電極としては，$LaF_3$ 膜を感応膜とするフッ化物イオン電極，$Ag_2S$ を感応膜とする硫黄電極，ハロゲン化銀と $Ag_2S$ の混合成型膜を感応膜とするハロゲン化物イオン電極などがある．

カチオンに応答する電極としては，$Ag_2S$

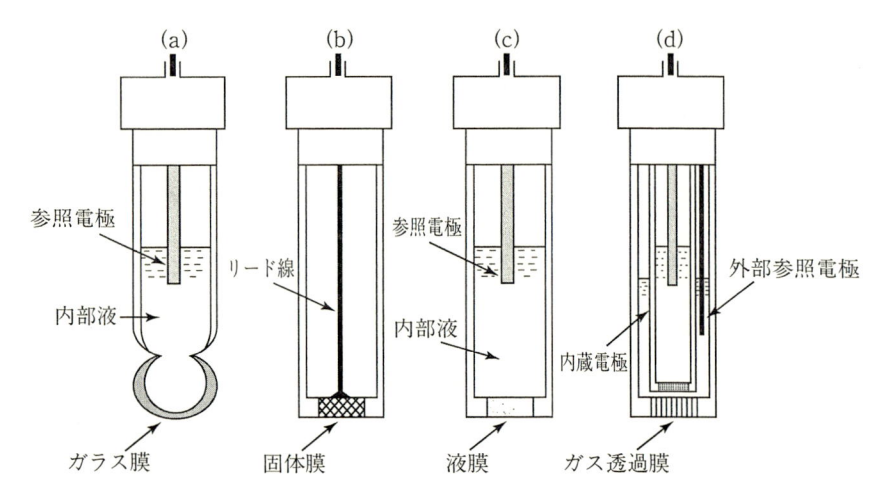

**図 5.21** 各種イオン電極の構造
(a)ガラス膜型，(b)固体膜型，(c)液膜型，(d)隔膜型

**表 5.3** おもなガラス膜型イオン選択性電極

| 分類 | 測定イオン | 膜組成 | 測定範囲(M) |
|---|---|---|---|
| ガラス膜電極 | $H^+$ | $Li_2O-Cs_2O-La_2O_3-SiO_2$ | pH 0～14 |
|  | $H^+$ | $Na_2O-CaO-SiO_2$ | pH 0～10 |
|  | $Na^+$ | $Na_2O-Al_2O_3-SiO_2$ | $1～10^{-8}$ |
|  | $K^+$ | $Na_2O-Al_2O_3-SiO_2$ | $1～5×10^{-6}$ |

**表 5.4** おもな固体膜型イオン選択性電極

| 分類 | 測定イオン | 膜組成 | 測定範囲(M) |
|---|---|---|---|
| 固体膜電極 | $F^-$ | $LaF_3$ | $1～10^{-6}$ |
|  | $Cl^-$ | $AgCl$ ; $AgCl-Ag_2S$ | $1～10^{-5}$ |
|  | $Br^-$ | $AgBr$ ; $AgBr-Ag_2S$ | $1～5×10^{-6}$ |
|  | $I^-$ | $AgI$ ; $AgI-Ag_2S$ | $1～5×10^{-8}$ |
|  | $CN^-$ | $AgI$ | $0.01～10^{-6}$ |
|  | $SCN^-$ | $AgSCN$ | $1～10^{-5}$ |
|  | $S^{2-}$ | $Ag_2S$ | $1～10^{-7}$ |
|  | $Ag^+$ | $Ag_2S$ | $1～10^{-7}$ |
|  | $Cu^{2+}$ | $CuS-Ag_2S$ | $1～10^{-7}$ |
|  | $Cd^{2+}$ | $CdS-Ag_2S$ | $0.1～10^{-6}$ |
|  | $Pb^{2+}$ | $PdS-Ag_2S$ | $0.1～10^{-7}$ |

と CuS, CdS および PbS との混合成型膜を感応膜とする銅 (II), カドミウム (II) および鉛 (II) イオン電極などがある．

LaF₃ 膜では，フッ化物イオン $F^-$ が膜中の伝導イオンである．フッ化物イオン電極では，妨害するイオンは水酸化物イオンのみで，選択性が高い．

銀塩系の感応膜では，銀イオンがイオン伝導の主役である．このようなイオン電極の応答は，界面における膜物質の溶解平衡により説明できる．銀塩系の膜には $Ag_2S$ が添加されているが，これは膜の成型性の向上や光などの影響を抑制する役割をはたす．

難溶性の塩といってもわずかに溶けるので，固体膜電極の検出下限濃度は，膜物質の溶解度により規制される．

**4) 液体膜（高分子膜）電極**

この型の電極は，目的イオンと選択的にイオン対をつくるイオン交換体あるいは目的イオンを選択的に取り込むニュートラルキャリヤー（電気的に中性のイオンキャリヤー）を有機溶媒に溶解し，これを多孔性の高分子膜に保持させた液体膜を感応膜とするものである．高分子のマトリックスとしては，ポリ塩化ビニル，シリコーンゴム，エポキシ樹脂などが，溶媒にはニトロベンゼンやジクロロエタンなどが用いられる．

液体膜電極の代表例を表 5.5 に示す．塩化物イオン，過塩素酸イオン，硝酸イオンなどのアニオン応答電極では，疎水性の第四級ア

表5.5 おもな液膜型イオン選択性電極

| 分類 | 測定イオン | 膜組成 | 測定範囲(M) |
|---|---|---|---|
| 液膜電極 | $Cl^-$ | 塩化トリオクチルメチルアンモニウム | $0.1～10^{-5}$ |
| | $ClO_4^-$ | 過塩素酸トリオクチルメチルアンモニウム | $0.1～10^{-5}$ |
| | $NO_3^-$ | 硝酸トリオクチルメチルアンモニウム | $0.1～10^{-5}$ |
| | $Ca^{2+}$ | ビス(オクチルフェニル)リン酸カルシウム | $1～10^{-5}$ |
| | 2価陽イオン | ジデシルリン酸 | $1～10^{-8}$ |
| | $K^+$ | バリノマイシン/$K^+$ | $1～10^{-6}$ |
| | $NH_4^+$ | ノナクチン/$NH_4^+$ | |

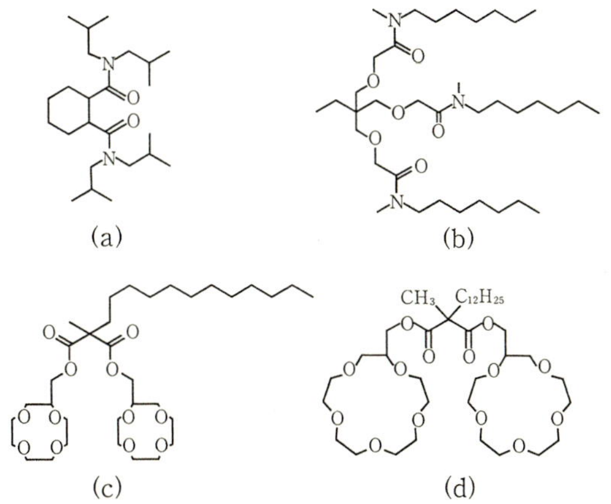

図5.22 ニュートラルキャリヤーの例
(a) $Li^+$イオン選択性キャリヤー
(b) $Na^+$イオン選択性キャリヤー
(c) $Na^+$イオン選択性キャリヤー
(d) $K^+$イオン選択性キャリヤー

ンモニウム塩がイオン交換体として用いられる．カチオン応答電極では，ジデシルリン酸のようなアニオンが用いられる．

イオン交換液体膜型電極の検出濃度下限は，イオン交換体の試料液への溶出に支配される．感度や安定性の向上のために，イオン交換体の疎水化や高分子への固定化（後述）が試みられている．

中性のキャリヤーを用いた液体膜では，古くからバリノマイシンやノナクチンなどの環状ペプチドが使用され，それぞれカリウムおよびアンモニウムイオンセンサーとして市販されている．

この種の電極の選択性は，キャリヤーと金属イオンとの錯形成定数や錯体の膜への分配係数に支配され，目的イオンと選択的に錯形成するキャリヤーの開発が重要である．この点からペプチド以外のクラウンエーテル，カリックスアレン，環状ポリアミン，有機スズ化合物などの新しいキャリヤーが報告されており，いくつかの例を図5.22に示す．

液体膜電極は選択性や応答速度などに優れているが，膜の安定性に問題がある．この欠点を克服するため，上述のイオン活性物質と高分子をともに有機溶媒に加えて溶解し，溶媒を蒸発させて固定化した膜を使用する方法がある（高分子膜型）．

**5) 隔膜型電極**

図5.21 (d) に示したように，イオン電極系全体をガス透過膜で覆った構造で，溶解してイオンを生成するようなガスを測定するのに有用である．代表例を表5.6に示すが，たとえば$CO_2$が透過膜を拡散して内部の$NaHCO_3$溶液に溶解するとpHが変化するので，これを内蔵のガラス膜のpH電極で検出できる．試料溶液中の溶存ガスを直接測定できるが，イオンとして溶けている場合も，試料に酸や塩基を添加してイオン成分をガス化すれば測定できる．たとえば，溶液中に炭

表5.6 おもな隔膜型イオン選択性電極

| 分類 | 測定イオン | 膜組成 | 測定範囲(M) |
|---|---|---|---|
| 隔膜型電極 | $CO_3^{2-}$ $HCO_3^-$ | $H^+$ガラス膜/$NaHCO_3$(内部液) | $～10^{-5}$ |
| | $NH_4^+$ | $H^+$ガラス膜/$NH_4Cl$(内部液) | $～10^{-6}$ |
| | $HSO_3^-$ | $H^+$ガラス膜/$NaHSO_3$(内部液) | $～10^{-6}$ |
| | $NO_2^-$ | $H^+$ガラス膜/$NaNO_2$(内部液) | $～5×10^{-7}$ |

酸イオンとして溶解している場合は，酸を加えて $CO_2$ ガスとすれば同様に分析できる．

**f. ポテンシオメトリーの応用**

イオン選択性電極は1960年代後半より研究が盛んになり，現在までに100以上のイオン種に応答するイオン電極が開発され，一部は市販されている．表5.3～5.6に示したイオン電極はいずれも市販されている．より高性能な電極の開発を目的として，応答機構などに関する基礎研究とともに，新しい感応膜の合成や探索が行われている．

イオン電極を他の分析法と組み合わせることも有効で，キレート滴定や沈殿滴定などの滴定分析の指示電極に用いられる．フローインジェクション分析法への応用は，迅速で選択性にすぐれる利点がある．また，イオン電極法は自動分析，連続分析に適しており，試料を連続的にイオン電極に導き生産工程におけるオンライン分析や環境分析に利用される．

フッ化物イオン電極や硝酸イオン電極などは工場廃水や工業用水の試験法として採用され，排ガス中のアンモニア，硫化水素，塩化水素などもイオン電極が利用されている．農業関係でも，土壌のアンモニア性窒素の定量などに利用されている．

イオン電極は医療用として，血液中のナトリウム，カリウム，カルシウムイオンの定量に利用されている．また，電極の先端を尖らせて微小電極とすると，細胞内の金属イオンが定量できる．

これまで述べてきたガラス電極などのイオン電極に代わるものとして，イオン感応性電界効果トランジスター（ISFET）が使われはじめており，その原理を図5.23に示す．基本的には，MOSFETと同様であるが，ISFETではゲート（参照電極）は溶液中におかれ，ゲート部分には絶縁性のイオン官能膜がおかれる．イオン濃度が変化すると感応膜近傍の電界が変わり，ドレイン電流も変化する．一定のドレイン電流を与えるようなゲート電圧の変化を検出すると，感応膜の膜電位の変化を測定したことになり，ネルンストの式からイオン濃度が求まる．

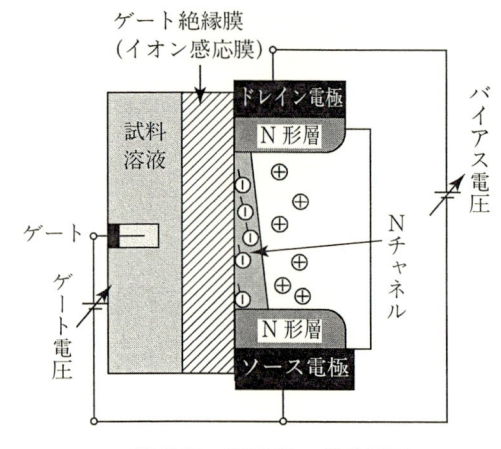

**図5.23** ISFETの動作原理

pH感応膜としては，$Al_2O_3$ や $Ta_2O_5$ のような酸化物が使用できる．また表5.3に示したようなガラスを用いると，$Na^+$，$K^+$，$Li^+$ といったイオンに感応するISFETが作製できる．ISFETには，小型化が容易，微量サンプルの測定が可能，壊れにくい，応答が速いなどの特徴がある．

先にアンペロメトリーを用いた酸素センサーについて解説したが，ポテンシオメトリーによっても酸素が測定できる．電解質としては $ZrO_2$ に $Y_2O_3$ を固溶した安定化ジルコニア（YSZ）が用いられ，これは $O^{2-}$ イオンに選択的な透過性を示すイオン導電体である．図5.24に示すように，この固体電解質の両側に多孔質の白金電極をとりつける．両側の酸素濃度が異なると，濃淡電池が形成され，片方が空気のように濃度が既知であると，電位測定により酸素が定量できる．この酸素センサーは，自動車の燃焼制御をはじめ，医療計測やプロセス制御など多方面で利用されている．

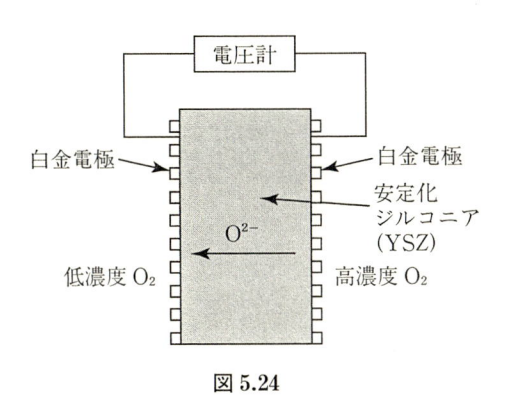

5. 電子移動，イオン移動を伴う分析法   *131*

図 5.24

**参考文献**
1) 渡辺　正，金村聖志，益田秀樹，渡辺正義：電気化学，丸善，2001
2) 大堺利行，加納健司，桑畑　進：ベーシック電気化学，化学同人，2000
3) 松田好晴，岩倉千秋：電気化学概論，丸善，1994
4) 電気化学会編：電気化学便覧，丸善，2000
5) 千原秀昭，中村亘男訳：アトキンス 物理化学 第6版，東京化学同人，2001

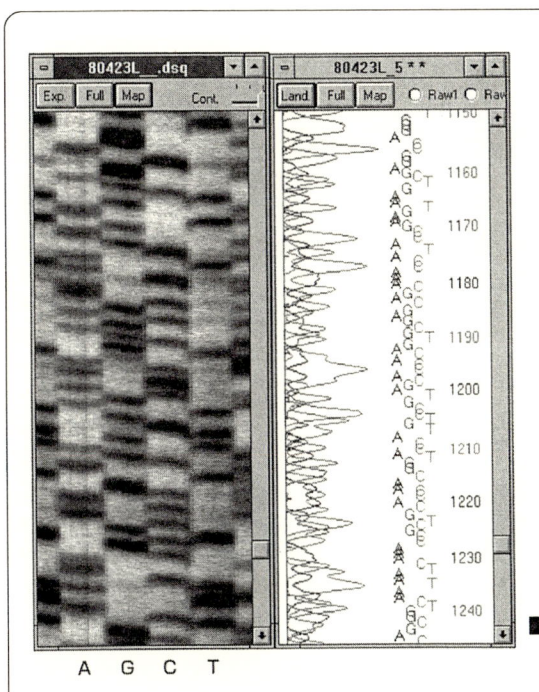

■「DNAシーケンス解析」電気泳動（島津製作所）

溶液；硫酸0.1M、電極；白金

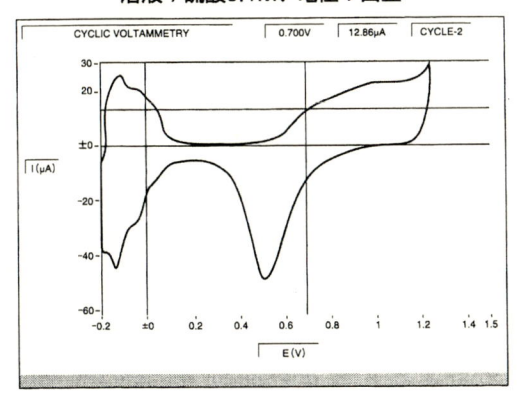

溶液；硫酸0.1M、電極；ボロンドープダイヤモンド

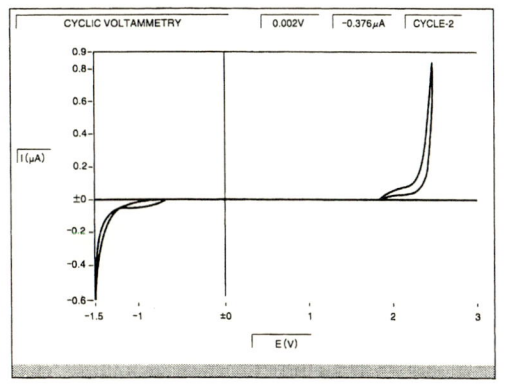

■ボルタンメトリー測定例（北斗電工）

# 6 核磁気共鳴法

開発当初,核磁気共鳴法(NMR)は限られた研究者の道具であったが,最近の自動化の技術は素晴らしく,正しく試料をつくりさえすれば,有用な結果が出る分析機器となった.特に,タンパク質解析技術における発展は目覚しく,四軸単結晶X線分析に匹敵する結果を出すことができ,単結晶ができない場合には唯一の方法を提供する.

### a. 測定装置と試料調製

NMRでは,強い磁場が必要である.近年は図6.1に示すような超伝導磁石を利用する.また,それに対応する高周波も必要である.最近では水素核の振動数が1G(ギガ)に近い装置も市販されている.

超伝導磁石は,電磁石のコイルを液体ヘリウムのジュワー瓶に浸し,さらにそのジュワー瓶を液体窒素のジュワー瓶の中に入れたものである.液体ヘリウムの温度では,コイルは超伝導状態に保てるので,納入時に印加した電圧で永久に電気を流し続けることができる.どの装置でも人体に安全とされる5ガウス磁場の領域が定められており,試料挿入以外では近づかないこと,鉄製の工具を持ち込まないこと,ペースメーカー使用者は入室しないことなどが定められている.ヘリウムは液体と気体の比重差がないので,振動による超流動で急激な超伝導状態の破壊を起こしやすい.窒息の危険があるのでガスが噴出し始めたら,すぐに頭を低くして部屋から退出しなければならない.

試料調製で最も注意すべきことは,鉄などの常磁性イオンなどの混入を防ぐことである.また,自分で合成した試料ではろ紙の繊維が混入して浮遊することが多く,分解能を低下させて測定精度が落ちる.なるべく試料溶液はメンブランフィルターなどでろ過する方がよい.また,精密に緩和時間を測定する場合は,溶存酸素の常磁性さえも問題となる

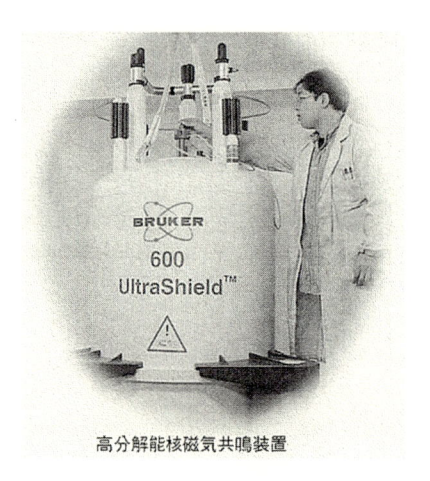

図 6.1 超伝導磁石

図 6.2 高周波装置

ので，アルゴンや窒素を吹き込んで試料調製
をする．

### b. NMRと原子核

NMRの和名は核磁気共鳴であり，原子核
の情報を扱う分光学である．すなわち，磁場
中の原子核における電磁波による共鳴現象に
基づいている．

図6.3はNMRを人体用に応用した磁気
共鳴画像診断装置（MRI）の検出コイル部
分であるが，超伝導磁石の中央部には磁力線
と直交するように検出コイルと電磁波送信コ
イルを兼ねた検出部を置く．

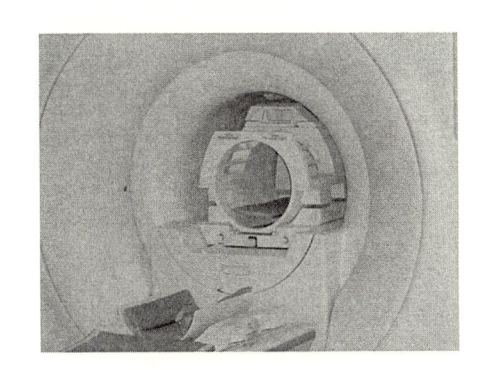

**図6.3** MRI検出コイル

原子核はさまざまな構造をもつが，基本的
には図6.4のように3種類に分類される．A
型は原子番号も質量数も偶数の原子核で，形
が球体で電気的に中性でまったくNMRを
示さない．B型は形が球体ではあるが，陽子
1個分の電荷をもつ．また，C型は偏長楕円
体または扁平楕円体で，陽子数個分の電荷を
もち，さらに四極子をもつ．B型とC型が
磁場の中で磁気モーメント（$I$）によって
$2I+1$の状態に分かれてNMRを示す．

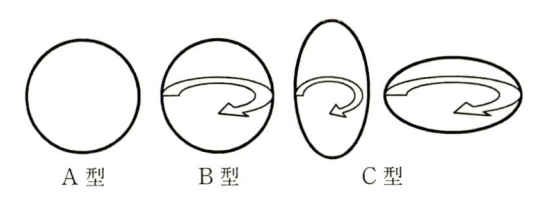

**図6.4** 原子核の模式的な形状

### c. NMRの原理

数千ガウス以上の強い磁場$B$の中に置か
れると核磁気モーメント$I$をもつ原子核は
図6.5（左）の破線のように$2I+1$の状態に
分かれ，ある許された方向にだけ配向する．

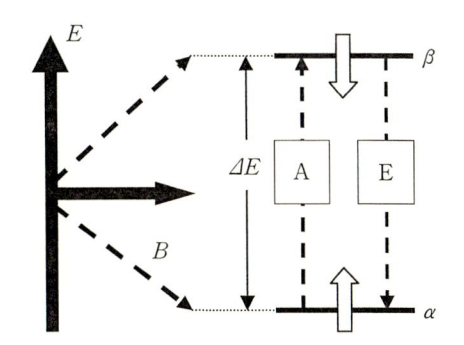

**図6.5** 磁場の中のゼーマン準位

$^1$Hや$^{13}$Cは核スピンの量子数$I=1/2$の原
子核で，図6.5（右）のように二つのエネル
ギー準位（$\alpha$および$\beta$）のみが許容であり，
そのエネルギー差（$\Delta E$）は磁場の強さ（$B$）
が大きくなるほど差が広がり大きくなる．

$$\Delta E = -\gamma \hbar B = -\frac{\gamma h B}{2\pi} \tag{6.1}$$

ここで，$h$はプランク定数である．$\Delta E$は
ゼーマン準位と呼び，それは核に固有の磁気
回転比$\gamma$で決定され，磁場の強さ$B$に比例
している．たとえば，$B$を2.35テスラから
4倍の9.4テスラにすると$\Delta E$は4倍とな
り，占有比の差も4倍に向上する．すなわ
ち，大きな磁場は測定感度の向上をもたら
す．実際の$\Delta E$はきわめて小さく，磁場$B$
が2.35テスラでは$\alpha$と$\beta$の占有比の差はわ
ずか百万分の16程度である．このように，
NMRの$\Delta E$はまさに分子内運動のエネル
ギーに相当しており，分子の構造解析に利用
できる．

核スピンは原子核の状態を表し，スピン1/2
ならば取り得る準位は$\alpha$または$\beta$のどちら
かである．すなわち，エネルギー遷移は量子

化されており，ただ一つしかない．

$$\Delta E = \hbar \nu \tag{6.2}$$

したがって，$\Delta E$ に相当する振動数の電磁波を照射すると，図6.5（右）の吸収遷移（$\boxed{\text{A}}$で表す）が起こり，$\alpha$ 状態の原子核は照射された電磁波を吸収して $\beta$ 状態となる．一方，あらかじめ $\Delta E$ に相当する強い電磁波を照射（飽和という）すると原子核を $\beta$ 状態に励起し，その後の放射遷移（$\boxed{\text{E}}$で表す）によって同じく $\Delta E$ に相当する電磁波を放射しながら原子核は $\alpha$ 状態となる．吸収および放射される電磁波の振動数 $\nu$ は次式で計算される．

$$\nu = \frac{\gamma}{2\pi} B \tag{6.3}$$

近年の装置は後者の放射遷移を観測するパルスNMR法（フーリエ変換NMR，FT-NMR）が主流であり，測定磁場を固定して一定振動数の高周波をパルスで印加する．

このように，NMRでは常に同じ遷移を観測するので，検量線を必要とせずにスペクトルの積分値に基づいた分子量や成分比の決定が可能である．

**d. 電子遮へいからくる化学シフト**

原子核のまわりには電子が取り囲んでおり，その電子は磁場を遮へいする働きをもつ．すなわち，実際に原子核に届く磁場は正味の磁場 $B_0$ よりごくわずか小さな磁場 $B'$ である．この差 $B_0 - B'$ を化学シフトという．初期のNMRの有用性はこの化学シフトと電子の関係であった．特に，$^{13}$CNMR は電子状態を反映するツールとして用いられる．

図6.6は，模式的な $A_3B_2C$ 系のNMRスペクトルである．未知の化合物も議論できるように，スペクトルの表記は $A_3B_2C$ のようなスピン系で行う．横軸は周波数の軸であるが，通常の数直線と異なり，数字は左に行くほど大きい．すなわち，0 ppm 側が低周波数であり，逆に 5 ppm 側は高周波数である．

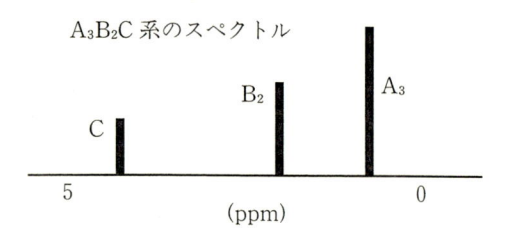

**図6.6** 模式的な NMR スペクトル

化学シフトの単位は ppm を用いて $\delta$ 表示をする．具体的には $\delta$ は観測された振動数 $\nu$ と標準物質の振動数 $\nu_{\text{ref}}$ から次式で計算される．

$$\delta = \frac{\nu - \nu_{\text{ref}}}{\nu_{\text{ref}}} \times 10^6 \text{ ppm} \tag{6.4}$$

ただし，添字 ref は標準物質のゼーマン共鳴振動数が測定の基準であることを表している．

この表示法は，内部標準物質に溶媒効果の少ない TMS（テトラメチルシラン）を用いる．TMS は最も電子過剰であり，遮へいが強く，より大きな磁場で共鳴する．すなわち，図6.6では0側を高磁場，逆に5側は電子が少ない場合で低磁場とも称する．$\delta$ 表示は $^1$H，$^{13}$C，$^{29}$SiNMR 以外の他の原子核にも標準物質を定めて適用されている．

測定磁場 $B$ が変われば，観測振動数 $\nu$ が異なる．$\delta$ 表示の ppm は無次元の単位であり，装置間での異なりをなくして標準化する．

**e. 近傍の原子核との相互作用：スピン-スピン結合定数**

磁場中の原子核のエネルギー準位は，さらに化学結合を通じて近傍の原子核のエネルギー準位と相互作用する．これがスピン-スピン結合である．スピン-スピン結合による分裂は，化学的かつ磁気的に等価な原子核の

数に応じて典型的な分裂パターンを示し，分子構造の同定に役立つ．

図6.7は，模式的な $A_3B_2$ スピン系のNMRスペクトルである．図では，スピン1/2の原子核AとBはそれぞれ等価な原子核を3個と2個もっている．

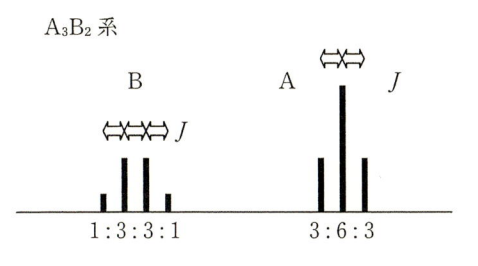

$A_3B_2$ 系

**図6.7** スピン-スピン結合の例

1:3:3:1    3:6:3

分裂の数 $S$ は，原子核に化学結合している隣接原子核の個数 $N$ とスピン $I$ から次式により計算される．

$$S = 2 \times N \times I + 1 \quad (6.5)$$

すなわち，$^1H$，$^{13}C$ などのスピン1/2の核では，核Aは核Bの影響で3本に分裂し，一方，核Bは核Aの影響で4本に分裂する．しかも，両者の分裂幅 $J$ は必ず一致する．スピン-スピン結合定数 $J$ はこの分裂幅であり，測定磁場 $B$ によらずいつも同じ振動数の差となる．したがって，スピン-スピン結合定数は Hz 単位で表す必要があり，ppm 単位では測定磁場によって数値が変化してしまう．このように，普遍的という意味でこれを指紋パターンとも呼ぶ．

さらに，分裂パターンはパスカルの三角形で示される典型的な強度比となる（表6.1）．

もし，$S$ が3ならば上段の $S$ が2の原子核が二つあり，等価であれば中央の2本は重なるので強度は2倍となる．同じく，$S$ が4になれば，それぞれがさらに2本に分裂し，中央部では上段の $S=3$ の強度1と2が重なって強度は3となる．このように，図6.7では核Aは3個が3本に分裂し，核Bは2個が4本に分裂している．定量性を考慮して全強度をAとBの個数に合わせて全体を統一した比で表すと，両者の強度を個数比に合わせて，高磁場から順に3:6:3と1:3:3:1となる．この分裂パターンは隣接原子核との化学結合に対応しており，原子核相互の結合相手を探すのに大いに役立つ．

### f. プロトンNMRのデータ解析

プロトン($^1H$) NMR は，最も分析に広く用いられる．定性分析するためには，通常は $\delta = 0 \sim 10$ ppm の範囲を積分とともに測定する．しかし，試料がシリルメチル基か負電荷をもつ場合は 0 ppm 以下になる．また，アルデヒド基やカルボキシル基あるいは正電荷をもつ場合は 10 ppm 以上になる．

スペクトル解析は，まず水素の種類と化学シフトを調べる．大まかな表を表6.2に示す．

すでに前節で述べたように，分裂のパターンも加味して水素の種類を決め，偶数分裂か奇数分裂かに注意しながら個々の水素ごとに分裂の平均値を化学シフト $\delta$ として ppm 単位で表す．また，積分値とは吸収線の線下面

**表6.1** パスカルの三角形

| $S$ | 分裂パターン |
|---|---|
| 2 | 1 1 |
| 3 | 1 2 1 |
| 4 | 1 3 3 1 |
| 5 | 1 4 6 4 1 |

**表6.2** 化学シフトの分類

| ヘテロ芳香族水素 | 芳香族水素 | 不飽和結合の水素 | メチン基 | ヘテロ原子隣接のメチレン基 | メチレン基 | 炭化水素のメチル基 | シリルメチル基 |
|---|---|---|---|---|---|---|---|
| ppm | | | | 5 | | | 0 |

積を数値化したもので，等価な水素の数を決めることができる．最近の高分解能NMRでは重なることが少ないので，かなり正確に決定できる．

次に，スピン-スピン結合定数$J$を決める．$\delta$を求めるのにすでに分裂をグループ分けしたので，グループごとに何か所かの分裂間隔を平均して$J$をHz単位で表す．続いて，スピン-スピン結合定数$J$の等しい相手を探して分子の繋がりを決定する．しかし，通常はDQFCOSYスペクトルでこの作業を簡素化できる．DQFCOSYとは2次元NMR法（二つのスペクトルを同時に評価する）の一種で，2量子フィルターを使って隣同士の水素核の相関のみをみる方法である．

図6.8はDQFCOSYスペクトルの模式図である．このスペクトルでは，2軸とも水素核であるので，両矢印のように対称操作が施されている．黒丸は対角ピークで，白抜き丸はクロスピークである．対角ピーク間の繋がりをクロスピーク一つ隔てて白と黒の二つの矢印で繋いで行く．すなわち，水素核D-Aと水素核A-Bの対が繋がる．結局，水素核Aは2か所で繋がり，この化合物の水素核の繋がりはB-A-Dとわかる．また，水素核Cは隣接基に水素が付いていない．このように，2次元NMRは化学結合の直接的な情報を与える．

また，このほかにも，水素同士の繋がりを緻密に求めるHOHAHA法をはじめ種々の方法があり，これらは構造解析の目的に応じて選択される．

### g. カーボンNMRのデータ解析

カーボン($^{13}$C)NMRは$^1$H NMRより相対感度は低いが，炭素骨格の情報をもつことから，現在では構造解析によく利用されている．図6.9はコレステロールのスペクトルである．化学的に異なる炭素は，すべて別々に出るので全部で27本出ている．もしも磁気的に等価な炭素があれば，それらは重なり，強度がそれに対応して大きく観測される．

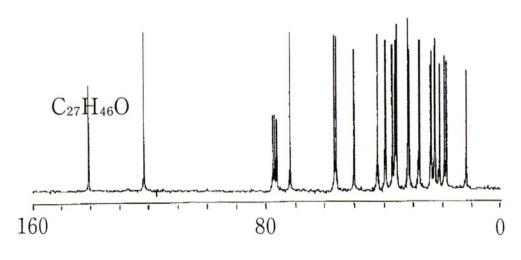

**図6.9** コレステロールの$^{13}$C NMRスペクトル

$^{13}$C NMRスペクトルは吸収強度に特徴がある．隣接水素による分裂は，デカップリング（水素核の全領域の周波数を含む強い高周波を当てて吸収をすべて飽和させる）で消してある．このために，オーバーハウザー効果（NOE）と呼ばれる現象が現れる．すなわち，炭素の吸収線は水素が結合していれば，最大では元の2.987倍となる．これは感度の向上をもたらすが，水素が結合していない炭素はそのままであるので，見かけ上は四級炭素が1/3となる．すなわち，$^{13}$C NMRでは分子骨格炭素の種類を与え，四級炭素が同定できる．$^{13}$C NMRスペクトルが重なりにくいことを利用し，C-HCOSY（HETECOR）スペクトルで水素と炭素の帰属をさらに確実にできる．

図6.10は，その模式図である．この場合

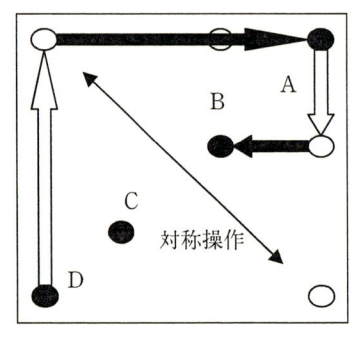

**図6.8** DQFCOSY

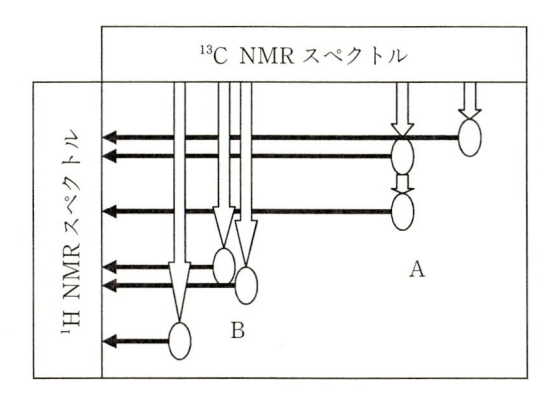

図 6.10　C-HCOSY（HETECOR）

表 6.3　おもな 2 次元 NMR 法

| | |
|---|---|
| DQFCOSY | 隣の水素同士の繋がり |
| C-HCOSY | 炭素と水素の直接の繋がり |
| DEPT（APT） | 炭素に隣接する水素の数 |
| HMQC | 感度の高い異核種の相関 |
| COLOC | 2〜3 結合隔てた C-H 相関 |
| HMBC | COLOC より感度が高い |
| $J$ 分解 | $\delta$ と $J$ の相関 |
| NOESY | 空間的な距離の情報 |
| ROESY | 高分子用 NOESY の改良版 |
| INADEQUATE | 炭素同士の繋がり |

には, 横軸が炭素核で縦軸が水素核である. 図では 6 個のクロスピークがあり, 炭素からは白い矢印で, クロスピークからは黒い矢印で関係づけられた炭素と水素が隣接していることが決定できる.

特に, A のクロスピークでは同じ炭素（白矢印）についた二つの水素（黒矢印）が異なる化学シフトをもっている. 一方, B のクロスピークでは, 水素核の化学シフトの順序と炭素核の順序が逆転している. このような事実は C-HCOSY スペクトルでしかわからない. 同様な利用法で, HMQC 法や HMBC 法などの測定法もある. これらの方法は, 感度よく測定ができる. 骨格炭素の対称性・個数・その炭素に隣接する水素数のデータは巨大分子などの複雑な化合物の構造解析の効果的な手法となる.

### h. NMR から得られる情報

NMR は, 単独で構造解析ができるほど多種多様な測定法が開発されている. 本章では, それらの情報のもつ意味について述べる. まず, おもな 2 次元 NMR について表 6.3 に示した.

表中, 核の NOE は, NOESY と ROESY ができてから特定の原子 1 個からの原子間距離が推定できるようになり, 巨大分子のサブユニットの構造構築に大いに役立つ. さらに, 磁場勾配パルスの開発によって現在ではより早く正確にデータの取得ができるようになった.

化学シフト, スピン-スピン結合定数, 積分値は構造解析以外でも有用である. NMR は化学構造と密接に関係しており, 情報の詳しい分析から化学構造の詳細が引き出せる.

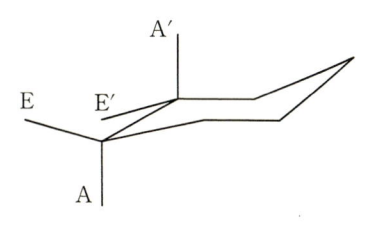

たとえば, 図 6.11 に示すシクロヘキサンのアキシアル（AA′）とエカトリアル（EE′）の区別は, 三つの結合を隔てたスピン-スピン結合定数 $^3J$ の大きさが利用される. すなわち, AA′ のみ 10 Hz と大きく, 他は 2 Hz である.

図 6.11　Karplus 則の利用

積分強度比は化学量論比を表すので, 定量して反応速度や平衡定数が求まる. 近年では, 測定感度の向上とともに LC/NMR として液体クロマトグラフィーとフローセルを用いた NMR がシステム化されている. すなわち, NMR スペクトルを時間経過の 2 次元で展開し, 成分の経時変化や, 成分自身の分

解などもとらえることができる．さらに，NMR スペクトルを拡散係数で展開する DOSY 法を用いると，分子の大きさでのスペクトルの成分分離ができる．図 6.12 では，高分子量成分 A は黒の吸収線，低分子量成分 B は白の吸収線と帰属できる．灰色は溶媒 2 種の吸収線で，1 次元での重なりは解消される．

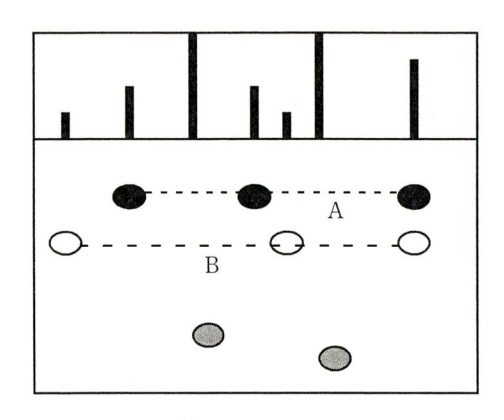

**図 6.12** DOSY

緩和時間にはスピン-格子緩和時間（$T_1$）とスピン-スピン緩和時間（$T_2$）がある．ともに拡散係数と相関関係にあるので分子運動の指標となる．

特に，重水素核の $T_1$ は四極子相互作用のみで説明できるので，分子運動に関する研究が多い．また，$T_2$ は以下の式で線幅と関係づけられる．

$$\nu_{1/2} \approx \frac{1}{\pi T_2} \tag{6.6}$$

ここで，半値幅 $\nu_{1/2}$ は吸収線の半分の高さでの線の幅を指し，分解能や誤差の指標である．

### i. 固体における NMR の進歩

溶液 NMR のみならず，近年の固体 NMR の発展も著しい．固体 NMR では CP（クロスポーラリゼーション）と呼ばれる交差緩和の手順と MAS（マジックアングルスピニング）と呼ばれる回転装置が必要である．マジック角とは，化学シフトの異方性が無視される 54.74°のことである．しかも，回転数は 5000～10000 回転毎秒とかなり高速である．図 6.13 では黒い磁場軸に対して試料が傾いて回転する様子を示した．

**図 6.13** MAS 角

図 6.14 は，シリカゲルのスペクトル例である．A は CP なし，B は CP ありである．$Q_4$ は近くに OH 基がないので強度は変化しないが，$Q_3$ は一つの OH 基をもつので強度が増加する．

固体の NMR では $^{13}C\cdot{}^{15}N\cdot{}^{29}Si$ などが対象とされるが，$^1H$ を対象とする場合もある．

特定部位を安定同位体と交換する $^{13}C\cdot{}^{15}N$ ダブルラベル法などが今後注目される．この方法は固体での結合距離や結合角の決定にも有効である．また，高分解能固体 NMR での 2 次元 NMR も有望である．

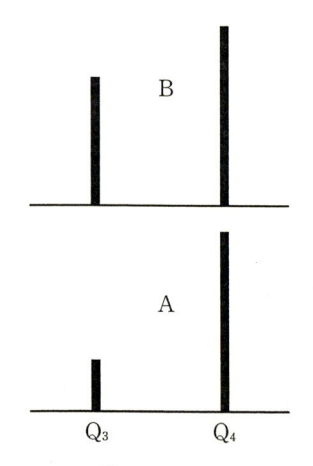

**図 6.14** $^{29}Si$ NMR の CP 効果

一方，四極子モーメントをもつ $^2$H や $^{23}$Na などの原子核を含む固体を研究するには，広幅 NMR が用いられる．技術的には非常に広範囲のスペクトルを瞬時に A-D 変換する技術と広範囲を励起する大きなパルスを発生する電力増幅器が必要である．

### j. 磁気共鳴画像診断装置（MRI）

MRI とは，NMR の原理を使って画像を撮る方法である．すでに，医療分野で実用的に利用されている．また，NMR 顕微鏡も報告されている．

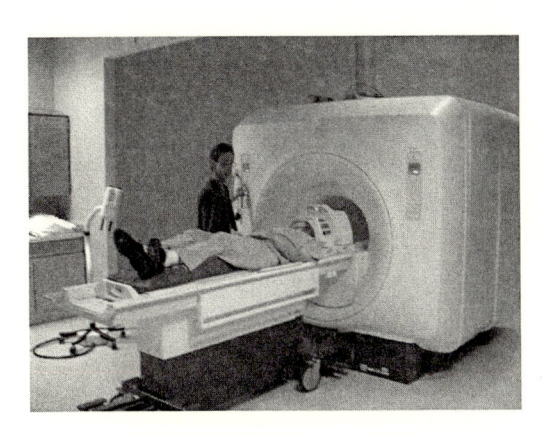

図 6.15　医療用 MRI の測定例

測定原理は NMR と同じで，水の吸収線の強度・$T_1$・$T_2$ の違いに応じて画像を構成し，生体組織の画像を得るものであり，特に，病変が見分けられるのが特徴である．位置の情報を得るには，広範囲に磁場勾配をつけて確定する．すなわち図 6.16 の上図のように直線的な磁場勾配を作ると式 (6.1) に基づいて同じ強度で位置によって共鳴振動数が変化する．これをスライス選択という．選択された面内で，さらに直交する 2 軸方向にそれぞれ周波数エンコードと位相エンコードに対応する磁場勾配を加えてフーリエ変換すれば 2 次元画像が得られる．

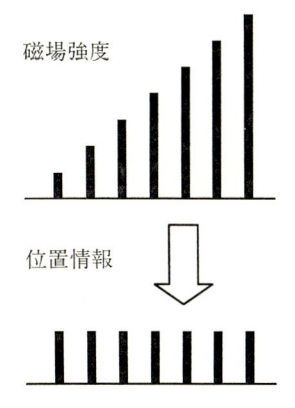

図 6.16　磁場勾配法

近年の話題としてノーベル賞について触れておきたい．

2003 年度のノーベル医学生理学賞は MR イメージング法の原理の提案でアメリカのポール・ローターバー教授とイギリスのピーター・マンスフィールド教授が受賞しました．そして，2002 年度のノーベル化学賞は日本の田中耕一氏（質量分析）とともにスイスのクルト・ビュートリッヒ教授が NMR のさらなる進展への貢献で受賞しています．しかも，1991 年度のノーベル化学賞はスイスのリヒャルト・エルンスト教授が分光学の方法論の開発への貢献で受賞しており，1952 年度のノーベル物理学賞もアメリカのフェリクス・ブロッホ教授とエドワード・M・パーセル教授が NMR による磁気モーメントの測定で受賞していることから，NMR がいかに実用的で貢献度の高い装置であるかがうかがえる．

---

[*1] NMR については日本核磁気共鳴学会のホームページ http://wwwsoc.nii.ac.jp/nmr/ が参照できる．また，産業技術総合研究所データベース SDBS http://www.aist.go.jp/RIODB/SDBS/ の利用を推奨する．

[*2] 応用例については日本磁気共鳴医学会のホームページ http://www.jsmrm.jp/ が参照できる．

# 7 電子スピン共鳴法

電子スピン共鳴法は，普通は ESR (electron spin resonance) と呼ばれる．また，EPR (electron paramagnetic resonance, 電子常磁性共鳴) もまったく同じ意味で使われる言葉である．この章では，ESR という言葉を用いることにする．

前章の NMR は，核スピンを測定対象としたのに対して，ESR は電子のスピン（スピンの説明は次節も参照）を測定対象とする．電子スピンはスピン演算子 $S$ で表し，また $S$ をスピンともいって，電子は $S=1/2$ のスピンをもつという．通常は，スピン量子数 $M_S=\pm1/2$ のスピンが対をつくりやすく，$S=0$ となり測定にはかからない．つまり，通常の中性分子は測定対象ではない．測定対象は $S\neq0$ の，自由電子，捕捉電子，不対電子をもつラジカル分子，イオンラジカル，あるいは遷移金属イオンなどに限られる．

この制限が逆に ESR 測定の選択制を高めている．上記の物質の電子スピン周りの性質が ESR スペクトルに現れるので，特定場所の構造，運動性の研究などによく使われている．

（以下の節では，核スピンは $I$，核スピン量子数は $M_I$ と書く）

### a. 測定原理

ESR およびスピンの説明には，どうしても量子力学が必要になる．簡単に説明していくことにする．電子スピン $S$ は，次の式で示すような磁気モーメント $\mu$ をもつ．

$$\mu = -g\beta S \tag{7.1}$$

ここで，$g$ は $g$ 因子と呼ばれる比例定数で，自由電子では $g_e$ と書き，$g_e=2.0023$ である．$\beta$ はボーア磁子である．

この磁気モーメントが強さ $H$ の磁場中に置かれると磁気エネルギーを生じ，そのエネルギーはスピン量子数 $M_S$ と磁場 $H$ の強さに比例し，次の式で表される．

$$E = g\beta H M_S \tag{7.2}$$

スピン量子数 $M_S$ は $-S, -S+1, \cdots\cdots, S$ の値をとり得て，普通に ESR で観測する $S=1/2$ の電子スピンでは $M_S$ は $+1/2$ と $-1/2$ の2通りの値をもつ．この一つの例は図 7.1 (a) に示す自由電子であり，磁場の中にこの自由電子が置かれると式 (7.2) に従って二つのエネルギー準位が現れる．これをゼーマン分裂といい，図 7.2 (a) に表した．

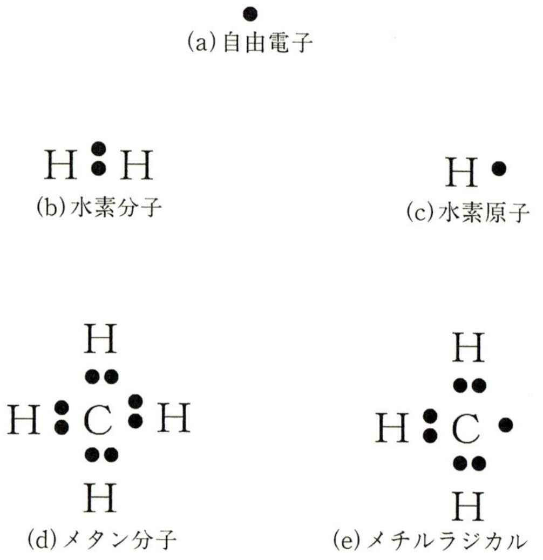

・
(a) 自由電子

H:H  　　　　　　　H・
(b) 水素分子　　　　(c) 水素原子

　　H　　　　　　　　H
H:C:H　　　　　　H:C:H
　　H　　　　　　　　H
(d) メタン分子　　　(e) メチルラジカル

図 7.1　電子・分子・ラジカルの例

## 7. 電子スピン共鳴法

いま，一定の波長の電磁波を照射しながら，磁場を順に大きくして行くと，$h\nu = g\beta H_0$ の $H_0$ のところで電磁波の吸収が起こる．これを観測するのがESRである．（CW-ESR, continuous wave ESR, 電磁波連続照射ESR）．

図7.1 (b) の水素分子，(d) メタン分子のような中性分子は，一つの結合軌道に入る2個の電子が $M_S = \pm 1/2$ のスピンで対になっている（Pauliの原理）ので，$S = 0$ となり，ESRでは観測されない．

一方，図7.1 (c) の水素原子や (e) メチルラジカルは，対になっていない電子（不対電子という）をもっているため $S = 1/2$ となり，ESRで観測される．しかし，この二つの例は自由電子，図7.1 (a) とは少し違う．電子の近くに同じく磁気モーメントをもつ水素の核スピンが存在する．この場合，電子スピンと水素の核スピンの相互作用を考慮に入れなければならない．核スピンとの相互作用を含めたエネルギーを書くと，式 (7.2) に代わって次の式が成立する．

$$E = g\beta H M_S + A M_S M_I \tag{7.3}$$

水素核では，$M_I = \pm 1/2$ である．なお，電子スピンを観測しているときの電子および核の量子数変化は，$\Delta M_S = 1$, $\Delta M_I = 0$ である．

式 (7.3) を図に描けば，図7.2 (b) のようになり，前記の許容遷移の下では $M_I = 1/2, -1/2$ の2本の吸収線が現れる．これを超微細構造といい，二つの線の間隔は式 (7.3) の $A$ であり，電子と核の相互作用の大きさを表す．水素原子の場合は，電子と核の距離が近いために非常に大きい．図7.1 (e) のメチルラジカルでは様子が少し異

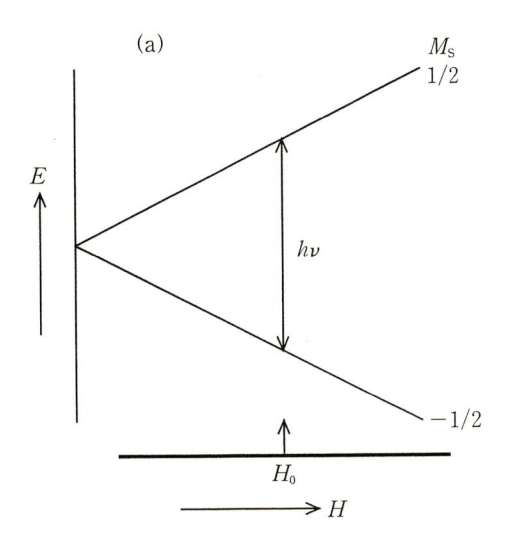

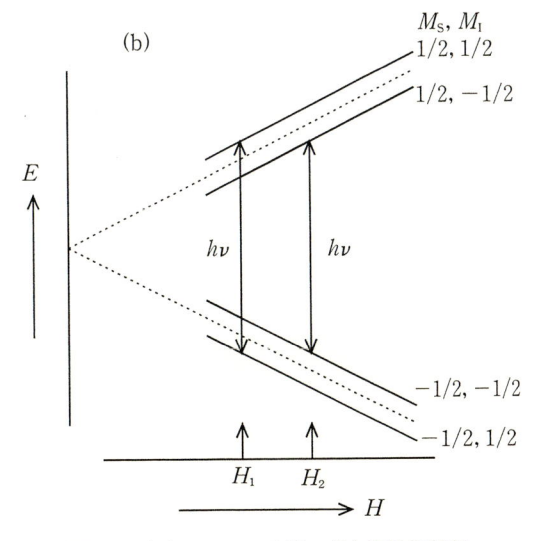

図7.2 (a) ゼーマン分裂，(b) 超微細構造

■コラム

### パルス FT-ESR

前章のNMRでは，ほとんどがパルスFT-NMRであったが，この章ではCW-ESR（Continuous Wave ESR）が中心となる．電子スピンの緩和時間が短いことと，観測すべきESRスペクトルのエネルギー範囲が広いために，CW-ESRでなければ観測できない現象が多いためである．しかし，これからはパルスESR装置の利用が増えてきて，パルス-，CW-ESRともにそのよいところが使用されるであろう．

なる．不対電子と相互作用をする水素核は3個あり，式 (7.3) の $A$ および $M_I$ もそれぞれについて計算しなければならない．メチルラジカルの場合は3個の水素核が同等であり，$A$ の値は同じであり，また値も水素原子に比べて小さい．この ESR スペクトルは後述の図 7.8 に示す．

### b. 測定装置

図 7.3 に CW-ESR 装置の模式図と写真を示した．ここでは一番普及している $f \fallingdotseq 9.5$ GHz の X バンド ESR を例にする．マイクロ波発振器としてはガン（Gunn）ダイオードがよく使われる．CW-ESR では，磁場発生には電磁石を用い，$H$ を可変としている．$g=2.0$, $f=9.5$ GHz と仮定すれば吸収磁場，$H_0$ は 339 mT（ミリテスラ）である．

マイクロ波発振器から出たマイクロ波は，導波管を通ってサーキュレーターに入る．サーキュレーターは，マイクロ波を一定方向にしか通さない回路素子であり，マイクロ波は反射型空洞共振器に入る．この空洞共振器内に試料を置く．空洞共振器は非常に大きい $Q$ 値（共振のよさを表す量）をもつので，試料にわずかでもマイクロ波の吸収が起こると共振状態に変化が生じ，反射型空洞共振器から出ていくマイクロ波の強度が変化する．この出て行くマイクロ波は再度サーキュレーターを通り，今度は検出器に達してその強度を測定される．

電磁石でかける静磁場 $H$ のほかに，試料には 100 kHz の変調磁場をかけている．この変調磁場により，検出器から出てくる信号は 100 kHz で変調されており，信号の増幅がしやすい．また，変調磁場との位相検波（変調周波数の信号のみを検出する，それ以外の周波数の信号は増幅しない）をすればノイズの少ない ESR 信号が得られる．

以上が CW-ESR 装置の簡単な説明とマイクロ波の流れ，信号検出の説明である．

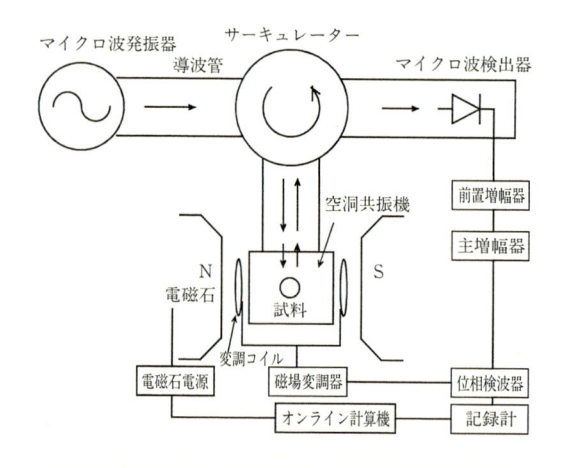

**図 7.3** X バンド ESR 測定装置の模式図と装置全体の写真

### c. 試料調製

電子スピンをもつ物質の調製法は種々あるが，代表的な方法を次に記す．

**1) 遷移金属イオン**

化学的に安定である．$S=1/2 \sim 5/2$ をもつ各種遷移金属イオンがある．スピンをもたない物質に埋め込まれて研究されている場合が多い．例：$K_2ZnF_4$ 結晶中に $Cr^{3+}$ をドープ，$Cr^{3+}$ 周りの環境を研究する．

**2) 安定ラジカル**

DPPH（1-ジフェニル-2-ピクリルヒドラジル）のように安定なラジカルとしてそのまま使われるもの，ある物質の運動性を ESR で研究するために安定なスピンを反応により

付加するスピンラベル剤，不安定ラジカルと反応して安定なラジカルとなるラジカル捕捉剤などがある．

### 3) 不安定ラジカルの生成

放射線・X線・紫外線などの高エネルギー電磁波を照射すると，分子の結合が切れてラジカルが種々生成する．これらを低温で観測したり，室温で比較的安定なラジカルのみを観測したり，酸素と反応して過酸化ラジカルにして観測したりする．図7.4に例を示した．

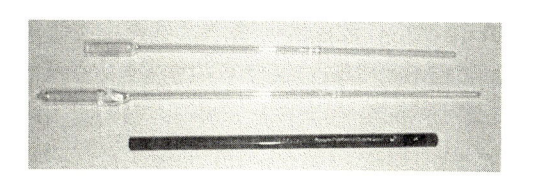

(a) ESRサンプル管
（一番下は比較のための鉛筆）

$(CH_2)_n$　$h\nu$　H　$-CH_2-CH_2$
ポリエチレン　→　水素原子　エンドラジカル

　　　　　　　　$-CH_2-CH-CH_2$
　　　　　　　　　アルキルラジカル

アルキルラジカル　$-CH_2-CH-CH_2-$
　＋　酸素　→　　　　│　　　過酸化ラジカル
　　　　　　　　　　O
　　　　　　　　　　│
　　　　　　　　　　O
　　　　　　　　　　●

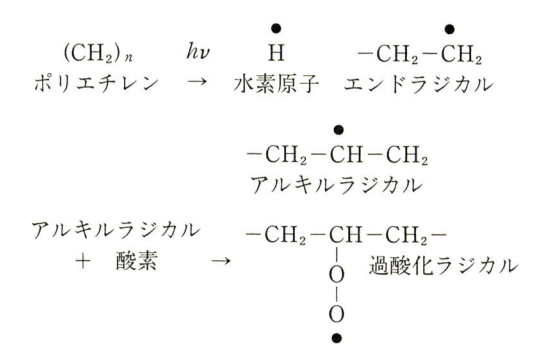

図7.4　種々のラジカルの生成

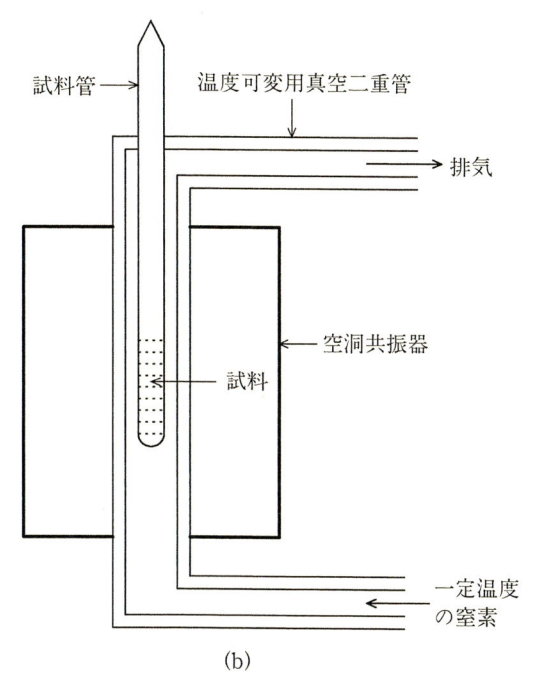

図7.5　温度可変装置で測定する模式図

## d. 付属装置

### 1) 試料形状と試料管

ESR測定に使う溶媒は，マイクロ波の吸収のないことが必要であり，水などのマイクロ波を吸収する溶媒の場合では，特別の工夫が必要である．粉体・液体・溶液は，直径5 mmの試料管（図7.5 (a)）に入れて測定する．また，低温で測定する場合が多いため，真空封入することが多い．温度可変装置で測定している模式図を図7.5 (b) に示す．単結晶試料で，スペクトルの角度変化を測定するときには，ガラス棒に単結晶を張り付けて測定試料とする．

### 2) 磁場測定装置，マイクロ波周波数計

ESR吸収位置の磁場と電磁波の周波数を知ることができれば，試料の$g$因子を求めることができる．また，超微細構造の二つの吸収位置の磁場がわかれば，その差より$A$値を求めることができる．

磁場測定には$^1$HのNMR吸収を利用し，吸収電磁波の周波数をカウントして磁場で表すNMR磁場測定器が市販されている．なお，この装置は磁場を自動追尾する．

周波数計には10 GHz以上まで測定できる高周波用のカウンターが必要である．

### 3) 標準試料

上記の磁場測定，周波数測定に代えて，$g$因子，$A$値が精密にわかっている標準試料を目的の試料と同時に測定するのも，目的物の$g$因子・$A$値を決定する実際的方法である．よく使われる$g$因子の標準は，DPPH

（粉末）で $g=2.0037$ である．また，$A$ 値の標準は $Mn^{2+}$（MgO 粉末中）であり，6 本線スペクトルの，3 本目と 4 本目の間の間隔が 8.7 mT である（図 7.6 (c) に示す）．

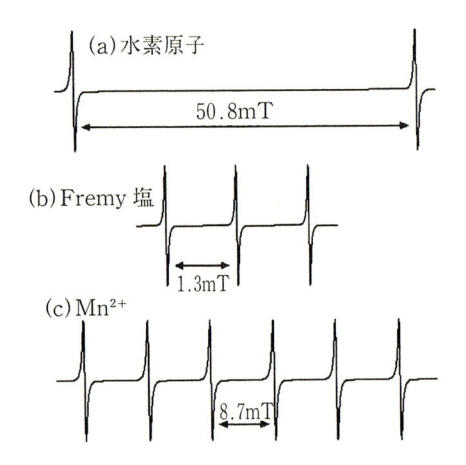

(a) 水素原子  50.8mT
(b) Fremy 塩  1.3mT
(c) $Mn^{2+}$  8.7mT

**図 7.6** $I$ が違う核種と相互作用しているいろいろな $A$ 値をもつ等方的 ESR スペクトル

### 4）温度可変装置，液体窒素デュアー，液体ヘリウムデュアー

ESR スペクトルが観測されるラジカルは不安定であることが多く，またスピン周りのミクロな運動を研究するためにも，低温から高温までの測定装置が必要とされる．

図 7.5 に 100～470 K まで温度の変えられる温度可変装置を空洞共振器に取り付け，真空封入された試料を測定している模式図を示した．窒素の代わりに液体ヘリウムからのヘリウムガスを使う装置は少し大がかりであるが，測定範囲が 4～300 K と低温まで広がる．また，77 K の測定に液体窒素デュアー，4.2 K の測定には液体ヘリウムデュアーが多用されている．

### e. 等方的 ESR スペクトル

図 7.6 に，典型的な等方的 ESR スペクトルを三つ示す．この図に見るように，ESR スペクトルは微分曲線で観測・記録することが多い．

図 (a) は水素原子のスペクトルで電子スピンは $I=1/2$ の水素核と相互作用し，$M_I=\pm1/2$ の 2 本線となる．図 (b) は Fremy 塩（$NO(SO_3)_2^{2-}$）で電子スピンは $I=1$ の $^{14}N$ と相互作用して，$M_I=\pm1, 0$ の等強度の 3 本線となる．図 (c) は前述の $Mn^{2+}$（MgO 粉末中）であり，$I=5/2$ の Mn との相互作用により等強度の 6 本線となる．

一方，電子スピンと相互作用をする核スピンが複数個ある場合は，上記の核スピン 1 個の場合と違って，各吸収の強度が違ってくる．例として，$I=1/2$ の核スピンが複数個あり，その超微細相互作用（$A$ 値）が同じ場合について説明する．図 7.7 に核スピンが 1～3 個の場合の準位分裂の仕方を描いた．ESR 吸収は $\Delta M_I=0$ であるから図に示した吸収が起こり，吸収線の本数は（核の数＋1）であり，その相対強度は 2 項係数となる．

図 7.8 に，典型的な ESR スペクトルの例を示した．図 (a) はメタノールラジカル（・$CH_2OH$）で 2 個のプロトンをもち，1：2：1 の 3 本線となる．

なお，OH のプロトンは相互作用が小さいため観測されていない．図 (b) はメチルラジカル（・$CH_3$）で，3 個のプロトンをもつ

$M_S=1/2$
$M_S=-1/2$
核の数：1　2　3

$I=1/2$ の核スピンが複数個ある場合の ESR 吸収
$A$ 値はすべて同じとする

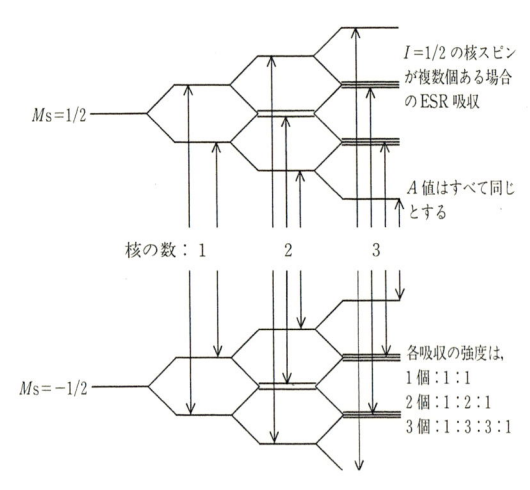

各吸収の強度は，
1 個：1：1
2 個：1：2：1
3 個：1：3：3：1

**図 7.7** 複数個の核スピンと相互作用するときの ESR 強度の説明図

(a) ·CH₂OH

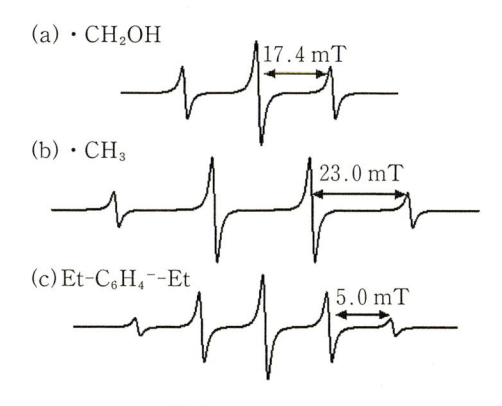

(b) ·CH₃

(c) Et−C₆H₄⁻−Et

図 7.8 等方的 ESR スペクトル例

ので，1:3:3:1 の 4 本線となる．図 (c) は $p$-ジエチルベンゼンアニオンラジカルで 4 個のプロトンと相互作用し，1:4:6:4:1 の 5 本線となる．

### f. 固体中の異方的 ESR スペクトル

いままでは，完全に無視してきたが，実は式 (7.3) の $g$ 因子，$A$ 値はともに異方性をもつ．いい換えると，分子の向きと静磁場 $H$ の角度によって，$g$ や $A$ の大きさが変化する．このことを過酸化ラジカルを例にして説明していこう．

炭化水素の過酸化ラジカルの模式図を図 7.9 に示す．COO·面は炭化水素の主軸（c 軸）に垂直であり，$g_1$，$g_2$，$g_3$ は互いに垂直で，$g_1 > g_2 > g_3$ である．$g_1$ の向きは OO·方向で，$g_3$ は c 軸に平行である．これを，単結晶の中で観測すると，静磁場に対して単結晶の角度を変化するにつれて，吸収線の位置が変化するはずである．ここでは，試料調製の容易な粉末あるいは多結晶試料のスペクトルではどうなるかをみてみよう．

$g_3$ と静磁場 $H$ のなす角を $\theta$，方位角を $\phi$ とすると，$g$ 因子は次の式で計算される．

$$g = (g_1^2 \sin^2\theta \sin^2\phi + g_2^2 \sin^2\theta \cos^2\phi + g_3^2 \cos^2\theta)^{1/2} \quad (7.4)$$

式 (7.4) と $g_1 > g_2 > g_3$ であることを考え合わせると，静磁場 $H$ に対して $g_1$ と $g_3$ の方向を向く分子の数が一番少なく，$g$ が $g_2$ の値をもつ分子の数が一番多い（注：$g_2$ の方向を向いていなくても，式 (7.4) により $g = g_2$ となる $\theta$，$\phi$ の組合せが沢山ある）．

これを模式的に表したのが図 7.10 (a) で，各吸収には線幅があることを考慮して，微分をとると同図 (b) となる．これが実際に観測される ESR スペクトルである．一般に，このようなスペクトルをアモルファスパターンといっている．$H_1$，$H_2$，$H_3$ はそれぞれ $g_1$，$g_2$，$g_3$ に対応する吸収位置である．逆に，アモルファスパターンの観測より，$H_1$（低磁場側のピーク），$H_2$（0 線を切る点），$H_3$（高磁場側の−ピーク）より，$g_1$，$g_2$，$g_3$

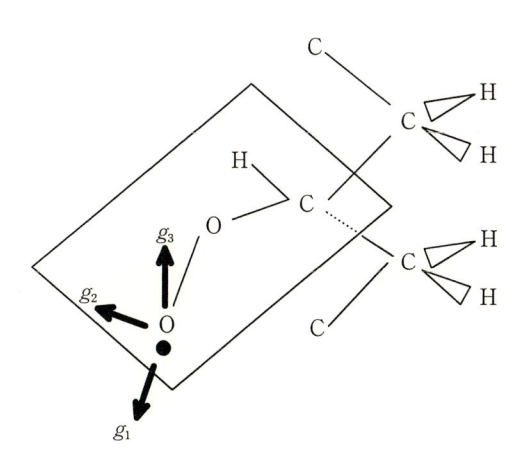

図 7.9 過酸化ラジカルの構造

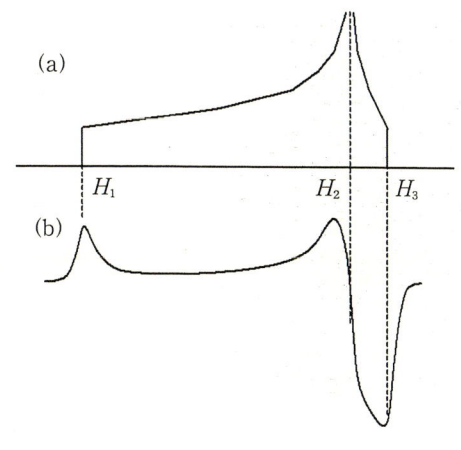

図 7.10 アモルファスパターン

が求まる.

スペクトルの温度変化より,高温では$g_\perp=(g_1+g_2)/2$, $g_\parallel=g_1$ のアモルファスパターンが得られ, $g_1$ と $g_2$ が平均化する分子運動が起こっていることがわかる.

同じように, $^{14}$N と相互作用する電子スピンをもつ ESR スペクトルは, $A$ 値の異方性によるアモルファスパターンを示す.これも温度を上げると分子の運動により平均化され,等方的スペクトルを示すようになる.溶液中で運動して等方的になった例が,図 7.6 (b) のスペクトルである.

このように $g$ 因子, $A$ 値の異方性は分子運動の研究に使われている.

**参考文献**
1) 日本化学会編:第4版実験化学講座8,分光 III,丸善

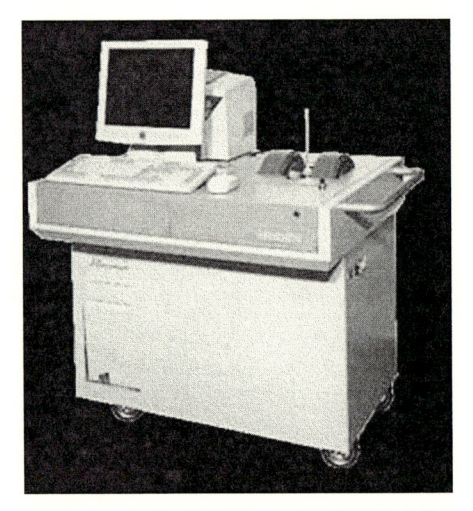

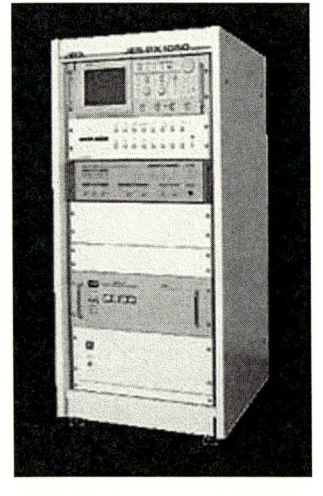

■簡易 ESR 装置とパルス ESR 装置(日本電子)

# 8 質量分析法

2003年ノーベル化学賞に輝いた田中耕一氏とジョン・B・フェン氏は，いずれも，質量分析のための分子イオン化法の開発により受賞した．質量分析法は，分子をイオンにして真空中で電磁場と相互作用させて分子の質量を測るものであるが，イオン化法の発展によって，それまで測定できなかった生体分子のような溶液中に存在する大きな分子をイオン化できるようになった．2人の発見は，特に生命科学を発展させるために，質量分析法が今後ますます重要となることを予感させる．

### a. 質量分析器（spectrometer）の概要

装置は大きく分けて，次の二つの構成部からなる．

① 分子イオン化部：試料がクロマトグラフィーなどで分離されたり，また適切な前処理濃縮後に導入，あるいは直接導入され，その後試料がイオン化される．

② 質量分析システム部：イオン化され荷電粒子となった分子原子を，その質量の荷電比に依存して電場や磁場との相互作用により分離検出する．

これらのデータを統合して，スペクトル表示や，ある試料成分の時間変化を表示するマスクロマトグラム，さらに，マススペクトルから分子構造を予測する．

### b. 分子イオン化法

試料導入法は，分子のイオン化の方法とも関係する．分子をイオン化するには，電荷を差し引きするか，電荷をもった原子イオンを結合させればよい．この質量分析の最初の過程である分子イオン化が質量分析法には不可欠であり重要である．イオン化法には万能なものはなく，試料が揮発性のものであるか，難揮発性のものかで方法も大きく異なる．

#### 1) 電子イオン化法

電子イオン化 (electron impact ionization: EI) 法は，分子量約1000以下の揮発性試料によく適用される古くからの手法である．図8.1に示すように，加熱気化した試料分子に，熱電子を照射する方法である．熱電子は通電により数千度に加熱されたフィラメントから放出され，その熱電子が電場により引かれ陽極トラップに向かう途中で，試料ガスにぶつかり，そのエネルギーが分子の電子を引き剝がすに十分であれば，分子はイオン化する．その結果，+1価の陽イオンラジカル $M^+ \cdot$ が生成される．結合に関与する電子が剝がされやすくフラグメント化が起こりやすい方法である．

#### 2) 化学イオン化法

化学イオン化法 (chemical ionization: CI) も，EI法と同様，揮発性で低分子を対象とする．原理も図8.1のEI法と同様に，イオン化には加熱フィラメントからの電子を用いるが，イオン化室には高濃度の反応ガス

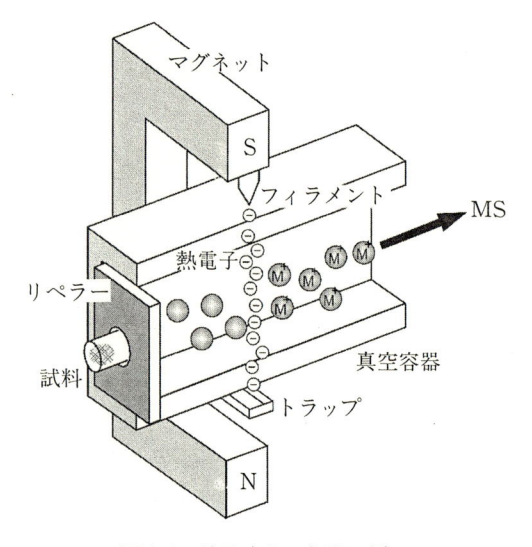

**図8.1** 電子イオン化法の原理

を導入している．試料ガスに比べて多量なこの反応ガスがまず電子により1次イオン化され，生成した1次イオンが，さらに近傍の反応ガス分子と反応し，反応ガス由来の種々の2次イオンが多量に発生する．導入される試料分子は，この2次イオンと反応して（ソフトにイオン化する），比較的安定な分子イオンとなる点がEI法とは異なる．反応ガスとして，メタン，イソブタン，アンモニア，メタノール，水などが用いられる．これらの場合は，反応分子から$H^+$がはずれ試料分子に付加したものや，逆に反応分子側へ試料分子からプロトンが引き抜かれたもの，さらに電荷のみ移動してイオン化したものや，試料分子にイオン化した反応ガス分子が付加したものなどが生成する．また，反応ガスにジクロロメタンなどを混ぜておくと，$[M+Cl]^-$などの負イオンとしてイオン化することもできる．CI法は，EI法に比べてフラグメント化が少ない．しかしEI法もCI法も，揮発性試料分子がおもに対象で，難揮発性の試料は，揮発性を付与するための誘導体化をまず行う必要がある．これらのEI，CIイオン化法は，分離法として，ガスクロマトグラフィーとの結合に広く利用される．

## 3) エレクトロスプレーイオン化法
(electrospray ionization : ESI)

いままでのイオン化法は，揮発性の分子が主であるが，有機物の20〜30%のみが対象となり，80%以上の有機物は難揮発性である．それらは，溶液として存在する多くの極性・非極性分子を対象とする液体クロマトグラフィー（LC）の対象でもある．LCと質量分析法のカップリング（LC-MS）は長い間の夢であったが，図8.2のように，たとえばLCから溶離してくる成分を含む溶離液をスプレーとして霧化し，そのスプレー溶液と質量分析器の真空チェンバー内導入部との間に高電圧を印加しておくと，霧化した溶液は液滴となる際，数多くの電荷を背負って真空中に導入される．

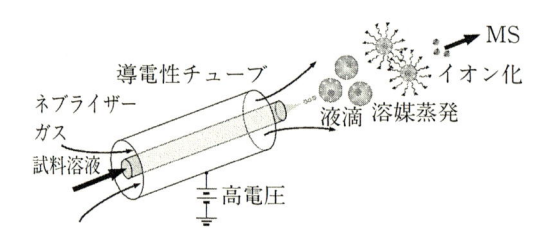

**図8.2** エレクトロスプレーイオン化法の原理

真空中において溶媒分子が揮発すると液滴は小さくなり，その上に電荷のみ残り，その電荷の反発で，さらにちぎれるように小さな粒になる．これを繰り返すと，溶液中の分子はそのイオンを背負って，真空中で溶媒分子が飛んだのち最終的にイオン化した試料分子となることをフェン氏らが発見した．その電荷は，ペプチドやタンパク質のような大きな分子では，多く極性基に依存して多価のイオンとなり，分子がフラグメント化もせず，会合体でもそのままイオン化する場合が多く，ソフトなイオン化であるのが特徴である．試料分子1分子に数個の電荷が存在するケースも多い（多価分子）．多価イオンとなると，

その質量分析器の中での振る舞いでは質量電荷比 $m/z$ が小さくなり，あたかも低分子のような振る舞いになり，従来の質量分析器でも解析可能な対象となる．ただし，その価数は，ある価数を中心に分布し，一つの分子に対し多くのピークを与える．そのため導入試料分子の純度が高いことが望ましく，分離法を用いないときには混合試料が多数のピークを出し，解析が面倒になる．

### 4) ナノエレクトロスプレーイオン化法（nano-electrospray ionization：nanoESI）

nanoESI 法も ESI 法の一つであるが，図8.3のように試料溶液の霧化の駆動力が異なる．ESI 法の場合は，試料の周辺から窒素ガスなどを同時に噴出し，いわゆる噴霧器のような構造をとるが，ナノスプレーでは，試料溶液と質量分析器の試料導入孔との間に印加した電場のみでスプレーを起動する．このスプレーは霧の液滴粒が小さく，先端がミクロンオーダーのキャピラリーを用いるため，$1\mu l$ の試料でも数十分のスプレーを持続させることができる．試料量が微量ですむため，プロテオーム解析でのゲル電気泳動にて精製したタンパク質などの溶液を直接シークエンスするなど，分離精製した試料によく利用される．

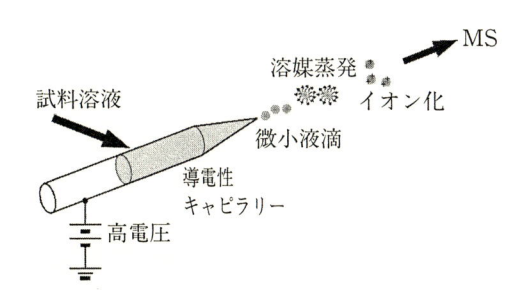

図8.3　ナノエレクトロスプレーイオン化法の原理

### 5) 大気圧イオン化法（atmospheric pressure chemical ionization：APCI）

APCI 法もまた ESI 法と同じように試料溶液を霧化する点は同じであるが，イオン化の仕方が異なる．図8.4のように，その霧化した液滴の中にコロナ放電を起こし，溶媒分子がイオン化し，たとえば正の高電圧を印加すると $H_3O^+$ などが，負では $OH^-$ などのイオンが生成する．これら溶媒分子イオンによる2次イオン化で試料分子はイオン化する．APCI 法では，正ではおもに $[M+H]^+$ が，負では $[M-H]^-$ イオンがよく生成する．

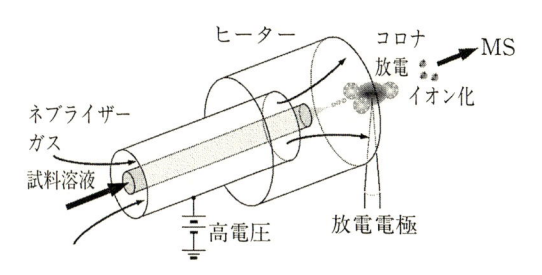

図8.4　大気圧イオン化法の原理

ESI 法とは異なり，極性があまり高くない比較的低分子によく利用され，ESI 法より高感度に検出されることがある．ただし，霧化するときに高温になるので，熱に不安定な試料分子には適さない．

### 6) その他のスプレーイオン化法

電子衝撃でイオン化した Ar や Xe を中性原子にあて，そこで生じた中性イオンビームをマトリックスと混合した試料分子にあててイオン化する FAB 法や，最近では，スプレーした試料液滴に紫外線をあて，さらに極性の低いものもイオン化させる photo-spray 法，加熱噴霧を低真空条件でジェットのように噴霧し，そのときに液滴が正や負に帯電することを利用した thermospray 法，あるいは加熱しないで行うコールドスプレー法などもある．

### 7) マトリックス支援レーザーイオン化法
(matrics assisted laser desorption ionization : MALDI)

さらに重要なイオン化法に MALDI 法がある．従来タンパク質のような高分子は質量分析法では不可能と思われていたが，田中氏がコバルト微粉末と高分子をたまたま混合してレーザー照射し，急激な発熱脱着を起こさせると，高分子のピークを発見したことにより，レーザーイオン化による高分子のイオン化法の道が開けた．その後，コバルトに代えて，パルスレーザーを吸収するさまざまな有機物を過剰に試料分子と混ぜ（この共存させる有機分子をマトリックスと呼ぶ）（図 8.5），パルスレーザーで，これらマトリックス分子をまず発熱し，同時にマトリックス分子をイオン化し，最終的にタンパク質や核酸のような高分子を2次イオン化させる．これをマトリックス支援レーザーイオン化（MALDI）法と呼び，それを飛行時間型質量分析（後述）で測定すると，タンパク質の絶対分子量や同位体ピーク，あるいは精製タンパク質の酵素消化物の解析からタンパク質のアミノ酸配列解析が可能となる．

現在では，表 8.1 のように使われるパルスレーザーの種類によりまた測定対象により多種のマトリックスが使われている．MALDI イオン化法の特徴は，高分子でも，ほとんど1価の電荷を有し，多価であってもせいぜい2価，3価であるため，ピークが同定しやすい．飛行時間型質量分析の分解能も1万以上に達し，同位体の存在により生じる沢山のピークが高分子量であっても判別できる．原理的には百万以上の分子量のものでも測定可能であるが，分子量増加とともに，イオン化・脱着がむずかしく，検出器の感度も悪く測定は困難になる．

MALDI イオン化法と分離法との連続カップリングは，まだ実用化されていない．

### c. 質量分析システム
### 1) 質量分析部の概要

このようにして，イオン化された分子は，

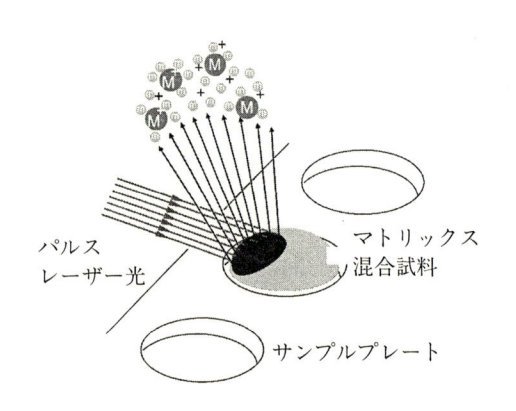

**図 8.5** MALDI 法の原理

**表 8.1** さまざまなレーザーソースとマトリックス

| レーザー | マトリックス名 | 対象分子 |
|---|---|---|
| $N_2$(337 nm) | シナピン酸 | ペプチド，タンパク質 |
| | 2,5-ジヒドロキシ安息香酸 | ペプチド，多糖類 |
| | 5-メトキシサリチル酸 | ペプチド，多糖類 |
| | αシアノ-4-ヒドロキシケイ皮酸 | ペプチド，タンパク質 |
| | 3-ヒドロキシピコリン酸 | 核酸関連物質 |
| | ジアミノナフタレン | 複合脂質，ペプチド |
| NdYAG (256 nm) | ニコチン酸 | ペプチド，タンパク質 |
| | 2-ピラジンカルボン酸 | ペプチド，タンパク質 |
| 炭酸ガスレーザー (2.94 μm) | コハク酸 | ペプチド，タンパク質 |
| | グリセリン | 核酸関連物質 |
| | | ペプチド，タンパク質 |

他のガスなどの分子と衝突しないよう真空中の質量分析部に送られる.

質量分析部は,基本的にこの分子イオンと電磁場との相互作用で,特定の質量電荷比 $m/z$ を分離検出する.従来多くは磁場型あるいはセクター型といわれる大型の磁石をもった質量分析部がよく利用されてきた.これらの大型の質量分析器は,分解能の点で優れる.しかし,最近では小型の機器が開発され,特にデスクサイドで LC や GC と結合して質量分析を行う場合,小型の手法が使用される.

その結果,現在はむしろ電場型とでもいうべき,古くからある四重極質量フィルター型や,イオントラップ型,飛行時間型あるいはそれらの組合せのものが多い.

### 2) 四重極 (Q) フィルター法

イオン化された分子イオンの束は,イオンガイドなどで揃えられ,図 8.6 のような,対向した 4 本の丸状あるいは双曲面の電極に導入される.これを四重極 (quadrupole : Q) と呼ぶ.対向する二組の電極に,それぞれ正と負の,直流 ($V$)+高周波電圧 ($U$) を印加する.その印加する直流と高周波電圧を変えることによって,電極中心を通過できる図 8.6 の濃線で示されるイオンビーム $m/z$ に限られ,それ以外の $m/z$ のイオンは,図 8.6 の薄線で示されるように条件が合わず散乱する.つまり,ある質量のもののみを通すフィルターのような役目をする.この質量フィルターは,小型簡便で,低真空でも稼働するので,GC のみならず最近では LC との結合での検出法としてもよく利用されている.

電極に印加する直流・高周波の両電圧と,ある $m/z$ のイオンが安定に電極の中を通過する条件は,図 8.7 のような関係にある.両電圧の組合せを,この安定通過条件のピークのところに設定すれば,ある一定の $m/z$ の分子のみを通過させることができ,いろいろな分子種をみたいときは,その両電圧を,図の直線上(実線)に沿って変化させて行けばよい.分解能は分子量±1 程度である.

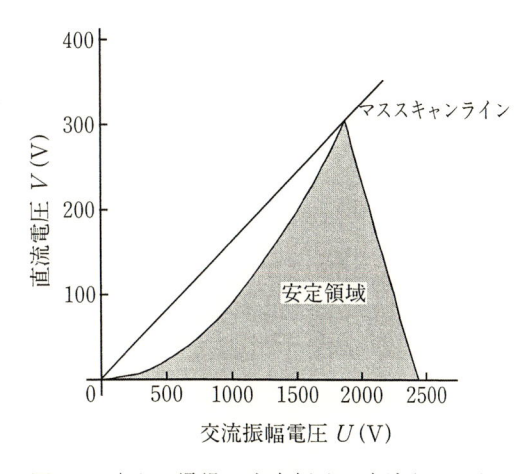

図 8.7 イオン通過の安定領域と直流 ($V$)・高周波 ($U$) の電圧.図は電極半径 7 mm,電極内接円半径 7 mm の四重極で $m/z=530$ のイオンに対して求めたもの.

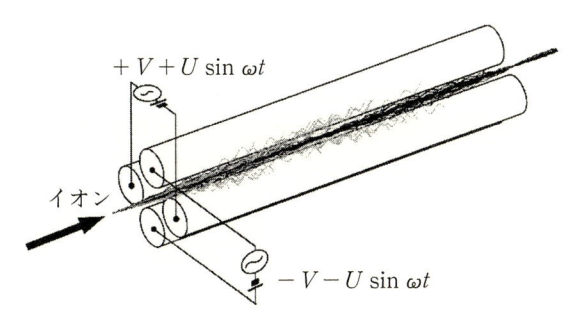

図 8.6 四重極質量フィルターの動作図

ある $m/z$ 分子のみを検出する場合は，その直流・交流の組合せでセット（選択イオン検出モード）して待ち受ければ，次々にそのイオンが検出器にやってくるので，信号積算が十分でき感度はよく，定量直線性の範囲も広い．しかし，定性分析のようにいろいろな分子種を一斉にみる場合，直流・高周波の両電圧を連続的に変化（スキャンモード）して検出するので，ある $m/z$ 分子の検出時間は短くなる．そのため，感度は選択イオン検出モードに比べて相対的に低下する．

図8.8には，細胞から放出されたヒスタミンやセロトニンが細胞から分泌されたところをマススペクトルで示す．ヒスタミンの112のピーク，およびセロトニンの177のピークが時間とともに成長していることがわかる．

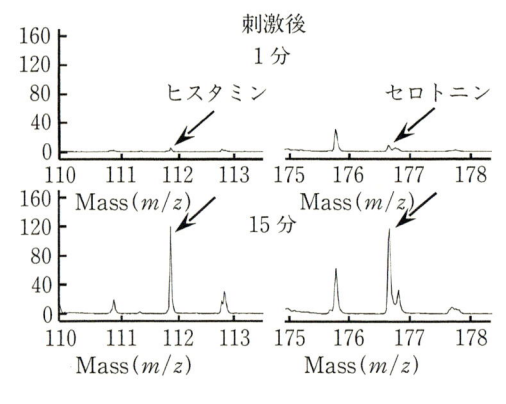

**図8.8** 肥満細胞から放出された分子

### 3）タンデム型四重極（QQ）法

四重極を図8.9のように，2段に，中央にコリジョンセルというイオンガイドを挟んで設置したものをタンデム型四重極（QQ）法という．これは，最初の四重極で，あるイオンを選択し，そのイオンは，次に設置したイオンガイド中を通過する際，導入されたアルゴンガスなどの不活性なガス分子と衝突してフラグメント化する．これを CID（collision induced dissociation）という．こうして生成した分子フラグメントの内，電荷をもつもののみが次の四重極に入り，2段階目の選択を受ける．このような2段階の選択を行う質量分析法を MS/MS 法という．親分子の分子量のみでは，候補は一般に多数あり，決定つけられないことがほとんどで，その分子のフラグメントイオンとの組合せで初めて，分子が特異的に同定できる．構造解析に使える分析法である．

さらにこの方法の利点は，二つの四重極で2段階の選択がなされているため，最終検出器のノイズが格段に減少し，感度がさらによくなり，かつ定量範囲も広くなる．これらの特性のため，血中の薬物代謝など，すでに狙う分子が明確で，その同定を高感度かつ特異的に広い定量範囲で求められるときなどにきわめて有効で，製薬企業などで広く利用されている．

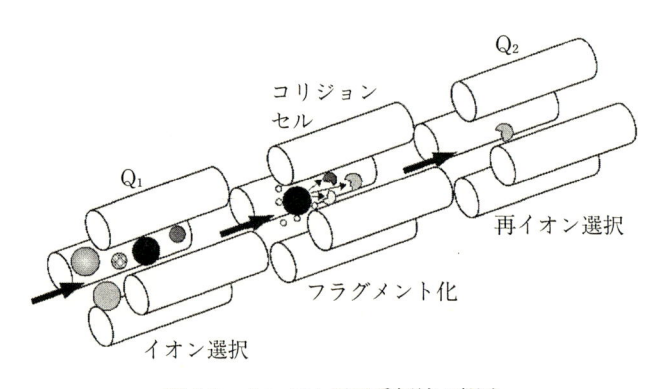

**図8.9** タンデム型四重極法の概略

### 4) イオントラップ法

四重極電極の一つの組をリング状に繋ぎ，そこに図8.7で示した安定領域に入る条件（どんなイオンも安定に存在する）で高周波のみの電場を印加すると，種々のイオンがこの電極内の狭い空間に閉じ込められる（イオントラップ）．その様子を図8.10に示す．

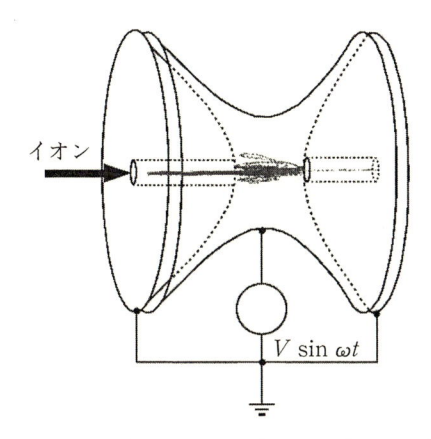

**図8.10** イオントラップ法でのイオンの動き

こうして，次々にくるイオンをここに閉じ込め，その後，直流や高周波の電圧を変化させると，あるイオンのみを選択トラップした状態をつくったり，あるいは高い$m/z$から順に放出し検出していくスキャンモードもできる．さらに，ある特定の$m/z$分子イオンを一度トラップしておいて，その後全イオントラップモードに戻し，この中にアルゴンガスなどの不活性ガスを導入し，分子をフラグメント化（CID）して，さらにスキャンモードで分析するMS/MSもできる．さらに面白いことに，この方法だと，そのフラグメント化した分子のある$m/z$のみを選び，またCIDを繰り返すこともできる．これを繰り返すことを$(MS)^n$という．イオンをトラップし蓄積できるので，容易に高感度化がはかれるが，蓄積限界があり定量範囲が狭い欠点がある．

トラップできる分子量が低分子に限られるが（最近では数万まで可能なものも出ている），微量での定性・定量，そして広く定性分析に強みをもつ手法である．

### 5) 飛行時間型（TOF）法

さまざまな質量のイオンが一点に存在し，それに，反跳電場（イオンを弾き飛ばすために印加するイオンの電荷と同じ極性のパルス電場）を加えると，イオンは一斉に飛んで行く．その電場からのエネルギー$zeV$は，すべてのイオンにとって等しいので，その運動エネルギーは$(1/2)mv^2$である．したがって，軽い（$m$小）分子は速度$v$が大きくつまり早く，重い（$m$大）分子は$v$が小さくつまりゆっくり飛んでゆく．その検出器までの到達時間は，総飛行距離を$L$とすると，

$$t = L(m/2zeV)^{1/2}$$

である．この時間（大体数～数十$\mu$s）を測定すると分子の質量電荷比$m/z$がわかる．これを飛行時間型質量分析（TOF/MS）法という．

**ⅰ）MALDI-TOF法**　図8.11に，MALDI-TOF法の原理を示す．前記のように，MALDIイオン化法でサンプルプレート上の試料分子をマトリックスと一緒にパルスレーザー照射によりイオン化し，その直後，反跳電場をサンプルプレートに印加すると，分子は一斉に飛ぶ．その直線状に飛ぶ最終点で飛行時間を検出する場合をリニアーモード検出といい，さらに飛行距離を稼ぐため逆電場をかけ，イオンの飛行をUターンさせて

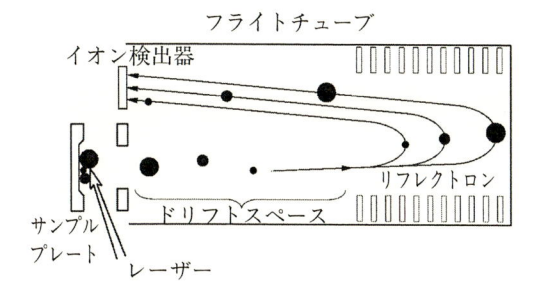

**図8.11** MALDI-TOF法の原理

検出する方法をリフレクターモードという．飛行時間が長くなれば，単位時間に到達してくる分子を見分けやすくなり，分解能も上がる．このリフレクターモードでは，同じ分子の出発時のわずかな運動エネルギーの違いがあっても，Uターン時に同一分子量であれば検出器に到着する時間が同じになる利点があり，これでさらに分解能が上昇する．

これらの機器設計の最適化で，現在では1万を超える分解能が達成されるようになった．さらに，飛行後にも，レーザー照射における過剰なエネルギーが分子を経時的にフラグメント化する．Uターン時までにこれが生じると，フラグメントで電荷をもつもののみがUターンし，特定のフラグメントのみが検出器に到達する．これをポストソースディケイ（post source decay：PSD）といい，これをリニアーモードの結果と組み合わせてその相違を利用すれば，簡便な MS/MS と同様に，分子のフラグメント化からペプチドなどの構造情報を引き出すこともできる．

MALDI-TOF の特徴は，高分子量のものでも検出できることで，タンパク質や遺伝子の同定，シークエンス解析などに非常に有用である．図 8.12 は，標準物質としてよく使用されるブラジキニンのスペクトルである．

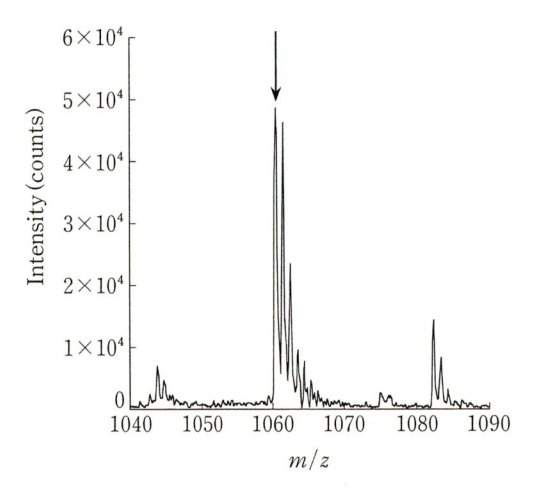

**図 8.12** ブラジキニンの MALDI-TOF スペクトル

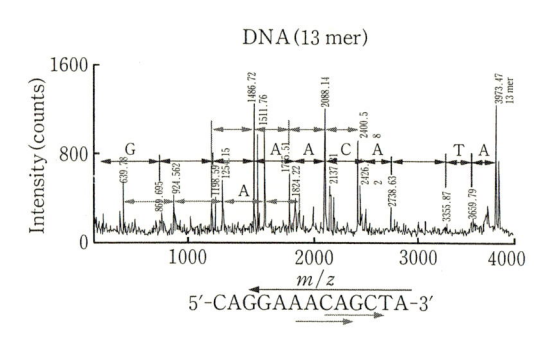

**図 8.13** オリゴ核酸の MALDI-TOF スペクトル

天然含有 $C^{13}$ 同位体の存在による 3 本のシフトが明確に見え，このピークの広がりから分解能も評価できる．また，この同位体シフトの間隔が 1 であれば 1 価体，0.5 であれば 2 価体と，分子の価数評価にも利用できる．このスペクトルの場合，ブラジキニン 1 価体のピーク群であることがわかる．

図 8.13 は，ネガティブモード（マイナス電場で分子を飛行させる）でとらえたオリゴ核酸のスペクトルを示した．ゲル電気泳動法でのシークエンスにも使われるジデオキシ法により，いろいろな塩基のところで DNA 合成を止めたものの混合物をこうして一度にスペクトルにとらえると，ピーク間の質量差から，端から順に塩基が決定でき，シークエンスが読みとれる．しかし，DNA は飛びにくく，なかなか測定に習熟するには時間がかかる．

遺伝子診断において，ヒト DNA の特定部位を PCR 増幅し，そのシークエンスを解析すると，人によってある塩基が一つ異なった多形性が認められる．これを，SNP という．このたった一つの違いが，その DNA を鋳型に合成するタンパク質の活性を変え，遺伝病や，薬物代謝酵素ならばその活性の違いから副作用の違いを引き起こすこともある．その解析にも本手法が使われている．

**ii) Q-TOF 法** もう一つの TOF 法は OA (off axis)-TOF とも呼ばれ，LC-MS

## 8. 質量分析法

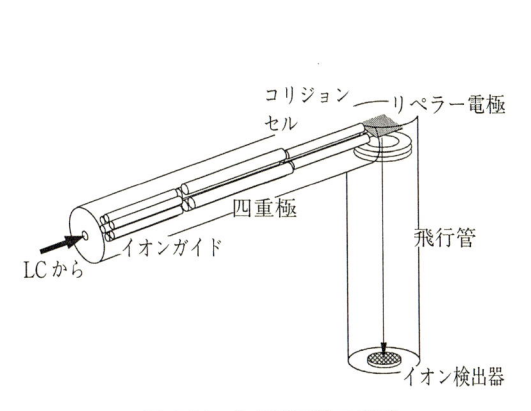

**図 8.14** Q-TOF 法の概略

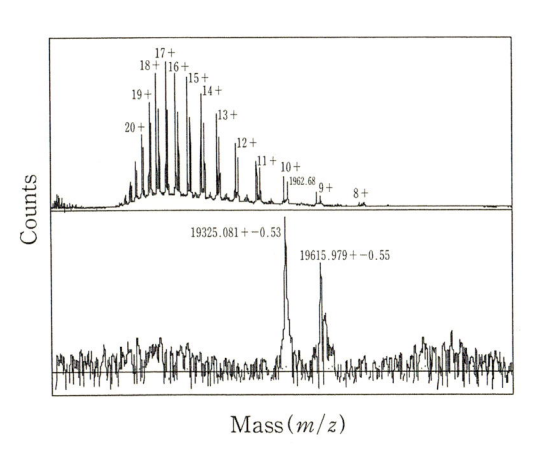

**図 8.15** hG-CSF の LC-TOF スペクトル

としてよく用いられる．LC-Q に，さらに TOF を結合している．LC で分離されてカラムより溶出してきた分子が，ESI 法などでイオン化され，質量分析器に導入される．そのイオンは，イオンガイドで揃えられ，図 8.14 のように最初の四重極に導入される．

ここで，全イオンを通過する高周波のみの

モードでイオンを通し，リペラーと呼ばれるイオンを高電圧パルスではじき飛ばす平板電極でイオンは進行方向と直角に飛ばされる．このとき，TOF の原理で，含まれるすべてのイオンの $m/z$ が同時に測定できる．すべての分子イオンが検出されたのち，次にその中の同定したい分子の $m/z$ を最初の四重極

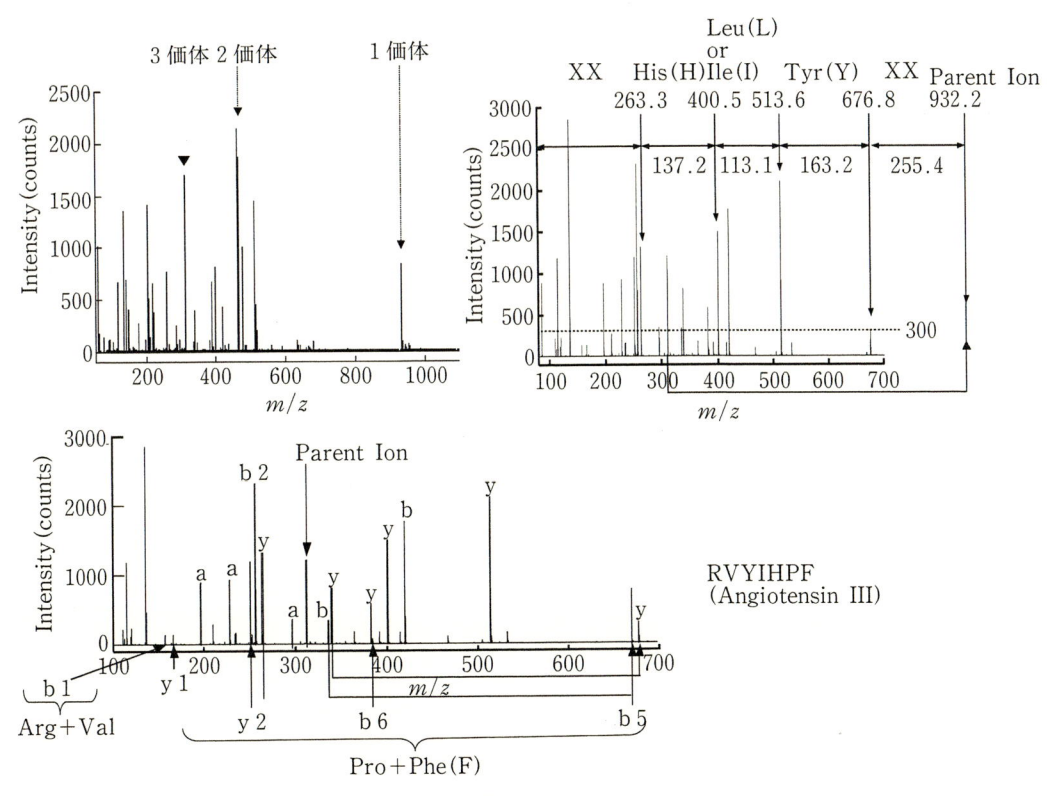

**図 8.16** ペプチドのシークエンシング

で選択し，その後ろにあるコリジョンセルで，フラグメント化する．そのフラグメントで電荷をもつものをTOFで一斉に解析し，その分子の同定や構造解析を行うことができる．

図8.15は，hG-CSF（ヒト顆粒球コロニー刺激因子）のLC-TOFスペクトルである．このように高分子は，ESI法では多価イオンを連続的に生じる（図8.15上の図は電荷8～20価のピーク群を示し，下図19325，19615は，これらから1価の電荷をもつ親イオンを求めたものである）．ESI法は分子を壊さないソフトなイオン化として有用であるが，この分子は糖タンパク質で，シアル酸を1個あるいは2個付けたものがあり，壊れやすい．上の図で，どのピークにも必ず寄り添うように付いているピークが，2種の分子を示唆している．このように，高分子では一つの分子種に多価の多くのピークを与えるので，前段にLCのような単一成分に分離する過程が分析に有効である．またこのパターンは，タンパク質特有のパターンで，この多くのピークを選んで，その間隔の連続的な変化から数値解析的に親ピークの分子量を逆推測することをデコンボルーション法という．図8.15のピークをもとにデコンボリュートして親分子量を求めると，下図のように，シアル酸一つ分の差のある予測どおりの二つの分子量が求まる．この親ピークは多くのピークから割り出すため，高い精度で分子量を求めることができる．得られた分子量の情報からわずかな分子構造の違いなどの情報まで見つけられることがある．

さらに，図8.16は，ペプチドをコリジョンセルでフラグメント化し，そのアミノ酸配列を決めているものである．

このように，Q-TOF法はプロテオーム解析など，低分子から高分子までの定量・定性分析のみならず，分子同定・構造解析に今後多用される手法になると考える．

### 6）その他の質量分析システム

現在，質量分析法の開発は活発で，他に，イオンを超伝導マグネットの中で回転させ，その回転周期から$m/z$を超高分解能で測定するFT-MS法や，上記のさまざまなコンビネーション，たとえばイオントラップ-TOF法なども製品化されている．それぞれの質量分析法の特性をよく理解して，目的に合った機種と分析法の選択を行うことが重要である．

# 9 走査プローブ顕微鏡

## 9.1 走査プローブ顕微鏡の歴史

### a. 走査トンネル顕微鏡の出現

原子・分子の概念が確立されてから，人類は原子や分子の構造を実空間でみることを夢見てきた．しかし，光学顕微鏡では使用する可視光の波長や光を収束させるレンズ系の収差によって分解能に限界があり，原子を見ることは原理的に不可能であった．また，オングストローム単位の波長をもつX線を使った方法（X線回折）では，物質が周期的な構造をもつ場合にしか適用できず，さらにいうと実空間での構造を観測できなかった．

20世紀初頭に量子力学が誕生し，電子の波動性が確認された．波としての電子線の波長は，加速電圧の調節でオングストローム単位にすることが可能である．電子線を利用した電子顕微鏡は，現在では水平方向の分解能を原子スケールまで向上させている．しかし，垂直方向には原子スケールの分解能がないため，3次元構造を観測することは不可能である．

このような状況の中で，1981年にIBMのBinnigとRohrerが走査トンネル顕微鏡（scanning tunneling microscopy：STM）を開発した．その測定原理を簡単に説明する．図9.1に示す鋭利な先端をもつ探針を試料表面と1nm（ナノメートル）程度に接近させ，試料と探針の間に電圧をかけると，探針にトンネル電流が流れる．トンネル電流は，トンネル効果によって流れる電子による

図9.1 STM測定用の探針（楕円で囲った部分）と探針ホルダー

電流であり，探針-表面間の距離を変えると指数関数的に変化する（d. 参照）．したがって探針を表面水平方向に走査させ，探針の位置をトンネル電流が一定となるようにフィードバック制御すると，探針は表面の微少な凹凸に応じた上下動をする（図9.2）．この上下の移動量を走査中に測定すれば，試料表面

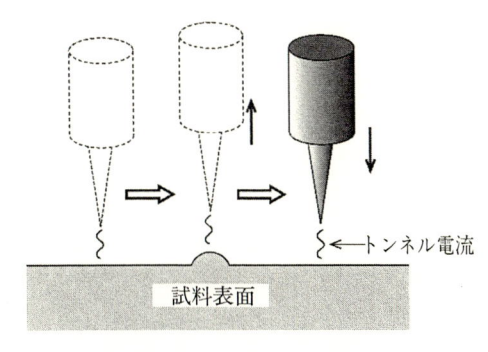

図9.2 試料表面の水平方向に走査させたときの探針の動き

トンネル電流が一定になるように走査すると，探針が表面の凹凸に応じて上下動する．

のトポグラフィー（topography：凹凸形状の情報）を記録できる．

STM の観測例として，図 9.3 に Si(100) 2×1 表面を測定した結果を示す．また，図 9.4 にはこの表面の模型図を示す．この表面では Si 原子がダイマー（二量体）を形成し，ダイマー列ができるといわれている．図 9.3 の明るい楕円状の部分は表面 Si 原子のダイマー（図 9.4 の楕円で囲った部分）に相当し，これが列をつくっている様子が STM 観測像からわかる．また，図 9.3 の破線で囲った部分は表面の Si 原子が消失してダイマー欠陥が生じたため暗く見えている．つまり，表面第 1 層の原子による表面構造が明るい STM 像として現れている．厳密には，STM は原子そのものを観測しているわけではないが，それでも STM は固体表面の構造情報を 3 次元的に原子分解能で得ることができた初めての方法であった．

図 9.1 に示した探針はマクロスケールで先端が鋭利であっても，原子スケールで尖っているとは限らない．探針に用いられる金属は W, Pt, Ir, Pt-Ir 合金などであるが，この中で先端曲率半径を一番小さくできる W の場合でも，初期には 0.1 μm 程度，最近でも数十 nm の曲率半径をもつ．STM が開発された当初は，探針の曲率半径が原子と比べて大きいにもかかわらず，なぜ原子分解能の像が得られるかわかっていなかった．しかし，現在では，その答はほぼわかっている．原子分解能の像が観測可能となるのは，探針の先端に図 9.5 の拡大図のように原子 1 個が突出しているときである．また，探針の先端部分の構造や原子の種類は観測像に影響しないといわれている．

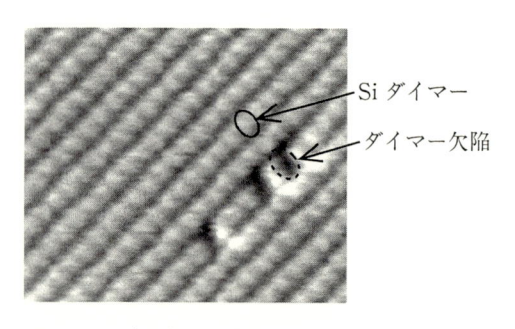

**図 9.3** Si(100) 2×1 表面の STM 観測像（室温）

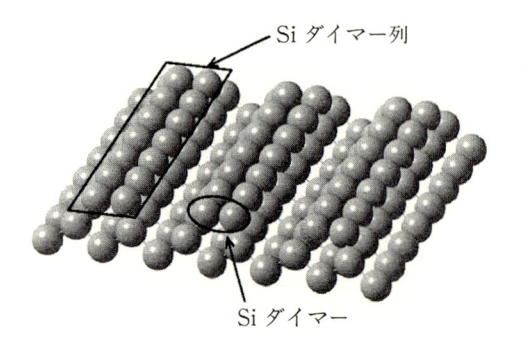

**図 9.4** Si(100) 2×1 表面の模型図

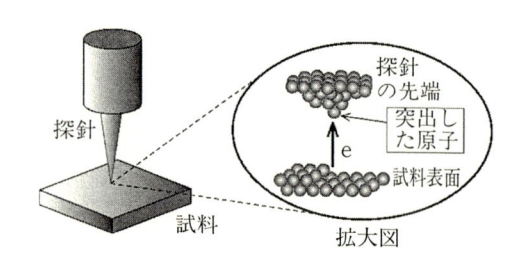

**図 9.5** 探針先端の概念図

### b. 原子間力顕微鏡の出現

STM が適用できるのは，導電性の試料表面に限られていた．そこで，1986 年に Binnig, Quate, Gerber たちによって原子間力顕微鏡（atomic force microscopy：AFM）が考案された．AFM の測定原理を簡単に説明する．探針を試料表面に接近させるか接触させると，それらの間に原子間力が働く．原子間力とは原子スケールの距離で物質間に働く力であり，遠距離ではファン・デル・ワールス力による引力，近距離になるとパウリの交換反発力が働く．図 9.6 に示すように，カンチレバーと呼ばれる板バネの先に探針をつけて表面水平方向に走査させると，表面の凹凸に対応した原子間力がカンチレバーを変位

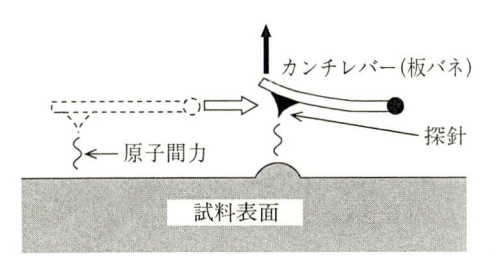

**図 9.6** AFM 測定の原理図

させる．このカンチレバーの微小な変位を検出すれば，試料表面のトポグラフィーが得られる．

カンチレバーの微小な変位を検出するには，2通りの方法が用いられる．一つは図9.7 (a) に示す光テコ方式である．この方式では，半導体レーザーからのレーザー光をカンチレバーの背面に入射し，レバーの変位による反射光の角度変化を4分割光ダイオードで検出する．もう一つは図9.7 (b) に示す光干渉方式である．カンチレバーの背面に光ファイバーを近づけ，ファイバーを通してレーザー光を入射すると，反射光もファイバーを通って戻る．図9.7 (b) の反射光AとBは，それぞれファイバーの端とカンチレバー背面で反射される光である．ファイバーとカンチレバーの間の距離が変化すれば，これらの反射光に位相差が生じる．この位相のずれによる干渉を測定することで，レバーの微小変位を検出する．

近年のAFM測定技術の進歩によって，図9.8に示すようにSTMと同等の原子分解能で構造情報が得られるようになった．また，AFM測定では測定試料が導電体である必要性がないため，測定できる対象物は広がった．

**図 9.8** Si(100) 2×1 表面のAFM観測像（図は日本電子㈱の提供による）

STMやAFMが開発される前のおもな表面物性測定法は，光や電子などを表面に入射し，そこから放出された電子やイオンなどを検出する方法であった．しかし，放出される粒子のエネルギーを定量的に検知するためには，超高真空下での測定が不可欠であった．それに対し，たとえばSTM測定ではトンネル電流が測定できる条件であれば，溶液中や大気圧下の空気中でも測定が可能であり，STMやAFMは表面物性測定の分野に画期的進歩を与えた．

### c. 走査プローブ顕微鏡（SPM）

AFMの成功はさらなる発展をみせ「探針を試料表面に接近させて，試料と探針の間に

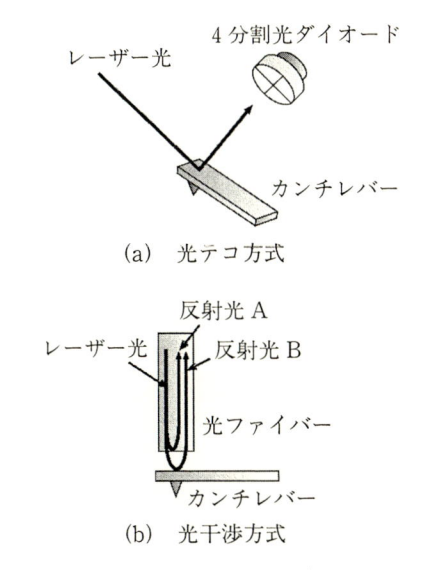

(a) 光テコ方式

(b) 光干渉方式

**図 9.7** カンチレバー変位の検出方式

働く局所的な相互作用や物理量を測定する」方法を用いて，原子分解能での物性を測定する顕微鏡が他にもいくつか考案された．これらの顕微鏡は，総称して走査プローブ顕微鏡（scanning probe microscopy : SPM）と呼ばれる．いくつかのSPMの名称と測定する物理量を表9.1にあげる．

SPMは，表面物性の測定に用いられるだけではない．最近ではSPMを用いて，原子を1個1個移動させたり，あるいは分子1個だけを化学反応させる研究例が報告されている．すなわち，SPMによって，原子スケールでの表面設計の可能性が示唆されつつある．

**d. トンネル効果**

STMはトンネル効果によって流れる電流を測定するが，このトンネル効果について説明しよう．図9.9に示すように，ポテンシャルエネルギーが幅 $d$ の間だけ $V_0$ でその他は0の条件のとき，このエネルギー障壁の左側からエネルギー $E(<V_0)$ の粒子が入射したとする．古典力学の世界では，入射粒子は100％反射される．しかし，原子スケールの物理法則である量子力学では，ある程度粒子が透過する確率を与える．この粒子がエネルギー障壁を透過する現象をトンネル効果という．トンネル効果で透過する確率は近似的に

$$\exp\left[-\frac{4\pi d}{h}\sqrt{2m(V_0-E)}\right] \quad (9.1)$$

で表される．ここで，$m$ と $h$ はそれぞれ粒子の質量とプランク定数である．このように，トンネル効果で透過する確率は，エネルギー障壁の幅 $d$ に指数関数的に依存する．

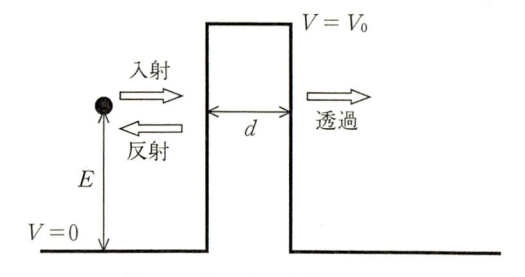

図9.9 トンネル効果の概念図

**e. 走査プローブ顕微鏡の分解能**

SPMの分解能が原子スケールとなる理由について説明しよう．SPMで測定するトンネル電流や原子間力などの物理量の測定信号を $S$，その検出限界（雑音レベル）を $\delta S$，信号雑音比（SN比）を $k$ とすると，

$$\delta S/S = 1/k \quad (9.2)$$

である．ここで，測定信号 $S$ が探針の先端と試料表面の間の距離 $z$ に指数関数的に依

表9.1 主要なSPMの名称と測定する局所的な物理量

| 略称（英語名） | 日本語名 | 物理量 |
|---|---|---|
| STM（scanning tunneling microscopy） | 走査トンネル顕微鏡 | トンネル電流 |
| AFM（atomic force microscopy） | 原子間力顕微鏡 | 原子間力 |
| FFM（friction force microscopy） | 摩擦力顕微鏡 | 摩擦力 |
| VE-AFM（visco elasticity AFM） | 粘弾性顕微鏡 | 粘弾性 |
| MFM（magnetic force microscopy） | 磁気力顕微鏡 | 磁気力 |
| NSOM（near-field scanning optical microscopy）（NSOMはSNOM : scannning near-field optical microscopyとも呼ばれる） | 近接場光学顕微鏡 | 近接場光（エバネッセント光） |
| KFM（kelvin probe force miscroscopy） | ケルビン力顕微鏡 | 表面電位 |
| scanning electrochemical microscope（13章参照） | 走査電気化学顕微鏡 | 酸化・還元電位 |

存する場合を考える．すなわち，$\lambda$ を信号の減衰距離とすれば

$$S \propto \exp(-z/\lambda) \tag{9.3}$$

となる．測定信号の微小変化 $\delta S$ に対応する探針-試料間の距離の微小変化 $\delta z$ が，減衰距離 $\lambda$ よりもはるかに小さくて，$\delta z/\lambda \ll 1$ であれば，

$$(S-\delta S)/S = \exp(-\delta z/\lambda) \approx 1-\delta z/\lambda \tag{9.4}$$

となる．この式と式 (9.2) をあわせると，結局

$$\delta z \approx \lambda/k \tag{9.5}$$

が成立する．すわなち，SPM の垂直方向の空間分解能は式 (9.5) で与えられる．

たとえば，STM のトンネル電流の減衰距離 $\lambda$ は単純なモデル近似計算によれば

$$\frac{h}{4\pi}\left[2m_e\left[\langle\phi\rangle - \frac{e|V|}{2}\right]\right]^{-1/2} \tag{9.6}$$

で与えられる．ここで，$m_e$ は電子の質量であり，$\langle\phi\rangle$ は探針と試料の仕事関数の平均値，$V$ は探針と試料の間に印加する電圧である．典型的な金属では仕事関数が 5 eV 程度であるので，$\langle\phi\rangle - e|V|/2$ を 4 eV として計算すると，減衰距離 $\lambda$ は 0.05 nm となる．トンネル電流はだいたい数 nA のオーダーであるが，1 nA のトンネル電流に対して検出限界が 0.02 nA の場合 ($k=50$)，理論的には垂直分解能が 0.001 nm となる．実際には，探針を上下動させるための駆動方式にも垂直分解能は依存する．なお，現在の最高性能の STM では垂直分解能が 0.001 nm まで実現されている．

さて，原子半径の大きさが 0.1 nm 程度であることを考慮すると，測定する物理量の減衰距離が 0.05 nm ということは，探針先端のうち最も試料表面に近い原子のみが試料表面の物理量を検出することになる．すなわち，探針の検出部分の曲率半径 $R$ は 0.1 nm 程度と考えてよい．曲率半径 $R$ が探針-試料

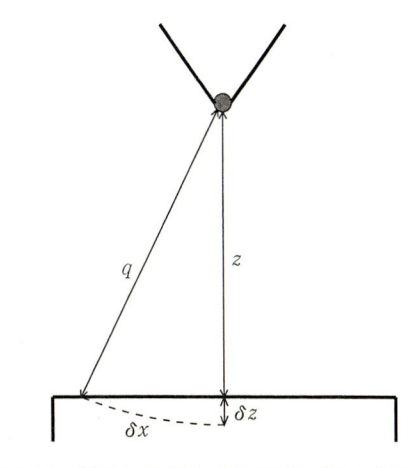

**図 9.10** 探針の先端の曲率半径（図の黒丸の半径）$R$ が表面との距離 $z$ よりも小さいときの水平分解能 $\delta x$ と垂直分解能 $\delta z$ の位置関係

間の距離 $z$ よりも十分小さい ($R \ll z$) 場合，探針と表面との間の模式図は図 9.10 のようになる．垂直分解能が $\delta z$ のとき，探針との距離が $z$ と同じにみなされるのは図 9.10 の $q$ ($=z+\delta z$) の距離である．そうすると，探針の真下の位置と真下から表面水平方向に $\delta x$ だけずれた位置のトンネル電流の違いがこの垂直分解能では識別不能となるので，真下からのずれ $\delta x$ が水平分解能といえる．これらの距離の間には，

$$z^2 + \delta x^2 = (z+\delta z)^2 \tag{9.7}$$

が成立するが，$\delta z \ll z$ であるから水平分解能は，

$$\delta x \approx \sqrt{2z\delta z} \tag{9.8}$$

で表せる．したがって，垂直分解能が高く，かつ探針との距離が小さければ水平分解能も高くなる．たとえば，垂直分解能が 0.01 nm の SPM で探針を試料表面から 1 nm の距離で走査させると，その水平分解能は 0.14 nm と原子スケールになる．

以上をまとめると，① 測定信号の SN 比が大きいこと，② 測定する物理量の減衰距離が原子半径よりも小さいこと，の 2 条件を満たす SPM であれば，どの物理量を測定す

る顕微鏡であっても原子分解能が実現可能となる（図9.11）．

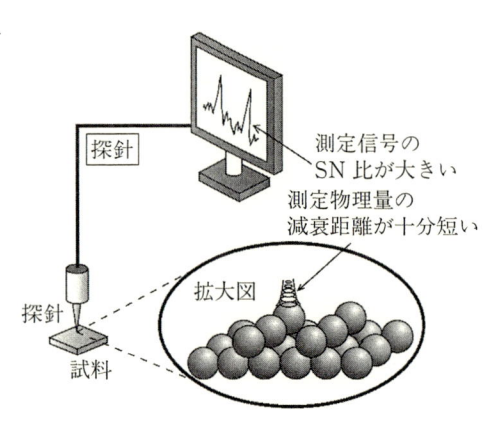

**図9.11** SPMが原子分解能をもつ条件

## 9.2 走査トンネル顕微鏡（STM）

### a. STMで見える原子と見えない原子

9.1節のa.でSTMは原子そのものを観測しているわけではないと述べたが，その具体例として高配向性熱分解グラファイト（high orientated pyrolytic graphite：HOPG）のSTM像について説明しよう．図9.12はHOPGのSTM像であるが，図9.12の明るい部分の配置は図9.13（a）の表面第1層の原子配列に対応していない．すなわち，HOPGのすべての表面炭素原子がSTMで見えているわけではない．結論から先にいうと，STMで明るく見えているのは図9.13（c）で示した，表面第1層の$\beta$サイトの炭素だけが観測される．

では，なぜ第2層の炭素原子が第1層の炭素原子の見え方に影響を及ぼすのだろうか．その理由については，STMが何を測定しているかに立ち返って考える必要がある．すなわち，どんなときにトンネル電流が流れやすいかを考えてみよう．

物質中の電子は，外からエネルギーを与えない限り勝手に外に飛び出すことはない．そ

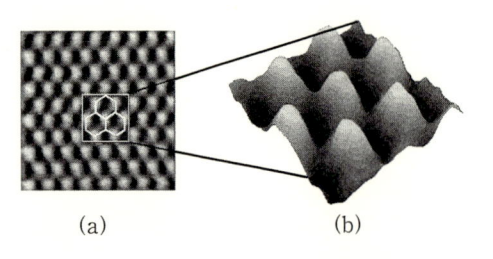

**図9.12** HOPG表面のSTM観測画像
（b）は（a）の画像の一部の鳥瞰図

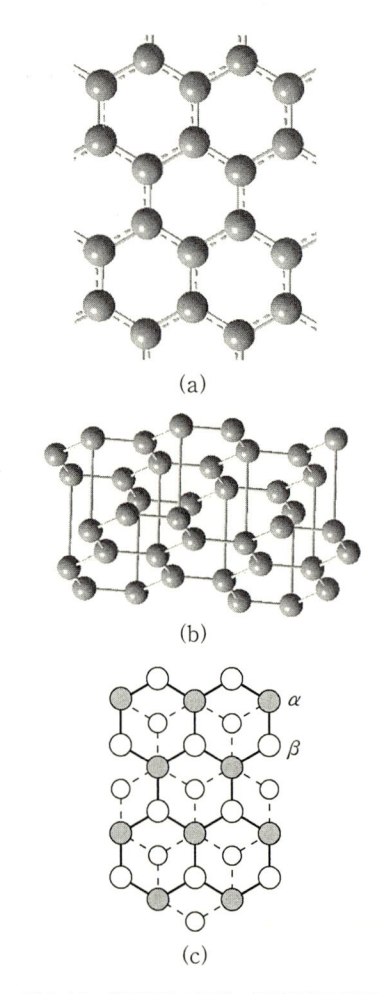

**図9.13** HOPG表面の炭素原子配列
（a）表面第1層だけを上から見た図．（b）表面第1層と第2層の位置関係．第2層は第1層に対して，$x$方向に，1/3，$y$方向に2/3だけ平行移動している．（c）第1層（実線）と第2層（破線）の位置関係を上から見た図．第1層の炭素のうち，その真下に炭素が位置しているものが$\alpha$サイト（斜線丸），炭素のないものが$\beta$サイト（白丸）と呼ばれる

の様子を金属を例にして図9.14（a）に示す．この図の横軸は表面に対して垂直方向の距離であり，点線から左側は金属内部，右側は真空側である．縦軸はエネルギーである．図のハッチ部分は電子が金属内部でとることのできるエネルギー範囲を示す．真空中での電子が静止状態のときは，そのエネルギーは $E_V$（真空準位）である．一方，金属内部ではそれよりも下の位置 $E_F$（フェルミ準位）までしかエネルギーをとることができない．そのため，表面から電子を飛び出させるには図9.14（a）の①のように，最低 $\phi$ の大きさのエネルギーを与える必要がある．このエネルギーは仕事関数と呼ばれる．

金属と金属を接触させずに近づけると，図9.14（b）のようなエネルギー分布ができる．金属を接近させただけでは図の灰色部分に電子がとりうるエネルギー範囲は存在しないため，この灰色部分は電子にとってエネルギー障壁のような役割を果たす．金属間が離れているとき，すなわち壁が厚いときに電子を左から右の金属に移動させるには，①の過程のように，一度壁の上まで電子をもち上げる必要がある．しかし，壁の厚さが薄いときはトンネル効果によって，②のように壁を透過する確率が高くなる．このトンネル効果で流れる電子が，トンネル電流となる．ただし，トンネル電流が流れるには，相手方の金属に電子を受け入れる余地がなければいけない．また，金属中の電子がトンネル効果で移動する確率は，電子のエネルギーが $E_F$ に近くなるほど大きい．

次に，HOPG表面のエネルギー分布を考えてみよう．HOPGでは炭素原子が $sp^2$ 混成軌道を形成し，共有結合によって平面内では原子が強く結合する．一方，混成に加わらなかったpオービタルは，図9.15（a）のように並ぶ．$\alpha$ サイトの原子では，表面第1層の原子の下に第2層の原子があるので，pオービタルが相互作用し，結合性軌道と反結合性軌道を形成してエネルギーが分裂する（図9.15（b））．一方，$\beta$ サイトの原子ではpオービタルのエネルギーは元のままである．したがって，このpオービタルでつくられるエネルギー準位（電子がとりうるエネルギー位置）は三つになる．表面には多数の原子が存在し，横方向の相互作用もかかわってくるので，これらのエネルギー準位の幅は広がるが，$\alpha$ サイトと $\beta$ サイトのエネルギー準位がつながるまでには広がらない．

図9.16はHOPGに金属の探針を接近させたときのエネルギー分布である．HOPG側では元々 $\beta$ サイト準位の半分の位置まで電

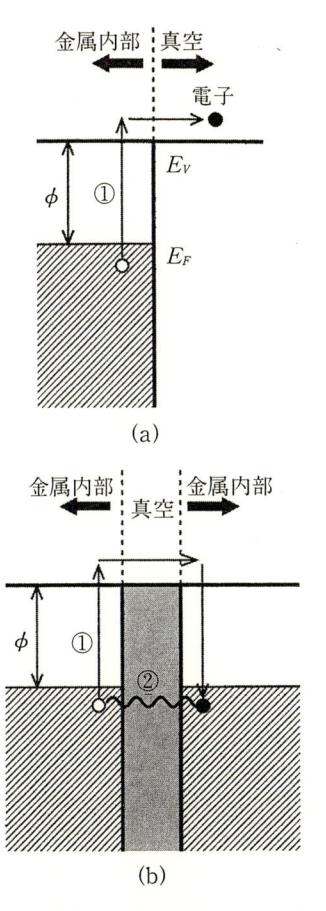

**図9.14** （a）金属から電子を取り出す過程，（b）エネルギーをもらって接近した金属に電子が移動する過程①とトンネル効果で移動する過程②

子が詰まっていて，まだ電子の入る余地はある．しかし，αサイトのエネルギー準位は$E_F$以下であるため，電子が全部詰まっていてそれ以上電子の入る余地はない．電子のエネルギーが$E_F$に近くなるほどトンネル効果の確率が高くなるので，トンネル電流が最も流れやすく，かつ電子が入り込むことができるのはβサイトのエネルギー準位の部分だけとなる．そのため，STMで見えるのはβサイトの炭素原子だけということになる．

上記の議論はかなり定性的であるが，STMで観測されるのは電子がとりうるエネルギー分布（正確には表面の電子状態密度）であるという結論は正しい．すなわち，STMは表面の局所的な電子状態密度を測定する手段といえる．

固体表面の場合，表面原子にある程度局所的な電子状態が存在するため，表面の原子像がSTMで観察されることは多い．たとえば，先に例をあげたSi(100)の場合は次のように考えられている．Si結晶はダイヤモンド構造をとり，sp³混成軌道によって4本の結合手で結合をする．ただし，(100)面方位で結晶を切断した理想表面では，結合手のうち2本が結合する相手を失う（図9.17(a)）．

現実の表面では，そのうちの1本を用いて隣り合うSi原子を結合させ表面ダイマーを形成しているが，それでも未結合の結合手（ダングリングボンド）が残る（図9.17(b)）．このダングリングボンドによって形

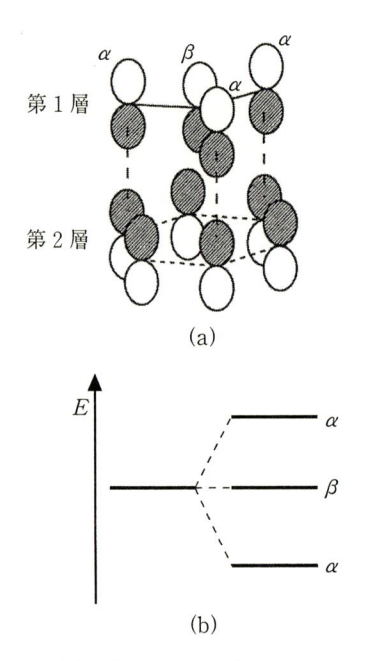

**図9.15** (a) HOPGのpのオービタルの配置，(b) 層間のpオービタルの相互作用によってできるエネルギー準位
αサイトのエネルギーは上下に分裂する．

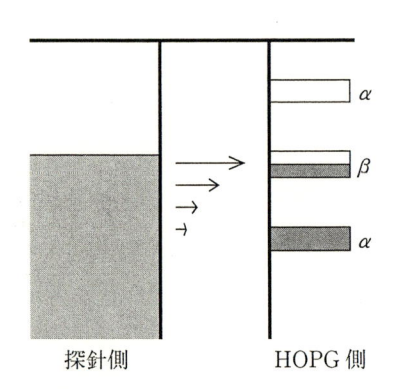

**図9.16** 探針とHOPGを近づけたときのエネルギー分布
図の矢印の長さはトンネル電流の流れる確率を模式的に示している

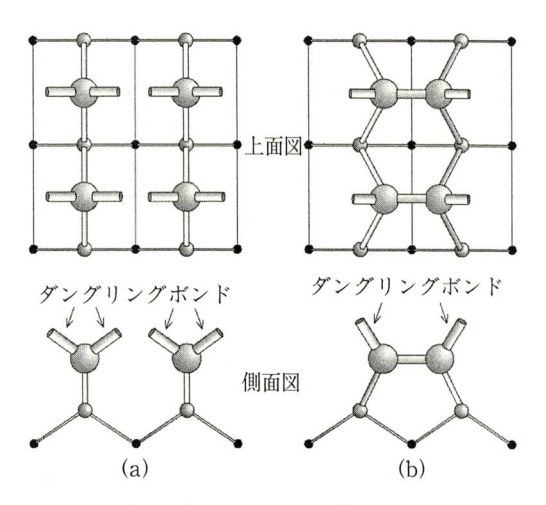

**図9.17** (a) Si(100)面の理想表面．(b) Siダイマーを形成したSi(100) 2×1表面
Si原子は表面から遠ざかるにつれて小さく描いてある．

成された電子状態がSTMで観測され，STM像ではSiダイマーが明るく観測される．

一方，固体表面に吸着した分子の場合，通常は分子全体にわたって電子状態が広がっているため，その分子を構成している原子を1個1個区別して観測できない．それどころか，分子そのものの形すら判別できない場合も多い．

### b. STMの測定モード

STMには2種類の測定モードがある．一つは，すでに述べた表面と探針の間に流れるトンネル電流を一定にして，探針の上下動を計測する「電流一定(constant current)モード」である．もう一つは，探針と表面の間の距離を一定にして走査し，トンネル電流の変動値の方を計測する「高さ一定(constant height)モード」である．

探針と表面の間の距離に対し，トンネル電流がどのように変動するかは，試料表面の電子状態に依存する．したがって，表面垂直方向の構造を調べるには電流一定モードで測定する必要がある．ただし，電流一定モードでは起伏の大きな表面の走査をすると，探針が表面の突起物にぶつかってしまうことがある．その場合は，高さ一定モードで表面構造を先に調べておく必要がある．

### c. STMを利用した単一分子の化学反応

ナノテクノロジーの究極の技術は，単一原子や単一分子の制御をすることであろう．1990年にEiglerとSchweizerがSTMを用い，Ni表面上にXe原子で「IBM」と書いて単一原子制御の可能性を示唆した．今日ではさらに単一分子の化学反応も可能であることが示唆されている．

その例として，理化学研究所の川合氏らによる研究を紹介する．Pd(110)表面にトランス-2-ブテンと1,3ブタジエンを吸着させると，それらのSTM像には明確な違いが現れる（ただし，これらの吸着分子のSTM像解釈はまだされていない）．図9.18のSTM像は，これらの分子を共吸着させたときのもので，トランス-2-ブテンはダンベル型の形状(T)，1,3ブタジエンは楕円型の形状(B)として現れる．STM探針を用いて，図9.18上図の矢印で示したトランス-2-ブテンに電子を注入すると，脱水素化反応が進行して図9.18下図の矢印で示した1,3ブタジエンに変化する．また，詳細な実験結果から，電子注入によって反応が進むのは，トランス-2-ブテンのCH伸縮振動モードが励起されたためであることがわかっている．わかりやすく説明すると，電子注入によって図9.19のようにCH間の振動が激しくなり，CH間の距離が伸びる．そのため，水素は表面Pd原子に近づき，その結果Pdに水素が引き抜

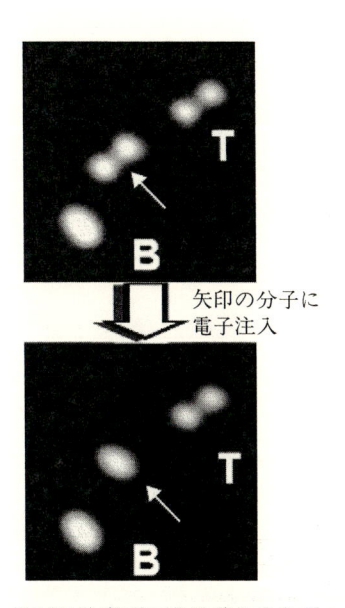

**図9.18** Pd(110)表面に共吸着したトランス-2-ブテン(T)と1,3ブタジエン(B)のSTM像

上図の矢印で示した分子（トランス-2-ブテン）に電子注入をすると下図の矢印で示した分子（1,3ブタジエン）に変化する（STM像は理化学研究所・川合真紀氏のご好意による）

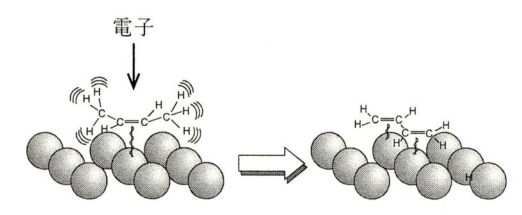

**図9.19** Pd(110)表面に吸着したブテンに電子が注入され，CH伸縮振動が激しくなって脱水素化し，ブタジエンが生成される様子．これらの分子は二重結合部分が下地のPd原子と結合している．

かれて，脱水素化反応が進行する．

表面に吸着した単一分子の化学反応を特定の振動モード励起によって制御可能であれば，有機分子の官能基を選択的に改質できることになる．したがって，今後はSTMを利用した有機-半導体ハイブリッドデバイスの原子スケール設計や，生体分子の一部改質などへの応用に発展していくことが予想される．

#### 参考文献

1) 森田清三：はじめてのナノプローブ技術，工業調査会，2001（STMとAFMに関して高度な内容をわかりやすく解説した本）
2) 日本表面化学会編：ナノテクノロジーのための走査プローブ顕微鏡，丸善，2002（SPMに関する専門家向け解説書．ある程度表面科学の知識が必要）
3) 特許庁の標準技術集，表面構造の原子領域分析（http://www.jpo.go.jp/shiryou/s_sonota/hyoujun_gijutsu/spm/01_mokuji.htm）（特許庁がインターネットで公開している標準技術資料のうち，SPM全般に関するもの）

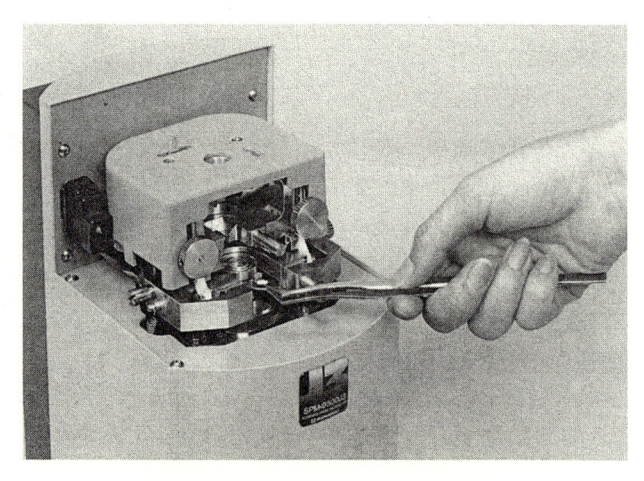

■試料セットの仕方（島津製作所）

# 10 分子間力を用いる分析法：表面プラズモン共鳴

　表面プラズモン共鳴は，金や銀などの金属を使った分析法である．人類の長い歴史で，金や銀が宝飾品や貨幣など富の象徴であったことを考えると，金や銀の表面に表面プラズモンと呼ばれる光の波が存在し，化学物質を分析することに役立つとは感心してしまうかもしれない．表面プラズモン共鳴は，生体高分子間の相互作用が起こる速さについて測定する方法であり，この10年間に，生体高分子間の相互作用を測定する一般的な方法となった．表面プラズモン共鳴は金属表面の屈折率変化を物理的に測定しているため，蛍光色素などの標識を必要としないことが特徴となっている．

### a. 生体高分子間相互作用

　タンパク質や核酸，多糖などの生体高分子が，どのように相手を認識して，どのように相互作用するのかを知ることは，生体システムのメカニズムを理解するためにたいへん重要なことである．鍵と鍵穴説は，酵素が特定の基質にだけに触媒作用を示す現象を説明する比喩であるが，このたとえは，酵素基質反応だけでなく，生体高分子と生体高分子が相互作用する一般的な場合の説明にまで広げて使える．生体高分子間相互作用においては，水素結合や疎水結合が分子間に働く力であるが，さらに大切なことは，立体構造がぴったりと適合するように，二つの生体高分子が空間的に接触し，あたかも鍵と鍵穴のように特異的で相補的な関係にあることである．

　生体システムにおけるシグナル伝達の観点からすると，この生体高分子間相互作用がどのくらいの速さで起こるのかにたいへん興味がある．この速さを測定する装置が，表面プラズモン共鳴センサーである．表面プラズモン共鳴センサーは，表面プラズモン共鳴（surface plasmon resonance）現象を利用したセンサーであり，英語名からSPRセンサーと表記されている（SPRはエス・ピー・アールと読む）．1990年代始めに，生体高分子間相互作用を専用に測定するSPRセンサーが市販されたことから，急速に知られるようになった．最近，ヒトゲノム配列が解読され，ヒトがもつタンパク質の総数が3万程度と見積もられた．ヒトのタンパク質すべての分子間相互作用を理解しようという観点から，生体高分子間相互作用を正確に測定できるSPRセンサーは現在大きな注目を集めている．

### b. 表面プラズモン共鳴現象

　SPRセンサーは，SPR現象を生化学センサーへ適用したものである．SPR現象は金属表面から約200 nm以内で起こる屈折率の変化を高感度に測定することができる．SPRセンサーは，生体高分子と生体高分子の相互作用を金属表面の化学吸着として起こるように工夫し，その化学吸着を表面屈折率の増加としてSPR現象で観測したものである．図10.1は，典型的なSPRセンサーの構成を示している．用いる金属薄膜は厚さ

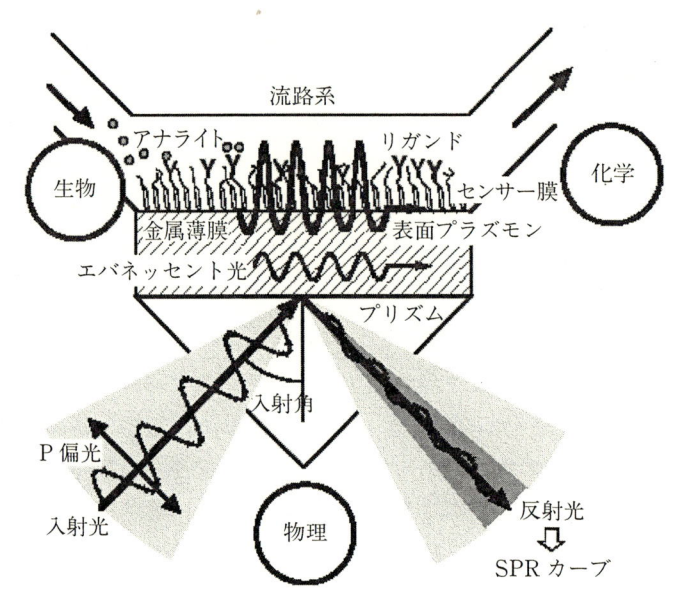

**図 10.1 典型的な SPR センサーの構成**
プリズム表面に金属薄膜がコーティングされており，その上にセンサー膜が構築されている．センサー膜には，リガンドが固定化されており，アナライトと結合する．プリズムには P 偏光の光が入射し，反射率の角度分布を SPR カーブと呼ぶ．入射光が反射するときに発生するエバネッセント光により，金属表面を伝搬する表面プラズモンを励起する．

50 nm 程度の金が使われることが多く，プリズム側から P 偏光（電場成分が図 10.1 の紙面内で振動する光）の単色光を入射して，金属薄膜で反射する構造をしている．SPR センサーは，物理学的な側面として SPR 現象をもち，化学的な側面として金表面への化学修飾がかかわり，生物学的な側面として測定対象の生体高分子がある．SPR センサーは，さまざまな分野の技術が統合したシステムであり，有機的に結び付いて機能している．SPR センサーの原理を理解するために，順を追って SPR 現象を説明する．

### 1) 表面プラズモン

もともと光は人間の目に見える波長（380～780 nm）の電磁波のことであるが，さらに近赤外光と紫外光も含んで光と呼ばれることが多い．その光が金属表面を伝搬する場合には，表面プラズモン（SP）と呼ばれる．表面プラズモンは，表面波の一つであり，表面波の身近な例には，地球表面を 2 次元的に伝搬する地震の表面波がある．地震の表面波は，大地がひずむことによる弾性的な表面波であるが，表面プラズモンは金属中の自由電子による電磁気的な表面波である．

ところで，プラズマという言葉を聞いたことがあるだろうか？　最近，プラズマテレビというのも登場している．このプラズマでは，正および負の荷電粒子が不規則に動き回っているが，全体として電荷は中性にある．金属中の自由電子もプラズマの状態であり，量子力学的な粒子の意味を付加して，プラズモンと上品に呼ばれる．表面プラズモンの名前は，表面波であり，プラズマ状態にある金属中の自由電子に由来していることから名づけられた．

図 10.1 で金属薄膜とセンサー膜をまたいで存在しているのが，表面プラズモンである．おもしろい存在のしかたをしている．表

面プラズモンの半分はセンサー膜の所に存在しているので，表面プラズモンの速度はセンサー膜の屈折率に応じて変化する．生体高分子間相互作用による表面化学吸着が起こると，センサー膜の屈折率が大きくなり，表面プラズモンの伝搬速度は遅くなる．この伝搬速度の変化が，SPR現象に大きな影響を与えることになる．このメカニズムを理解するためには，エバネッセント光と共鳴という概念が必要になる．

### 2) エバネッセント光と共鳴

光は均一な媒質の中では直進するだけであるが，屈折率が違う媒質の境界面と出会うと，反射と屈折の現象が起きて，反射光と屈折光が生じる．しかし，屈折光が生じない場合もあり，臨界角より大きな入射角で高屈折率の媒質から低屈折率の媒質へ光が入射する場合に起こる．このとき，入射光は100％反射されるので，全反射と呼ばれる．

実は全反射のとき，低屈折率の媒質には，屈折光は生じないが，その代わりに，エバネッセント光が生じる．エバネッセント光は境界面にそって伝搬する表面波であり，境界面から遠ざかるにつれて，強度が急激に減衰する．だいたい光の波長程度の距離で減衰し，「消え去っていく」という意味であるエバネッセント (evanescent) の言葉のイメージに一致する．

真空中を伝搬する光の速度 $c$ は秒速30万kmと一定であるが，高屈折率 $n_H$ と低屈折率 $n_L$ の境界面で発生するエバネッセント光の速度は入射角に依存して変化する．入射角度が臨界角から90度まで変化すると，エバネッセント光の速度は $c/n_L$ から $c/n_H$ まで変化する．入射角が大きくなると，エバネッセント光の速度は遅くなる．エバネッセント光は，こうした特徴的な性質をもっている．

ところで，表面プラズモンは，一般に伝搬する光では励起することができず，このエバネッセント光を使って励起する必要がある．入射角を制御してエバネッセント光の速度が表面プラズモンの速度に一致したときに，表面プラズモンはエバネッセント光により共鳴的に励起することができる．このことを，短く単語だけ並べて，表面プラズモン共鳴といっている．共鳴は，同じ音色で響く二つの鐘をイメージすると理解しやすい．一方の鐘が響くと，もう一方の鳴っていない鐘も響きだす．これが共鳴現象である．二つの鐘が自由に動ける場合，共鳴を起こすためには，二つの鐘は同じ速さで同じ方向へ向かって動いていなければならない．表面プラズモンとエバネッセント光を二つの鐘と考えれば，その速度が一致する必要があると類推して理解できる．

図10.1には，エバネッセント光で表面プラズモンを共鳴的に励起する状況がもう少し詳しく図示されている．金属薄膜の中に示されているエバネッセント光と表面プラズモンの速度が同じになることは，エバネッセント光における波の山と谷が表面プラズモンにおける波の山と谷に一致することに相当する．もし，エバネッセント光と表面プラズモンにおける波の山と谷が一致しなければ，エバネッセント光のエネルギーが表面プラズモンへ流れても，波が打ち消し合って，表面プラズモンは，ある程度以上に大きくなることはできない．二つの波の山と谷が一致すれば，エバネッセント光のエネルギーが表面プラズモンへと共鳴的に強い勢いで流れることが可能である．表面プラズモン共鳴で使われている共鳴という言葉は，このようなことを意味している．

### 3) SPR カーブ

SPR現象が起きると，入射した光のエネルギーは表面プラズモンを励起することに使われて減少する．これは，反射光が弱くなること，すなわち，反射率の低下として観測さ

れる．SPRカーブは，図10.2に示すように，反射率を入射角の関数として示したものである．SPRカーブにおいて，反射率が最小になる入射角を共鳴角と呼ぶ．共鳴角は，エバネッセント光の速度が表面プラズモンの速度と一致する入射角である．金属表面の屈折率が増加すると，表面プラズモンの速度が遅くなるので，共鳴角も変化する．

この共鳴角 $\theta_{SPR}$ は，金属表面の屈折率 $n$ に対して，次の近似式で変化することがわかっている．

$$\sin\theta_{SPR} \cong \mathrm{Re}\left[\frac{1}{n_p}\sqrt{\frac{\varepsilon_m n^2}{\varepsilon_m + n^2}}\right] \quad (10.1)$$

ここで，$n_p$ はプリズムの屈折率，$\varepsilon_m$ は金属の誘電率である．また，$\mathrm{Re}[x]$ は複素数 $x = x' + ix''$（$i$ は虚数単位）の実部 $x'$ だけを取り出す関数であり，式で示すと $\mathrm{Re}[x] = x'$ である．一般に，金属の誘電率 $\varepsilon_m$ は複素数であることから，実数の共鳴角 $\theta_{SPR}$ を決定するためには関数 Re が必要である．しかし，実際には金属の誘電率は実部に比べて虚部が小さいので，虚部を無視した金属の誘電率を使い，関数 Re がない式（10.1）をみかけることが多い．

金属の誘電率は，入射光の波長により決まるので，式（10.1）は共鳴角が金属表面の屈折率だけで決まることを示している．生体高分子を観測する SPR センサーでは，生体高分子間の相互作用により，金属表面での生体高分子の密度が増加する．その結果，金属表面での屈折率が増加して，式（10.1）に従って共鳴角は増加する．このようなメカニズムの流れで，SPR センサーは生体高分子間相互作用を観測している．

金属表面の屈折率が変化すると，どのように SPR カーブが変化するかを図10.3に示した．これは数値計算の例であるが，SPR センサーでは数値計算の結果と実験結果がとてもよく一致するので，このような数値計算が役に立つ．図10.3には，金属表面の屈折率が 1.33 から 1.39 まで 0.01 の間隔で計算した SPR カーブを示してある．この計算は，常温における水の屈折率が 1.333 であることを意識している．ちなみに，空気の屈折率は 1 である．数値計算は，金属薄膜の材質や膜厚，入射光の波長，プリズムの屈折率にも依存する．図10.3の計算条件は，典型的な実験条件として，膜厚 50 nm とする金の薄膜であり，入射光は 760 nm の赤色の単色光とし，屈折率 1.51 のプリズムを仮定している．このときの金属の誘電率として $\varepsilon_m = -20.3 + 1.76i$ を計算に使った．図

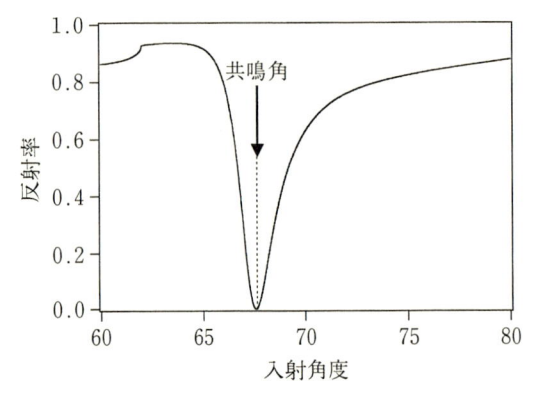

**図10.2** SPRカーブの例
反射率が最小になる入射角を共鳴角と呼ぶ．SPRセンサーは，共鳴角により，生体高分子間相互作用により生じる金属表面の屈折変化を測定している．

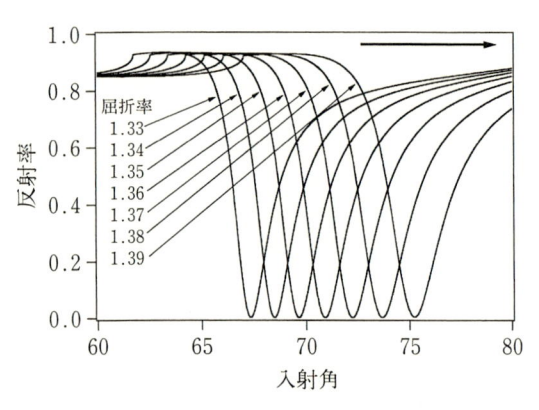

**図10.3** SPRカーブの計算例
屈折率が増加するにつれて，SPRカーブが右側へ移動している．

10.3の数値計算の結果は，金属表面の屈折率が増加するにつれて，SPRカーブが右側へ移動し，共鳴角が大きな角度になることを示している．また，共鳴角変化が屈折率変化とほぼ比例関係にあることも注目すべき点である．屈折率が0.01屈折率単位だけ増加すると，共鳴角が1.2～1.5度増加する．このことは，共鳴角変化を測定することによって，屈折率変化の動きを観測できることを示している．この共鳴角 $\theta_{SPR}$ の値は，式(10.1)を使えば，簡単に計算することができる．

水溶液中で生体高分子相互作用を測定する場合，SPRセンサーに要求される性能は，1.33から1.39の屈折率を測定できることである．現在，市販されているSPRセンサーは，$10^{-6}$ 以下の屈折率変化を検出できる感度をもつ．これは，水が1度の温度変化するときの屈折率変化（$-8\times10^{-5}$）より小さい．SPRセンサーは温度変化に敏感であり，高感度のSPRセンサーには温度を一定に保つ温度制御の機能がついている．

### c. リガンドとアナライト

生体高分子間相互作用として，抗原抗体反応を考える．図10.1は，金属表面のセンサー膜に抗体を固定化し，抗原をマイクロ流路を使ってセンサー表面へ流し込んでいる様子を示した．SPRセンサーでは，金属表面のセンサー膜に固定化した生体高分子をリガンド，そしてマイクロ流路から流し込む生体高分子をアナライトと呼んでいる．図10.1の場合は，抗体がリガンド，抗原がアナライトとなる．通常，リガンドは金属表面に直接固定化することはなく，自己組織化単分子膜や高分子膜などを介して固定化する．リガンドを金属表面に直接固定化すると，アナライトがリガンドだけでなく，金属表面にも吸着してしまう．SPRセンサーは，アナライトのリガンドへの結合と金属表面への吸着を区別できない．したがって，センサー膜の役割として，アナライトがリガンド以外と結合する非特異吸着をできるだけ少なくすることが要求され，リガンドを金属表面へ直接固定することは行わない．

ここで，SPRセンサーの速度論解析を説明する準備として，リガンド（L）とアナライト（A）が1対1で結合する単純なモデルを考察する．そのときの反応式は次のようになる．

$$A+L \underset{k_d}{\overset{k_a}{\rightleftharpoons}} AL \quad (10.2)$$

結合速度定数 $k_a$ と解離速度定数 $k_d$ は，次に示すような，結合の速度式（10.3）と解離の速度式（10.4）で定義されるものである．

$$\frac{d[AL]}{dt}=k_a[A][L] \quad (10.3)$$

$$\frac{d[AL]}{dt}=-k_d[AL] \quad (10.4)$$

反応式（10.2）が熱平衡状態に達する系は，次のような実測反応の速度式（10.5）で扱うことができる．

$$\frac{d[AL]}{dt}=k_a[A][L]-k_d[AL] \quad (10.5)$$

この速度式（10.5）は，系が熱平衡状態から外れた場合には，再び系が熱平衡状態に達するように，結合と解離の速度を調整するようになることも表している．反応式（10.2）が熱平衡状態に達した場合には，実測反応の速度式（10.5）がゼロとなる．これにより，結合速度定数 $k_a$ と解離速度定数 $k_d$ は親和定数 $K_A$ と関係づけられる．

$$K_A=\frac{k_a}{k_d}=\frac{[AL]}{[A][L]} \quad (10.6)$$

この親和定数 $K_A$ は，ギブスエネルギーの変化量 $\Delta G$ と次の関係がある．

$$\Delta G=-RT\ln K_A \quad (10.7)$$

ここで，$R$ は気体定数，$T$ は絶対温度，$\ln$ は自然対数である．以上の考察は，結合速度

定数 $k_a$ と解離速度定数 $k_d$ がギブスエネルギーの変化量 $\Delta G$ と直接に関係づけられており，SPRセンサーで取り扱われる速度論的な解析方法に熱力学的な解析方法を導入できることを示唆するものである．

#### d. センサーグラム

生体高分子間相互作用の速さを観測するために，SPRカーブの共鳴角をリアルタイムに測定したグラフをセンサーグラムという．図10.4に示したセンサーグラムは，リガンドを固定したセンサー表面に，バッファー（緩衝液），アナライト，バッファーという順で液体試薬を流し込んだときの典型的な応答を示したものである．最初のバッファーを流している間は，センサーグラムにおける共鳴角は一定に推移するが，アナライトがセンサー表面に注入されると，リガンドとアナライトの特異的結合が起こり，共鳴角が増加する．特異的結合が平衡状態へ達した段階で，もう一度，バッファーを流すと，アナライトの解離反応が起こり，共鳴角が減少する．アナライト試薬は，溶媒やアナライト濃度，塩濃度，pH など，さまざまな化学的な条件で用意されるものであり，通常，アナライト試薬とバッファーの屈折率は異なる．この屈折率の違いは，バルク効果としてセンサーグラムに現れるが，バルク効果の立ち上がり時間は早いので，アナライトの結合反応や解離反応と容易に区別がつく．

SPRセンサーの速度論解析は，結合反応と解離反応に分けられる．結合反応の速度論解析は式 (10.5) より，解離反応は式 (10.4) に基づいて導くことができる．まず，結合反応の速度論解析について考察する．SPRセンサーの応答として，センサー表面のリガンドに，ある量のアナライトが結合したときに増加する共鳴角の変化量を $\Delta R$ と

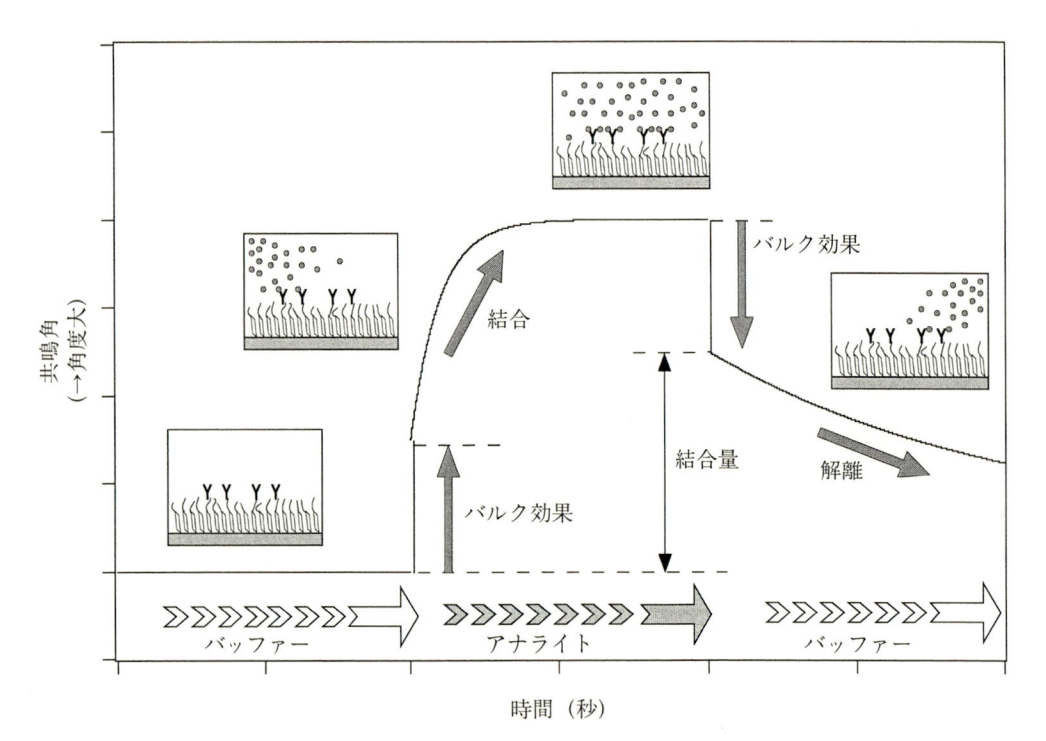

**図10.4 典型的なSPRセンサーのセンサーグラム**
アナライトを流すと結合反応が起こり，共鳴角が増大する．その後，再びバッファーを流すと解離反応が起こり，共鳴角が減少する．

する．リガンドにアナライトがまったく結合していないときは $\Delta R=0$ であり，すべてのリガンドにアナライトが結合したときを $\Delta R=\Delta R_{max}$ する．$\Delta R$ は，式 (10.5) の [AL] に比例するものと考えられる．したがって，比例定数を $\alpha$ として，次のように書ける．

$$\Delta R = \alpha [\mathrm{AL}] \tag{10.8}$$

この形式で，式 (10.5) の [L] は次のように書けることが理解できるだろう．

$$\Delta R_{max} - \Delta R = \alpha [\mathrm{L}] \tag{10.9}$$

反応式 (10.5) に比例定数 $\alpha$ を乗じ，式 (10.8) と (10.9) の関係を用い，アナライトの濃度を $C=[\mathrm{A}]$ と簡単に書くと，次のように，SPR センサーにおける結合反応の速度式が得られる．

$$\frac{d\Delta R}{dt} = k_a C(\Delta R_{max} - \Delta R) - k_d \Delta R \tag{10.10}$$

この微分方程式は，$t=0$ のときに $\Delta R=0$ であるとして，次のような解をもつ．

$$\Delta R(t) = \frac{k_a C \Delta R_{max}}{k_a C + k_d}(1 - \exp[-(k_a C + k_d)t]) \tag{10.11}$$

この式 (10.11) がセンサーグラムの結合反応を解析する関数である．一方，解離反応は，アナライトが存在しないので式 (10.10) に $C=0$ を代入し，次の速度式が得られる．

$$\frac{d\Delta R}{dt} = -k_a \Delta R \tag{10.12}$$

この微分方程式は，$t=0$ のときに $\Delta R = \Delta R_0$ であるとして，次のような解をもつ．

$$\Delta R(t) = \Delta R_0 \exp[-k_d t] \tag{10.13}$$

この式 (10.13) が，センサーグラムの解離反応を解析する関数となる．

センサーグラムにおいて結合反応と解離反応が観測できたなら，式 (10.11) と式 (10.13) を使って，結合速度定数 $k_a$ と解離速度定数 $k_d$ を決定することができる．解離速度定数 $k_d$ は，解離反応の時間応答を式 (10.13) で解析することにより得られる．結合速度定数 $k_a$ は，結合反応の時間応答を式 (10.11) で解析し，先に決定した解離速度定数 $k_d$ とアナライト濃度 $C$ を使って決定することができる．結合速度定数 $k_a$ と解離速度定数 $k_d$ が決定できると，式 (10.6) から親和定数 $K_A$ が決まり，式 (10.7) の関係からギブスエネルギーの変化量 $\Delta G$ と結び付けることができる．ギブスエネルギーは熱力学関数なので，生体高分子間相互作用の温度依存性や圧力依存性などを統一的に議論することが可能となる．

### e. SPR センサーの実際

生体高分子間相互作用を専用に測定する SPR センサーは，スウェーデンのビアコア・インターナショナル AB 社から販売されている装置が世界標準となっている．ビアコア株式会社が日本支社であり，そのホームページ (http://www.biacore.co.jp) からは有益な学術的情報が得られる．

図 10.5 は，その SPR センサーを使って，BSA (ウシ血清アルブミン, 67000 Da) と BSA 抗体の分子間相互作用をリアルタイムに観測したセンサーグラムである．アナライトとして濃度 $500\,\mu\mathrm{g\,ml^{-1}}$ の BSA を流速 10

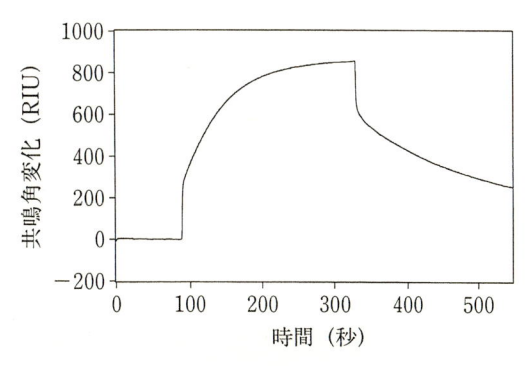

**図 10.5** BSA (ウシ血清アルブミン) と BSA 抗体の相互作用をリアルタイム測定したセンサーグラム

BSA をアナライト，BSA 抗体をリガンドとして測定している．なお，10000 RIU は 1 度の共鳴角変化に相当する．

$\mu l\,\mathrm{min}^{-1}$ で注入し，リガンドは BSA 抗体をセンサー表面に形成した自己組織化単分子膜に固定化した．測定温度は 25℃ である．BSA 抗体は IgG クラスに属するので，BSA と BSA 抗体は 1 対 2 で結合するが，本センサーグラムの場合は BSA 濃度が低濃度であるので，アナライトとリガンドが 1 対 1 で結合すると考えてよい．したがって前節の議論が当てはまり，式 (10.13) をセンサーグラムが下降する解離過程に適用し，解離速度定数 $k_d = 6.78 \times 10^{-3}\,\mathrm{s}^{-1}$ が求まる．また，式 (11.11) をセンサーグラムが立ち上がる結合過程に適用し，アナライトの濃度 $C = 7.46 \times 10^{-6}\,\mathrm{M}$ を使い，結合速度定数 $k_a = 1.47 \times 10^3\,\mathrm{M}^{-1}\mathrm{s}^{-1}$ も決定することができる．したがって，親和定数 $K_A = 2.17 \times 10^5\,\mathrm{M}^{-1}$ が決まり，ギブスエネルギーの変化量 $\Delta G = -7.28\,\mathrm{kcal\,mol}^{-1}$ が求まる．

SPR センサーは，上記以外にも販売するメーカーは国内外に存在し，その数は増えている．電気化学 SPR センサーなど生体高分子間相互作用を測定する以外の目的をもった SPR 装置も新しく登場してきており，SPR センサーの用途が広がっている．

以上のように，SPR は生体高分子間相互作用を観測するうえで大きな威力を発揮し，現在，生化学的な材料の機能を明らかにする方法として欠かせない手段となっている．

**参考文献**
SPR バイオセンサーの詳しい解説書
1) 永田和宏，半田 宏編：生体物質相互作用のリアルタイム解析実験法，Springer, 1998
2) 栗原一嘉，鈴木孝治：表面プラズモン共鳴センサーの光学測定原理，ぶんせき，**4**, 161-167, 2002

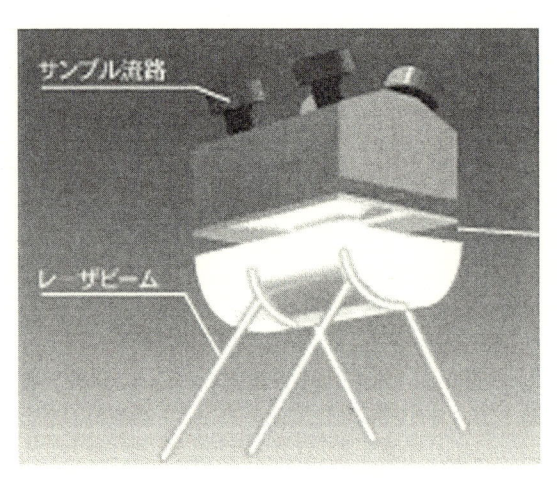

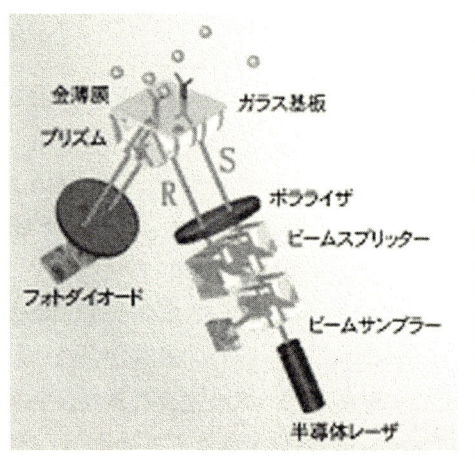

■表面プラズモン共鳴現象の原理

# 11 タンパク質分析法・DNA分析法

## 11.1 タンパク質分析法

　タンパク質の機器分析法には多くの種類があり，現在でも新しい機器分析法が開発されつつある．その理由は，①タンパク質が多様な生体分子からなる複雑な構造体に含まれているため分離が容易でない，②タンパク質は1次構造から4次構造まで四つの構造のレベルをもつうえ，タンパク質を構成するアミノ酸の一部がリン酸化や糖鎖の結合などの化学的修飾を受けている場合があり，きわめて複雑な構造をもつ，などである．ここでは，まずタンパク質の生体内での存在状態を概観したのち，その解析のために開発され，使用されている主要な機器分析法について述べる．

### a. タンパク質の構造と分離精製法
#### 1) タンパク質の構造

　タンパク質は，生命活動によって合成される機能性高分子で，直鎖状に結合して細胞骨格を形成したり，球状の形態で酵素活性を示したり，Y字型の形態で異物を認識・排除する抗体活性を示したりする．これらの機能に共通しているのは，ある特定の分子だけと特異的に結合できる能力である．

　その基本構造は1本のポリペプチド鎖で，$\alpha$-アミノ酸の数十分子〜最大約2000分子がペプチド結合で直鎖状に重合したものである．ポリペプチド鎖の中の1個のアミノ酸（アミノ酸残基と呼ぶ）の平均分子量は約110であるので，1本のポリペプチド鎖の分子量は数千から約20万程度となる．ポリペプチド鎖が特定の立体構造を形成し，機能を示す状態になったものをタンパク質と呼ぶ．ポリペプチド鎖数本ないし数十本が集まってはじめて特定の機能を示す場合もあり，タンパク質の分子量は数千万にも及ぶ．

　単細胞生物からヒトのような高等動物に至るまで，すべての生物種で多くのタンパク質が働いている．タンパク質分析の第一歩は，それぞれのタンパク質分子種をできるだけ精製された状態で，他の分子種から分離することである．タンパク質の分離精製のためには，機器分析法として遠心分離，液体クロマトグラフィーおよび電気泳動が主として用いられる．

#### 2) 遠心分離

　タンパク質は細胞膜や，細胞内小器官あるいは細胞質中など，さまざまな場所に存在している．分離精製するためには，ホモジナイザー（ミキサーなど）を使って，タンパク質をできるだけ水溶液中に溶解させる．この状態では，細胞断片や細胞内小器官の断片などは溶液中に分散しているだけなので，遠心分離で除く必要がある．

　液相の遠心分離機は，遠心力を利用して，溶液中の密度の異なる物質を分離する．溶液を遠心管に入れ，ローターの回転軸を中心として対称な位置に，できるだけ正確に同じ重量にした2本の遠心管を入れる．ホモジナイズ後に細胞断片を溶液から遠心分離によって

10分程度で沈殿させるには，約$1000\,g$（地球の重力加速度$1\,g$の1000倍の遠心加速度）が必要である．さらに，細胞内小器官やその断片を沈殿させるには，約$20000\,g$が必要である．したがって，細胞をホモジナイズしたのち，タンパク質などが溶解した水溶液を得るためには，$15000\sim20000\,g$で30分程度遠心し，上清を使う．ただし，この大きさの遠心加速度を得るためには，ローターの回転数が毎分10000回転以上にもなるので，空気とローターの摩擦熱によって，試料溶液の温度が上昇する．一般に，タンパク質試料溶液の取り扱いは，4℃程度を保つことが望ましいので，ローター室を冷却できる冷却遠心機が必要である．

なお，遠心加速度（$f$）の大きさは毎分の回転数（$n$）と回転軸からの距離（$r$）に関係し，次の式で計算できる．

$$f = 1.12 \times r \times n \times 10^{-5} \qquad (11.1)$$

たとえば，ローター中の試料溶液が回転軸から平均$10\,cm$の位置にあり，回転数が毎分10000回転であれば，遠心加速度は$11200\,g$となる．

### 3）液体クロマトグラフィー

タンパク質を他の分子群から分離するとともに，タンパク質どうしを互いに分離するために，遠心分離の次のステップとしてよく用いられるのは液体クロマトグラフィーである．II. 機器分析と応用の1.1節で述べられた装置・方法がタンパク質分離にも適用できる．タンパク質の分離・精製に関連しては，下の四つの分離モードが，この番号順に用いられることが多い．

① イオン交換クロマトグラフィー
② ゲルパーミエイションクロマトグラフィー
③ アフィニティークロマトグラフィー
④ 逆相クロマトグラフィー

### i）タンパク質の液体クロマトグラフィーと紫外吸収検出

タンパク質を液体クロマトグラフィーで分離したとき，分離の様子を調べるには，紫外吸収検出器を用いるのが一般的である．検出器の波長設定は$280\,nm$と，$210\,nm$付近がある．

タンパク質を構成するアミノ酸のうち，トリプトファンとチロシンだけが長波長域の$280\,nm$付近に吸収極大をもつ．タンパク質の$260\sim310\,nm$付近でのモル吸光係数（$\varepsilon_{prot}$）と，二つのアミノ酸のモル吸光係数（$\varepsilon_{Trp}$および$\varepsilon_{Tyr}$）および個数（$a$および$b$）との間には，それぞれの波長において式(11.2)の関係がある．

$$\varepsilon_{prot} = a \times \varepsilon_{Trp} + b \times \varepsilon_{Tyr} \qquad (11.2)$$

タンパク質溶液の濃度が0.1%（$1\,mg\,ml^{-1}$）で，タンパク質の分子量が$M$のとき，タンパク質のモル濃度は$1\,(g\,l^{-1})M^{-1}\,(mol\,l^{-1})$となる．したがって，ある波長におけるタンパク質の吸光度（$A_{prot}$）は，

$$A_{prot} = 1\,M^{-1} \times \varepsilon_{prot} \qquad (11.3)$$

となり，この値を各波長について繋げば，紫外吸収曲線を予測することもできる．ただし，トリプトファン，チロシンの残基数は，タンパク質によって相当に違っており，分子量の小さいタンパク質では，これらを1残基も含まないものもある．

$210\,nm$付近（$205\,nm$，$210\,nm$，$214\,nm$など）は，アミノ酸どうしのペプチド結合に由来する吸収測定波長として用いられている（$190\,nm$の紫外吸収がペプチド結合に由来するが，空気中の酸素の紫外吸収で妨害されるため，$210\,nm$付近を選ぶ）．タンパク質は，構成アミノ酸の個数にほぼ等しい数のペプチド結合をもつので，$210\,nm$付近のモル吸光係数は非常に大きくなり，タンパク質を高感度で検出するのに適している（タンパク質の$210\,nm$におけるモル吸光係数は，$280\,nm$の$20\sim30$倍程度）．ただし，この波長域では多くの生体分子（有機化合物）が紫外吸収をも

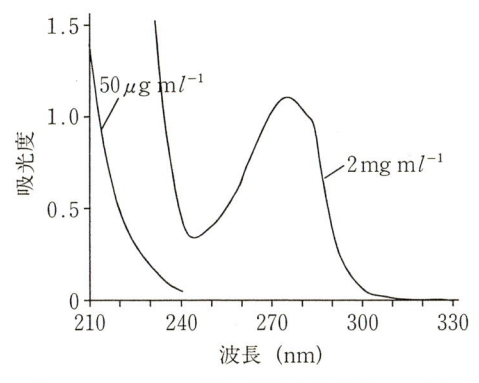

図11.1 タンパク質の紫外吸収曲線の一例
（ヒト血漿アルブミン）

つので，タンパク質の特異的検出という意味では280 nmには劣る．

図11.1に，タンパク質の紫外吸収曲線の一例を示した．

### ⅱ）イオン交換クロマトグラフィーとタンパク質の電荷

タンパク質は，一般に表11.1に示すような解離基をもつ．これらのうちでも，特にアスパラギン酸，グルタミン酸，リシン，アルギニンの4種のアミノ酸側鎖が，タンパク質の総電荷に主として寄与している．

アスパラギン酸とグルタミン酸は，pH 3付近から塩基性で側鎖のカルボキシル基が解離してタンパク質に負電荷を与える．リシンとアルギニンは，それぞれアミノ基とグアニジル基にプロトンが付加して，pH 10～12付近から酸性でタンパク質に正電荷を与える．すなわち，一般にタンパク質は，pH 4以下の酸性溶液中ではリシンとアルギニンの正電荷があるうえに，負電荷を与えるアスパラギン酸側鎖とグルタミン酸側鎖の解離が抑えられるので，全体として正の電荷をもつ．逆に，pH 10以上の塩基性溶液中では，グルタミン酸とアスパラギン酸の負電荷があるうえに，リシン側鎖からプロトンがはずれ正電荷がなくなり，さらにpH 12以上ではアルギニン側鎖からもプロトンがはずれるので，タンパク質は全体として負の電荷をもつ．

もう少し厳密に，いろいろなpHの水溶液中であるタンパク質のもつ総電荷数を予測するには，そのタンパク質のアミノ酸配列（表11.1に示された解離基をもつアミノ酸残基の数）が必要である．解離して正電荷をもつすべてのアミノ酸残基（$i$ 種類とする）の酸解離定数 $K_a$（$K_{ai}$）および各残基の個数（$m_i$）と，解離して負電荷をもつすべてのアミノ酸残基（$j$ 種類とする）の $K_a$（$K_{aj}$）および各残基の個数（$n_j$）がわかれば，ある水素イオン濃度 $[H^+]$（pHに変換できる）におけるそのタンパク質の総電荷数 $Z$ は次の式で計算できる．

**表11.1 タンパク質が一般にもつ解離基とp$K_a$**

タンパク質が一般にもつ解離基のp$K_a$（アミノ酸のときの値，25℃）を示す．タンパク質中でのp$K_a$は，解離基周辺の構造や，水分子の近づきやすさにより異なることがある．

| 解離基 | 完全に解離したときの電荷 | p$K_a$ |
| --- | --- | --- |
| $\alpha$-COOH（C末端アミノ酸） | $-1$ | 2.3 |
| アスパラギン酸側鎖COOH基 | $-1$ | 3.86 |
| グルタミン酸側鎖COOH基 | $-1$ | 4.25 |
| システイン側鎖SH基 | $-1$ | 8.33 |
| チロシン側鎖OH基 | $-1$ | 10.07 |
| ヒスチジン側鎖イミダゾール基 | $+1$ | 6.0 |
| $\alpha$-NH$_2$（N末端アミノ酸） | $+1$ | 9.6 |
| リシン側鎖NH$_2$基 | $+1$ | 10.53 |
| アルギニン側鎖グアニジル基 | $+1$ | 12.48 |

$$Z = -\sum(m_i K_{ai}/([H^+]+K_{ai}))$$
$$+\sum(n_j[H^+]/([H^+]+K_{aj})) \quad (11.4)$$

また式 (11.4) から，あるタンパク質の総電荷数が水溶液中でゼロになるときのpH（等電点，pI）が求められる．緩衝液のpHがタンパク質の等電点よりも高ければ，そのタンパク質は負の総電荷をもち，陰イオン交換用のカラムに結合し分離できる．逆に，緩衝液pHが等電点よりも低ければ，タンパク質は正の総電荷をもち，陽イオン交換カラムに結合する．図11.2に，例としてヒト血漿アルブミン（分子量66438，アミノ酸数585個）の総電荷数と水溶液のpHとの関係を示した．表11.1のp$K_a$の値と式 (11.4) から，パソコンを用いて計算した．

タンパク質はその表面の解離基部分で支持体（充填剤）粒子の表面と相互作用しているはずであり，結合に関係するのはタンパク質の総電荷ではなく，むしろ表面電荷であると考えられる．実際には，タンパク質の解離基のほとんどは分子表面にあるので，タンパク質のイオン交換クロマトグラフィーにおける挙動は総電荷からほぼ予測できる．しかしながら，イオン交換クロマトグラフィーの支持体（充填剤）は疎水性物質であることが多く，タンパク質も構造中に疎水性部分をもつので，疎水性相互作用によるカラムへの結合も考慮する必要がある．

イオン交換クロマトグラフィーの実際は，他のイオンの場合と同じで，イオン強度の低い緩衝液でカラムを平衡化しておき，タンパク質試料溶液もこの緩衝液に対して透析しておく．この条件で試料溶液をカラムに添加すると，対応する電荷をもつほとんどのタンパク質がカラムに結合し，反対電荷のタンパク質はカラムを素通りする．素通りするタンパク質をカラムから十分洗い流したのちに，溶離液のイオン強度を段階的に上げてゆく（ステップワイズ溶離）か，勾配をつけて徐々に上げてゆく（グラジエント溶離）と，結合の弱いタンパク質から順に溶離する（図11.3）．

1回のイオン交換クロマトグラフィーで分離できるタンパク質のピーク数は，溶離条件を最適化した場合，20〜30程度である．

### iii）ゲルパーミエイションクロマトグラフィー（GPC）とタンパク質の分子サイズ

タンパク質の分子量は数千から数千万まで広い範囲の値をとるので，タンパク質の分離にはGPCを利用することが有効である．ゲルパーミエイションクロマトグラフィーでは，支持体粒子が多孔性であり，分子サイズが孔よりも大きいと溶質は粒子の外側だけを通って溶離するので，溶出時間が短くなる．

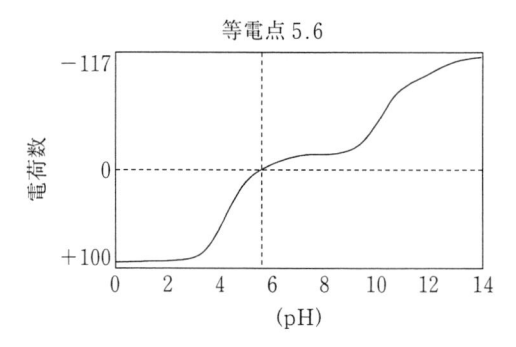

**図11.2** さまざまなpHにおけるヒト血漿アルブミンの総電荷数と等電点

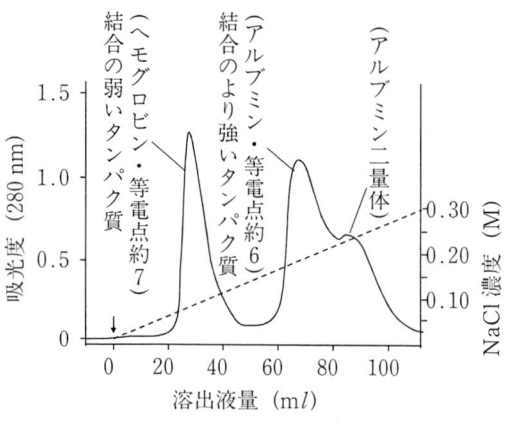

**図11.3** タンパク質の陰イオン交換クロマトグラフ（グラジエント溶離）の例
平衡化液および溶離液は0.1Mトリス塩酸緩衝液，pH 8.3．

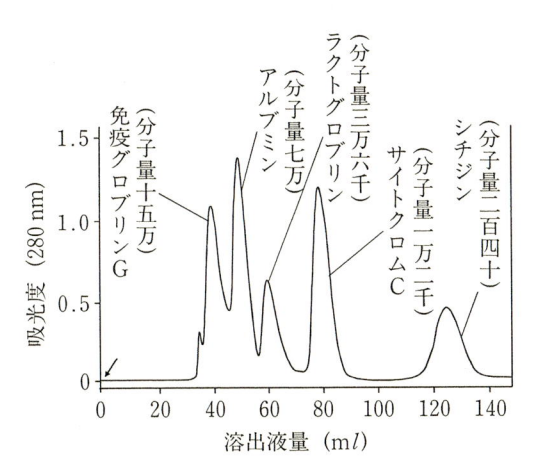

**図11.4** タンパク質のゲルパーミエイションクロマトグラムの例

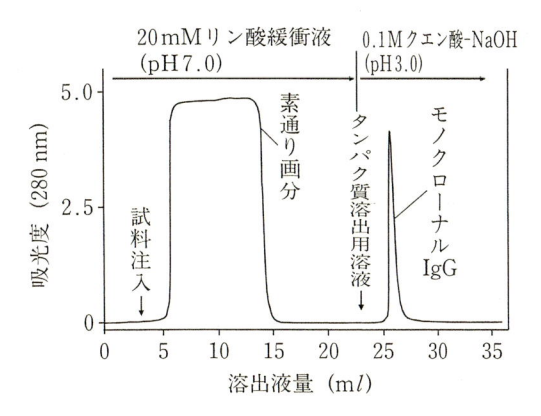

**図11.5** アフィニティクロマトグラムの例
マウス培養細胞中で合成されたモノクローナルIgGの精製.

分子サイズが小さいほど溶質は孔の中により深く入り込みながら溶離するので，溶出時間が長くなる（図11.4）．図11.4に示したように，試料溶液に含まれる塩や低分子量物質を除去する目的にも用いることができる．

1回のゲルパーミエイションクロマトグラフィーで分離できるタンパク質のピーク数は，溶離条件を最適化した場合，10～20程度である．

**iv）アフィニティクロマトグラフィーとタンパク質の立体構造** アフィニティクロマトグラフィーは，個々のタンパク質が特異的な立体構造をもち，他の分子と特異的に結合する機能を利用する．カラムの支持体粒子表面に，特定の分子（酵素の基質類似物質や，抗体の抗原分子など）を結合させておき，その基と特異的に結合するタンパク質をカラムに吸着させる．他のタンパク質はカラムを素通りするので，残ったタンパク質をカラムから溶出させて分離する．結合をはずすには，用いた分子を高濃度に含む溶液か，結合したタンパク質の立体構造を変化させるような溶液を溶離液として用いる．この方法で，特定の分子に特異的に結合するタンパク質だけを濃縮・精製することができる（図11.5）．アフィニティークロマトグラフィーは特異性が高いために，1回のクロマトグラフィーで分離できるタンパク質のピーク数は1ということになる．

**v）逆相クロマトグラフィーとペプチドの分離** 逆相クロマトグラフィーの支持体（固定相）粒子は，疎水性の高い表面構造をもっている（シリカ粒子の表面にオクタデシル基を結合させたもの，ODSなど）．移動相溶液は親水性の高いもの（水とアセトニトリルの混合液など）を用いる．タンパク質は表面に解離基をもってはいるものの，移動相溶液中の水分子や緩衝液成分イオンよりも疎水性であるので，支持体表面に強く結合する．溶離液中の有機溶媒の濃度（水との容積パーセント v/v で表示される）を高くすると，疎水性の小さいタンパク質が溶離液中の有機溶媒と置き換わり，支持体からはずれ溶出する．タンパク質の疎水性は，ほぼ分子量に比例して大きくなるので，溶離液中の有機溶媒の濃度をさらに上げてゆくと，分子量の大きいタンパク質も溶離される．しかし，有機溶媒濃度が高くなると，親水性基を外に出した形のタンパク質本来の立体構造が壊れ，内部の疎水性の高い構造部分が露出される．その結果，いくら有機溶媒濃度を上げても，分子量の大きいタンパク質は固定相支持体に結合

したままで，カラムから溶離しない場合が多くなる．

後で述べるように，タンパク質のアミノ酸配列を決定するためには，タンパク質をプロテアーゼ（タンパク質加水分解酵素）で断片化し，その断片ペプチドを一つ一つ分離する必要がある．これらのペプチドの分離に逆相クロマトグラフィーはきわめて有効である．ペプチドは分子量が小さいため疎水性もそれほど大きくなく，カラムからほとんど完全に回収できる．

1回の逆相クロマトグラフィーで分離できるペプチドのピーク数は，溶離条件を最適化すれば50～100である．

### 4）電気泳動

タンパク質の分離において，最もよく用いられているのは電気泳動法である．これは，細胞中のタンパク質の種類が数千～数万にも達すると考えられ，これらを全部分離できるほどの分離能は，電気泳動法でしか得られないためである．

電気泳動は，電荷をもった原子，分子，粒子などが電場の中に置かれると，その電荷の反対符号の電極方向へ移動を始める現象である．溶液中で電場をかけて移動させ分離する機器分析法を電気泳動法と呼ぶ．高真空中で電場をかけて移動させ分離する機器分析法として質量分析法がある．ここでは，電気泳動法（溶液中の電場を用いる分離分析法）のうち，タンパク質の分離について取り扱う．タンパク質の電気泳動のモードには，主として次の三つがある．

① 等電点電気泳動
② SDSゲル電気泳動
③ 2次元ゲル電気泳動

**i）等電点電気泳動** 個々のタンパク質には，その総電荷がゼロになるpH（等電点，pI）があり，水溶液のpHがpIよりも高ければ，そのタンパク質は全体として負の総電荷を，pHがpIよりも低ければ全体として正の総電荷をもつ（図11.2参照）．電場（電場の強さ$E$）の中にあるタンパク質分子（荷電数$Z$）が電場から受ける駆動力（$F_d$）は，

$$F_d = Z \cdot E \tag{11.5}$$

である．水溶液中では，タンパク質分子は水分子を排除しながら移動し，高分子の網目に保持された水溶液（ゲル）中では，水分子の抵抗に加えて高分子の網目をすり抜ける際に抵抗力を受ける．これらの抵抗力は，タンパク質分子の移動速度（$v$）に比例して大きくなるはずである．したがって，ある速度$v$で移動するタンパク質分子が水溶液中で受ける抵抗力（$F_r$）は，

$$F_r = k \cdot v \tag{11.6}$$

で表される．ここで，$k$は水溶液の性質とタンパク質分子の形状で決まる定数である．速度が大きくなるほど抵抗力が大きくなるから，どのような荷電粒子についても，駆動力と抵抗力がつり合うような移動速度が存在する．

$$F_d = Z \cdot E = k \cdot v = F_r \tag{11.7}$$
$$v = Z \cdot E / k \tag{11.8}$$

すなわち，荷電数と電場の強さが一定であれば，移動速度は一定になる．しかし，等電点ではタンパク質の電荷はゼロであるから，式（11.8）より，速度もゼロとなり，タンパク質は移動しない．

すなわち，ある一定の強さの電場の中で水溶液中にpH勾配をつくることができれば，いろいろな等電点のタンパク質を同時にその等電点まで移動させ，その位置で停止させることができる．pH勾配を形成するには，図11.6のように，さまざまな等電点をもつ両性電解質の混合物水溶液を分離の場であるキャピラリーカラムやゲル中に満たす．陽極の電極液として酸（陽イオンとして$H^+$だけを供給するもの，リン酸水溶液など）を，陰

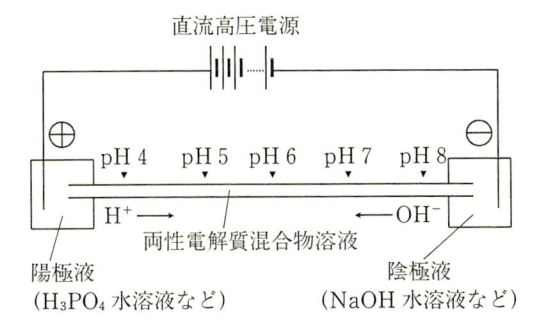

図 11.6 等電点電気泳動の原理図

極の電極液として塩基（陰イオンとして$OH^-$だけを供給するもの，NaOH水溶液など）を加えておき，電場をかけると両性電解質イオンがそれぞれの等電点の位置に移動するとともに，分離の場にpH勾配が形成される．

英語でisoelectric focusing（等電点焦点化）と表されるように，タンパク質は等電点の位置できわめて狭いバンドとして収束し，このバンド幅は電場の強さに比例して狭くなる．しかし，あまり電場の強さを大きくすると，タンパク質の濃度が等電点の位置できわめて高くなり，総電荷がゼロであるため，タンパク質どうしが疎水結合し，沈殿を生じることがある（等電点沈殿）．

タンパク質を等電点の違いだけで分離するには，電気泳動で移動するときに抵抗力を与えるゲルは用いないで，水溶液中で分離することが望ましい．しかし，水溶液は重力によって水位の低い側へたやすく移動し，取扱いがむずかしい．そこで，キャピラリー電気泳動装置のように水位調節が可能な機器を用いるか，孔（pore）の大きいアガロースゲルまたは低密度のポリアクリルアミドゲルを分離媒体として用いる．ゲル等電点電気泳動は，引き続きサイズ分離ゲル電気泳動法と組み合わせ，2次元ゲル電気泳動として実施されることが多い．

1回のゲル等電点電気泳動で分離できるタンパク質のバンド数は，条件を最適化すればpI 4～8の範囲で100～200に達する．

**ii) SDSゲル電気泳動**　タンパク質の分子量は数千から数千万という値の範囲をもつので，分子サイズの違いを利用する分離法（GPCも分子量の違いで分けることができる）が有効である．式（11.6）で，分子サイズが大きいほど$k$の値は大きくなり，移動速度が小さくなる．

この効果は，架橋した親水性高分子の網目の中に水溶液が保持された状態（視覚的にはゲルと呼ばれる）をつくり，この中で電気泳動を行うことでさらに高められる．ゲルとして最も広く用いられているのはポリアクリルアミドゲルであり，単にゲル電気泳動といえばポリアクリルアミドゲルを支持体とするものを指す．架橋ポリアクリルアミドの基本構造を図11.7に示した．緩衝液に直鎖ポリマーをつくるためのアクリルアミドモノマー（$CH_2=CHCONH_2$），架橋のための$N, N'$-メチレンビスアクリルアミド（$CH_2=CHCONHCH_2NHCOCH=CH_2$，以下Bisと略す），重合促進剤としての$N, N, N', N'$-

図 11.7　架橋ポリアクリルアミドの基本構造

テトラメチルエチレンジアミン（TEMED），および重合開始剤としての過硫酸アンモニウムを加えると重合が開始され，緩衝液を含んだポリアクリルアミドゲルができる．

ポリアクリルアミドゲルの利点は，① 分子内に解離基をもたないので，タンパク質との電気的相互作用がない，② アクリルアミドと Bis の初期濃度比を調節することで，ゲル密度や架橋度（分子レベルでの孔径）を広い範囲で調節できる，③ 透明でタンパク質を色素染色したときに検出しやすい，などである．再現性よくゲルを調製するために，重合前溶液 100 m$l$ 中に溶解させたアクリルアミドの重量（$a$ グラム）と Bis の重量（$b$ グラム）の和の数値を $T$ % として表記し，$T$ の値に占める Bis の割合 $100 \times b/(a+b)$ を $C$ % として表記する．$T$ の値は 3〜20%，$C$ の値は 3〜5% の範囲がよく用いられている．

緩衝液に界面活性剤や変性剤を含ませずにポリアクリルアミドゲル中で電気泳動を行えば，タンパク質の立体構造や生理活性を保った状態で分離できる．これを単にゲル電気泳動と呼ぶことが多い．ただしこの条件では，緩衝液の pH に等電点が近いタンパク質は移動速度が小さく，等電点が離れているものは移動速度が大きくなり，分子量の違いと電荷数の違いの両方で分離される．

そこで，ゲル中に陰イオン系界面活性剤 SDS（sodium dodecylsulfate）を加え，試料タンパク質をあらかじめ SDS と還元剤で処理してから電気泳動する方法（SDS ゲル電気泳動）が広く用いられている．この場合，タンパク質は立体構造が破壊された 1 本ずつのポリペプチド鎖となり，多数のドデシル硫酸イオン（電荷数：−1）との複合体となっている．結合するドデシル硫酸イオンの個数はほぼポリペプチド鎖の長さに比例する（平均してポリペプチド 1 g あたり SDS として 1.4 g 結合する）ので，ほとんどのポリペプチド鎖は分子量に比例した大きな負電荷をもつことになり，等電点の違いが無視できるようになる．そこで，SDS ゲル電気泳動はタンパク質の分子量の見積もる目的にもよく用いられる．

図 11.8 に SDS ゲル電気泳動装置の概略図を示し，図 11.9 に動物組織の水可溶性タン

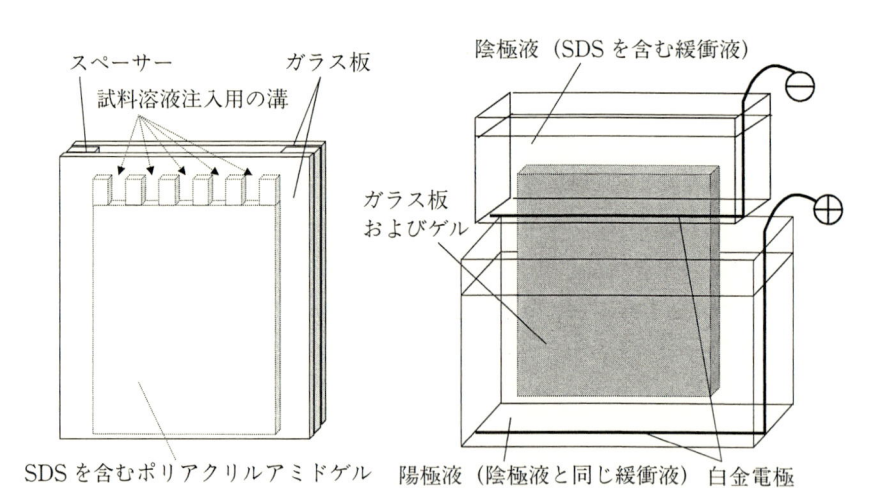

**図 11.8　SDS ゲル電気泳動の概略図**
左図のようにスペーサーですき間をつくった 2 枚のガラス板の間に薄層平板型ポリアクリルアミドゲルをつくる．これを右の電気泳動装置に装着し，試料を注入し，直流電圧をかけタンパク質を陽極方向に移動させる．分子量の最も小さいタンパク質がゲルから抜ける前に電源を切り，ゲルをタンパク質固定・染色液に浸す．

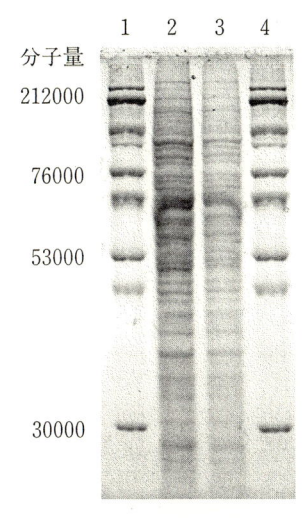

**図11.9** 細胞タンパク質のSDSゲル電気泳動
パターンの例
1,4レーンは分子量マーカータンパク質，2,3レーンはウシ脳の水可溶性タンパク質．

パク質をSDSゲル電気泳動で分離した例を示す．SDSゲル電気泳動では，ポリペプチド鎖がゲル先端から抜ける前に電気泳動を止め，ゲルをタンパク質固定・染色用の液（色素/メタノール/酢酸/水など）に浸し，ポリペプチド鎖を色素との複合体として可視化する．電気泳動の過程と染色の過程は自動化が困難であり，SDSゲル電気泳動法は機器分析と呼ぶのがむずかしいほど多くの手操作を含むのが現状である．

1回のSDSゲル電気泳動で分離できるポリペプチドのバンド数は，条件を最適化すれば数十〜100程度に達する．

**iii）2次元ゲル電気泳動** 細胞中には，数千種以上のタンパク質が存在するといわれている．等電点電気泳動i）で200種，SDSゲル電気泳動ii）で100種が分離できるとすると，これらを組み合わせて平面上で互いに直角方向に分離すると，20000種を分離できる計算になる．このような高分離能でポリペプチドを分離するために用いられているのが2次元ゲル電気泳動法である．

図11.10に2次元ゲル電気泳動の概略図を示した．まず，タンパク質を高濃度(8〜9 M)尿素-還元剤-非イオン系界面活性剤で処理し，立体構造を壊し1本ずつのポリペプチド鎖に解離させる．この試料を細管型あるいは細長い薄層平板型のゲルを用いて等電点電気泳動i）で分離する．電気泳動終了直後にこのゲルを2次元目の薄層平板型SDSゲルの上端に乗せ，還元剤とSDSを含む緩衝液で平衡化し，ポリペプチドをSDS複合体にする．引き続き1次元目の分離方向と直角方向にSDSゲル電気泳動ii）で移動させ，最も移動度の大きいポリペプチドがゲル下端近くにきたところで電源を切り，ゲルを固定・染

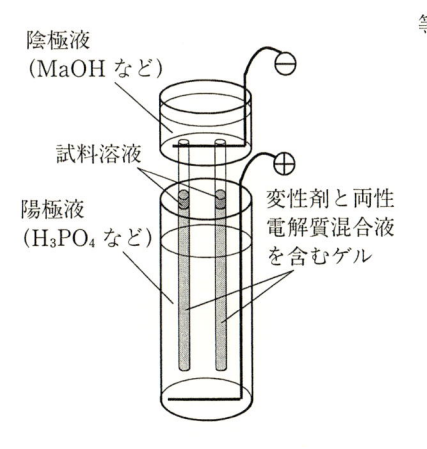

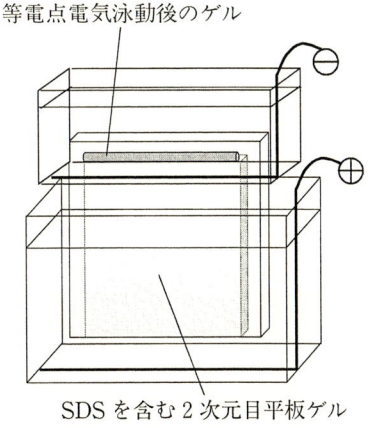

1次元目等電点電気泳動　　　2次元目平板SDSゲル電気泳動

**図11.10** 2次元電気泳動の概略図

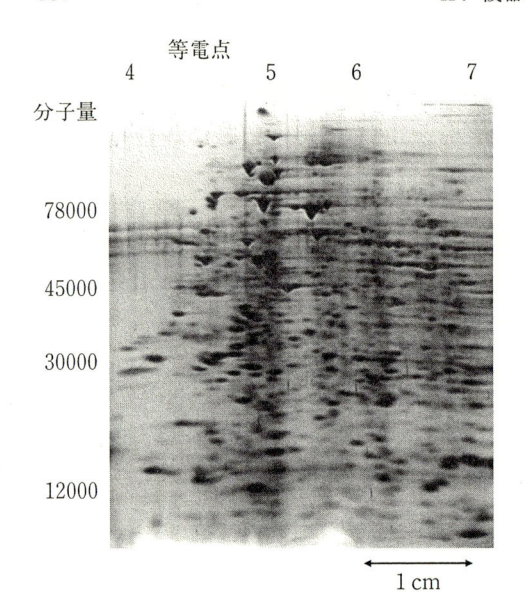

**図 11.11** 動物細胞ポリペプチドの 2 次元ゲル電気泳動例

色液に浸す．図 11.11 に，動物細胞中のポリペプチドを 2 次元ゲル電気泳動し，ゲルを銀染色法で染色した例を示す．ここでは i ）として直径 1.3 mm，長さ 35 mm のミクロ円筒型アクリルアミドゲル（$T=4.2\%$，$C=5\%$）を，ii ）として厚さ 1 mm，幅および高さ 40 mm のミクロ薄層型ポリアクリルアミドゲル（$T=8.4\sim17.85\%$，$C=5\%$）を用い，約 800 個のポリペプチドスポットが検出されている．

2 次元ゲル電気泳動で分離できるポリペプチドのスポット数は，一辺 30 cm の大型平板ゲルを用い分離条件を最適化すれば，数千にも達する．

### b. タンパク質のアミノ酸配列の決定あるいは立体構造解析

前節で述べたように，タンパク質は総電荷や等電点の違い，分子サイズの違い，特異的立体構造の違いなどを利用して分離される．しかし，タンパク質を互いに区別する最も明確な指標は，アミノ酸の並び順（アミノ酸配列）である．たとえば，20 種のアミノ酸をランダムに重合させてゆくと，仮に 100 個のアミノ酸を繋ぐだけでも $20^{100}$ もの組合せがあることになる．したがって，細胞中の約 1 万種（$10^4$）というタンパク質は，何億年にわたる進化の結果選別された，きわめて特殊なアミノ酸配列をもつものばかりであろう．実際，アミノ酸が 1 個置換しただけで，そのタンパク質の本来の機能が失われ，重大な疾患をもたらす例が多く知られている．したがって，タンパク質分子の機能を知るには，最終的にはその全アミノ酸配列を知る必要がある．さらに，生理活性との関連では，DNA からタンパク質へ翻訳されたあとのアミノ酸側鎖への化学的修飾（リン酸化や糖鎖の結合など）の位置などを明らかにする必要がある．

当面，タンパク質の構造に関して最も重要な情報は，そのアミノ酸配列であり，アミノ酸配列決定のためには，以下の二つの分析機器が用いられる．

① アミノ酸シークエンサー
② 質量分析計

### 1) アミノ酸シークエンサー

タンパク質は 1 本のポリペプチド鎖の末端（N 末端）に $\alpha$-アミノ基を 1 個だけもっている．この $\alpha$-アミノ基にフェニルイソチオシアネートを共有結合させると，比較的容易に末端アミノ酸残基と末端から 2 番目のアミノ酸残基とのペプチド結合が切れ，PTH 化された N 末端アミノ酸が遊離するとともに，2 番目のアミノ酸の $\alpha$-アミノ基が露出する（この過程を，考案者の名をとってエドマン分解と呼ぶことがある）．遊離した PTH アミノ酸は，逆相高速液体クロマトグラフィーで同定する．この過程を繰り返せば，タンパク質のアミノ酸配列を順次決定することができる．アミノ酸シークエンサーは，上記すべての過程を全自動で実施できるようにした機器で，1 サイクルに要する時間は 2 時間程度

1. N末端に遊離アミノ基をもつペプチド
2. N末端アミノ基のPTH化
3. PTH化アミノ酸の切断とHPLCによる同定
1′. N末端に遊離アミノ基をもつペプチド
2′. N末端アミノ基のPTH化
3′. PTH化アミノ酸の切断とHPLCによる同定

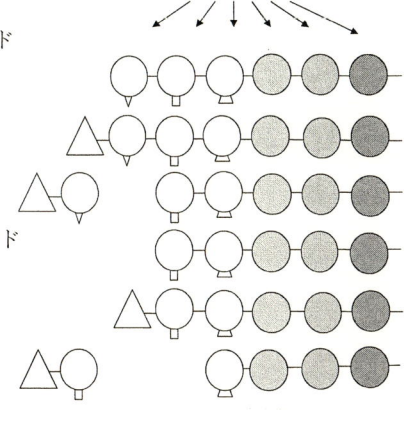

繰り返し

**図11.12** エドマン分解によるアミノ酸配列決定の概念図

である．タンパク質試料の純度がほぼ100%であれば，N末端から50残基程度まで連続して決定することも可能である．図11.12に，エドマン分解の概念図を示した．

**2）質量分析**

有機物の同定・構造解析法としての質量分析法の有効さは，1980年ごろまでに広く認識されていた．タンパク質を質量分析にかけるための最大の困難は，タンパク質を気相中でイオンにすることであった．しかし，1990年代にマトリックス支援レーザー脱離イオン化（matrix assisted laser desorption-ionization：MALDI）法とエレクトロスプレーイオン化法（electrospray ionization：ESI）という二つのイオン化法が開発され，タンパク質のイオン化にきわめて有効であることが示された．一方，アミノ酸配列決定法およびDNA塩基配列決定法の発展に伴い，膨大なアミノ酸配列データとDNA塩基配列データ（アミノ酸配列データに翻訳できる）がデータベースとして蓄積されるようになった．その結果，データベース中のタンパク質を仮想的に質量分析にかけ，得られる質量値を予測し，実際に得られた測定値と比較してアミノ酸配列を推定することもできるようになった．現在では，質量分析はタンパク質の同定とアミノ酸配列の決定に不可欠な機器分析法となっている．

以下に，質量分析法でどのようにしてアミノ酸配列情報が得られるかを述べる．

**i）MALDI-TOF MSとペプチドマスフィンガープリント法** タンパク質を2次元ゲル電気泳動などで分離し，染色された1スポットのゲル片を切り出す．トリプシンなどのタンパク質分解酵素でゲル片中のタンパク質をペプチド断片にし，抽出してマトリックス（CHCA, $\alpha$-cyanohydroxycinnamic acidなど）と呼ばれる試薬を大過剰に含む溶液と混合し，金属板上で乾燥させる．この結果，マトリックス分子が結晶化するとともに，ペプチド断片が結晶中に組み込まれた状態になる．高真空中でマトリックス結晶にパルスレーザー光（ちょうどマトリックス分子が吸収するエネルギーレベルの電磁波）を照射すると，マトリックス分子がイオン化するとともに急速に加熱され気化する．このときペプチド断片もイオン化し，気相中に放出される．この過程をマトリックス支援レーザー脱離，MALDIと呼ぶ．マトリックス分子の存在で分子量の非常に大きいタンパク質分子

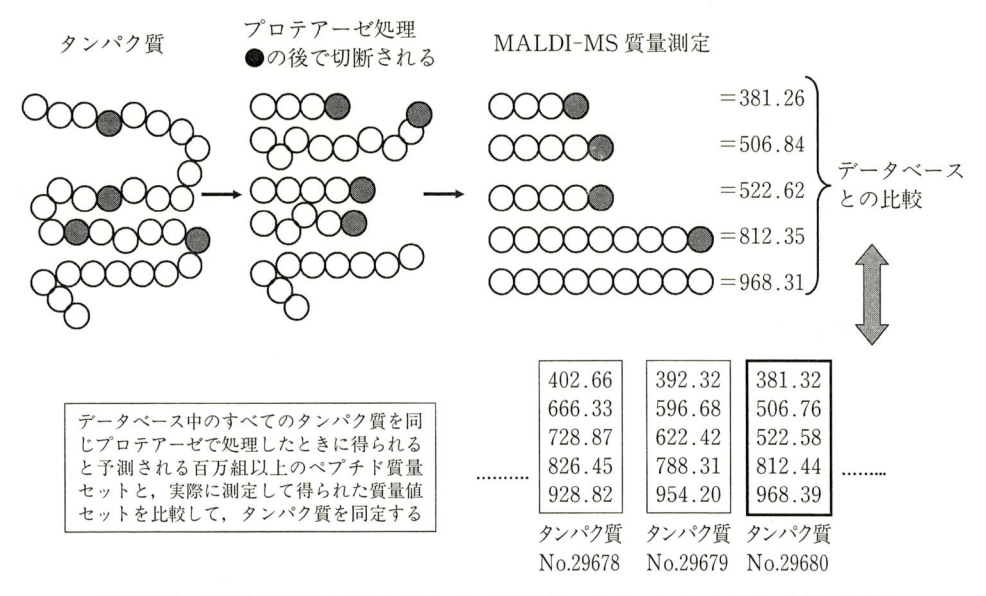

図11.13 MALDI-TOF MSを用いたペプチドマスフィンガープリント法の原理

もイオン化し質量分析できることを立証したことで，田中耕一氏がノーベル賞を受賞された．

この方法で，特定のタンパク質をタンパク質分解酵素で処理したペプチド断片群の質量（実際には質量$M$を電荷数$z$で割ったもの，$M/z$であるが，MALDI法の場合は$z=1$であることが多い）を測定する．質量分析計は普通飛行時間型（TOF MS）が用いられ，試料タンパク質由来のペプチド断片群の質量が0.0005〜0.005％の精度で厳密に測定できる（実測ペプチド質量セット）．一方，アミノ酸配列がデータベースに登録されているすべてのタンパク質は，タンパク質分解酵素でどのペプチド結合が切断されるか予想できるので，仮にタンパク質が100万種登録されていれば，100万の予想ペプチド質量セットをコンピューターで数秒以内に計算できる．実測値と予想値を比較したとき，両者が偶然に0.0005〜0.005％の精度で一致する確率は非常に低い．したがって，試料タンパク質由来の実測ペプチド質量セットのうち数個以上が，特定のタンパク質（データベース中）の予想ペプチド質量セットと一致すれば，二つ

のタンパク質が同一である確率はきわめて高くなる．このように，質量分析による実測値をデータベースと比較することで，タンパク質が同定できることになる．ペプチドの質量値を指紋の特徴になぞらえて，この方法をペプチドマスフィンガープリント法と呼ぶことがある．図11.13に，この方法の原理を示した．

**ii）ESI-MS/MS法による部分アミノ酸配列の決定** エレクトロスプレーイオン化法は，タンパク質やペプチド断片をギ酸などで酸性の水溶液にして，きわめて細いキャピラリーの先端からこの溶液を流し出す．キャピラリー先端を正極にし，質量分析計のイオン流入孔を形成する金属板を負極にして直流高電圧をかけると，試料溶液の液滴は大きな正電荷をもった状態になり，負極であるイオン流入孔の方向に飛ぶ．このとき，一つの液滴中に多数の正電荷があるので，クーロン反発力で一つ一つの液滴はどんどん分裂してゆく．したがって，キャピラリーから出てくる試料溶液は，スプレー状になってイオン流入孔側へ飛ぶことになる．試料タンパク質イオンやペプチド断片イオンを含む微小液滴も，

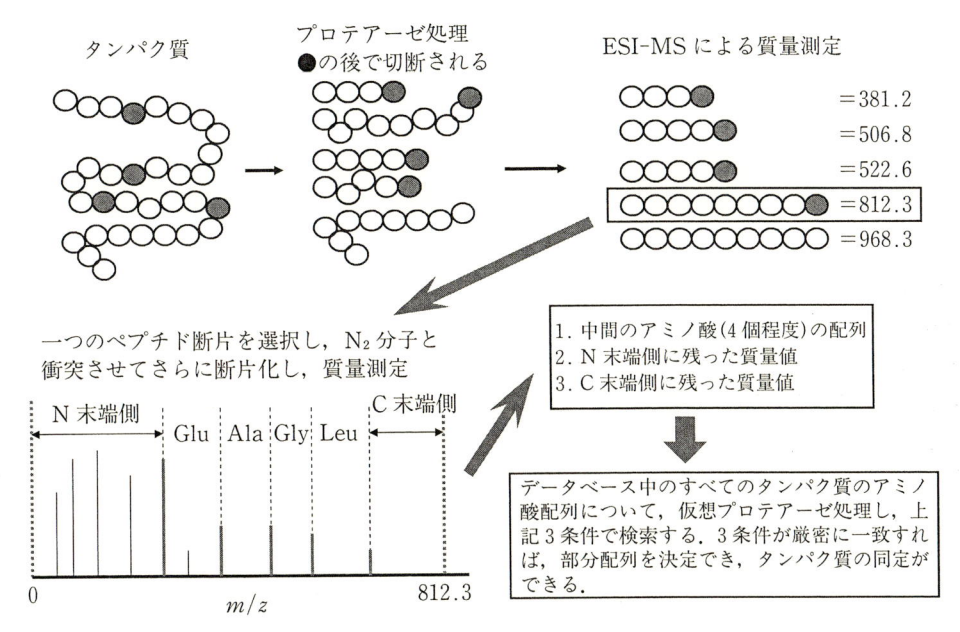

**図 11.14** ESI-MS/MS を用いたペプチド部分配列決定法の原理

飛行中にどんどん液滴が小さくなるとともに水分子が気化してゆき，最終的には正電荷をもつタンパク質イオンあるいはペプチドイオンだけが質量分析計に導入される．質量（$M/z$）の測定には，飛行時間型質量分析計や四重極型質量分析計が用いられる．

タンパク質を前項のように，トリプシンなどのタンパク質分解酵素で処理しておき，エレクトロスプレーイオン化法で質量分析計に導入する．高真空中で移動するペプチド断片イオンを窒素ガス分子などに衝突させると，ちょうどペプチド結合の位置の共有結合が一番切断されやすい．特定の質量（$M/z$）値をもつペプチドイオンを窒素分子と衝突させ，窒素ガス濃度をペプチド結合が1か所だけ切れる程度にしておく．切断されるペプチド結合の位置は決まっていない．したがって，衝突で得られた断片イオンの質量（$M/z$）値を測定し大きいものから順に並べると，値の間隔はちょうど1個のアミノ酸残基の質量と同じになる（図11.14）．質量値が小さくなるごとに一つのアミノ酸残基が順に切れているので，アミノ酸の配列が推定できる．この方法は，一段目の質量分析計で特定質量のペプチドを選び，二段目の質量分析計で断片の質量測定を行うので，タンデム質量分析法（MS/MS）と呼ばれる．

また，部分アミノ酸配列がこのようにして決定できれば，i）と同じようにデータベース中のアミノ酸配列を部分ごとに検索し，もとのタンパク質を推定できる．エレクトロスプレー法では，ペプチドイオンの溶液を少しずつ（数十 n$l$ min$^{-1}$ 程度）連続して供給するように工夫されており，十分なイオン量が得られるので，MS/MS法でアミノ酸配列決定を行うのに適している．しかし，質量分析装置の改良が急速に進んでおり，MALDI法のようなパルスイオン化で得られる程度の少量のイオンでも，引き続き断片化することで部分アミノ酸配列を決定することが可能になっている．

## 11.2 DNA の性質と機器分析

DNAが遺伝情報を担う分子であることはよく知られている．DNAを構成するデオキ

シリボヌクレオチド単位を塩基と呼ぶと，DNAは数百万塩基対で構成されている．DNAに含まれる情報のほとんどは塩基配列であり，DNA分析の主目的は塩基配列決定であるといってもよい．ただし，その前段階として，細胞からDNAだけを抽出したり，DNA断片をサイズの違いで分離することが必要である．

### a. DNAの検出・分離法

DNAは260 nm付近に紫外吸収の極大をもつので，280 nm付近に極大をもつタンパク質と区別できる．DNAを分離するには，細胞を界面活性剤などで可溶化したのち，タンパク質をエタノールなどで沈殿させて除く．DNAは巨大分子であるので，これを断片化してさらに分析を進める．断片化には，特定の部分塩基配列の位置だけを特異的に切断する酵素（制限酵素と呼ばれる）を用いる．DNA断片をサイズの違いで分離するには，タンパク質の分離と同様にゲル電気泳動を用いる．ただし，ポリアクリルアミドゲルは1000塩基対程度までの短いDNA断片の分離に用いられ，より長いDNA断片（20 k塩基対程度まで）の分離には，孔径の大きいアガロースゲルが用いられる．

### b. DNAの検出・構造解析法

DNAの構造解析とは，主として塩基配列を決定することである．ただし，数十万～数百万個の塩基を一度に配列決定できる方法はまだ開発されておらず，塩基数として500ないし700程度ずつ配列決定される．

塩基配列の決定には，まず1本鎖のDNA断片を鋳型として用意する．また，この鋳型DNAのある位置の塩基配列（たとえばATTCCG）に対して相補的な塩基配列（TAAGGC）をもつオリゴヌクレオチド（プライマーと呼ばれる）を用意する．プライマーは，あらかじめ蛍光色素などで標識しておく．これらを含む溶液にDNA合成酵素を加え，核酸塩基のモノマー（dATP，

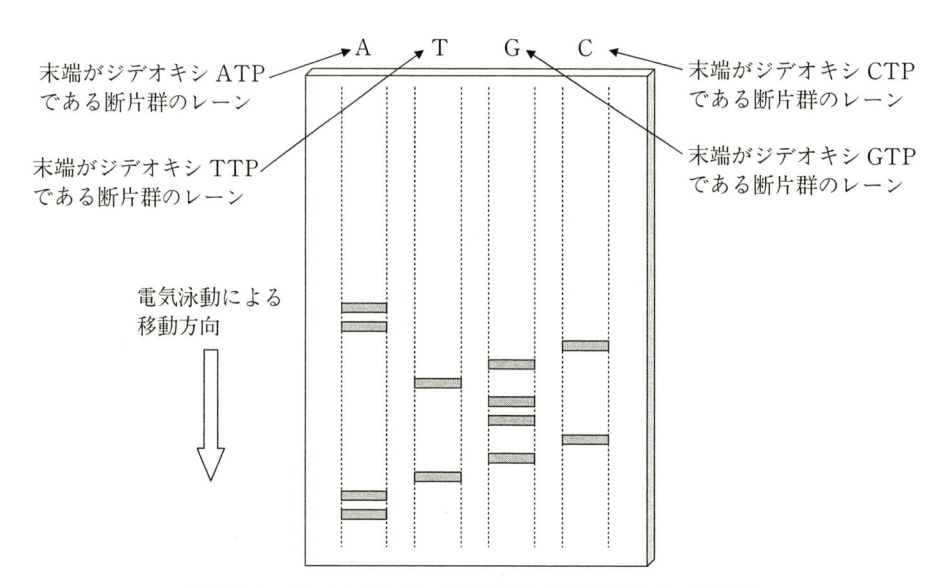

**図11.15　ゲル電気泳動によるDNA塩基配列決定の模式図**
合成されたDNA断片は，長さが短いものほど移動速度が大きく，ゲル下端方向に移動する．一番短い断片の末端の塩基がAであり，次に短いものの末端もA，次がTであるから，下から順に塩基配列が次のように決定できる．AATGCGGTGCAA……．ただし，これは合成されたDNA断片の塩基配列であるから，試料であるDNA断片の塩基配列はこれと相補的な配列で，TTACGCCACGTT……と決定される．

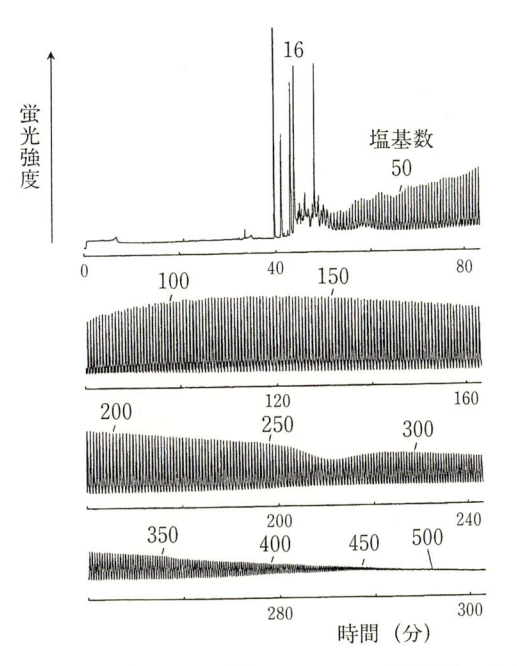

**図 11.16** ポリマー充塡キャピラリー電気泳動でさまざまな長さの1本鎖 DNA (polyA) を分離した例

実験条件：キャピラリー；内径 75 μm, 長さ 50 cm, 支持体；9%線状ポリアクリルアミド，電場；200 V cm$^{-1}$, 緩衝液；7 M 尿素を含む 0.1 M トリス-ホウ酸緩衝液(pH 8.3)，試料；蛍光試薬 FITC で標識された poly A.

ようなDNA断片群が合成されることになる．同様に，他の3種のジデオキシ型モノマーを一種ずつ用いて3種のDNA断片群を合成しておく．合計4種のDNA断片試料を平板型ゲルの隣り合った位置に添加し，電気泳動する．DNA断片の位置は蛍光法で検出できる．ゲル電気泳動の分離能が高く，DNA断片の長さが1塩基分違うだけでも移動度が違うので，図11.15のように塩基配列を決定できる．

全自動キャピラリー電気泳動装置を用い，キャピラリー中にアクリルアミドポリマー（直線状に重合しただけで，架橋のないもの）を充塡して，上記の方法で合成したDNA断片（さまざまな長さのデオキシアデニル酸ポリマー，polyAの混合物）を分離した例を図11.16に示す．約500塩基まで，DNA断片が1塩基ずつの長さの違いで分離されている．2002年に予想よりも速くヒトゲノムDNAの全塩基配列が決定されたが，ここでは自動化されたキャピラリー電気泳動装置が大きな役割を果たした．

dTTP, dCTP, dGTP, それぞれデオキシアデニル酸三リン酸，デオキシチミジル酸三リン酸，デオキシシチジル酸三リン酸，デオキシグアニル酸三リン酸）を加えると，プライマーを起点として鋳型に相補的なDNAが合成されてゆく．ここで，核酸塩基モノマーのうちに，たとえばdATPのジデオキシ型のモノマー（ddATP, ジデオキシアデニル酸三リン酸）を少量加えておくと，ジデオキシ型モノマーが結合した場所からDNA合成は停止する．その結果，さまざまな長さの，鋳型DNAに相補的で末端がddATPである

### 参考文献

1) 日本生化学会編：タンパク質のクロマトグラフィーに関して，新生化学実験講座第1巻タンパク質I，第11章クロマトグラフィー，pp.161-327, 東京化学同人，1990
2) 日本生化学会編：タンパク質の電気泳動に関して，同上，第12章電気泳動，pp.329-387, 1990
3) 磯辺俊明，高橋信弘編：質量分析法などによるタンパク質のアミノ酸配列決定とプロテオーム解析（タンパク質集合体を全体として解析する研究）に関して：プロテオーム解析法（実験医学別冊，ポストゲノム時代の実験講座第2巻），羊土社，2000

# 12 光学活性体の分離

天然有機物質には光学活性体が数多く存在する．人体の構成要素であるアミノ酸やタンパク質，植物体のセルロースやアミロース，糖や糖の誘導体，生体膜を構成する脂質など身の回りは光学活性体であふれている．

### a. 生命体の光学活性認識

動物は多くはL-体のアミノ酸で構成されているが，この組成割合は歴史とともに進化している．すなわち，古代の貝塚ではD-体がかなりの割合で存在していたが，時間とともにD-体の排除が進行している．ヒトの身体にはD-体がほんの少し存在する（特に脳において）が，D-体の割合が1.0%を超えると生命体の維持ができない．

薬において，光学異性体の一つは薬効を有し，他の光学異性体は薬害をもたらす．薬の製造において，光学異性体の純度は厳しく求められている．これは，過去における薬害（たとえば，サリドマイド問題）の反省からである．

動植物の固体における螺旋の形態も光学活性の発現である．巻貝の貝殻の巻き方，朝顔のつるの巻き方もそのひとつであろう．

### b. 化学物質相互作用による光学活性体の分離

光学活性な化学物質を調べるにはまず分離し取り出すことが重要である．ついで光学活性異性体の割合を定める．この分離の方法として，クロマトグラフィーが最もよく用いられる．

低分子量物質光学活性体（溶質）の分離を達成するために，クロマトグラフィーは光学活性を有する固定相を使用している．光学活性な固定相として，水晶，粘土，セルロース，多糖類，アミノ酸やタンパク質などが用いられる．すなわち，天然のきれいな面を有し，光学活性認識能を保有する物質を固定相として用いる．溶質と固定相の相互作用を多数の理論段で，繰り返し連続的に行い，相互作用による光学活性認識能を，分離が達成できるまでに大きく（増幅）していく．

### c. 固定相-溶質間の光学異性体認識

**ケース1** セルロースによる分離

セルロースのトリス-4-メチルフェニルカルバメート誘導体（図12.1）を用いた1-(9-アンスリル)-2,2,2-トリフルオロエタノールの光学分割では，キラル固定相とD-とL-光学異性体間の相互作用のエネルギー差は$\varDelta\varDelta G=0.11$ kcal/molとごくわずかであるが，約2000段の理論段を通過する中で完全分離される（図12.2）．

上記分離における固定相-溶質相互作用の構造的な特徴は，天然素材のセルロースに誘導体化を加え，立体的な空間認識が増すように崇高誘導化を行った固定相を用いている．また，溶質においてもアントラセン環をもつかなり大きな嵩高さを有し，光学部位が強調できる溶質となっている．

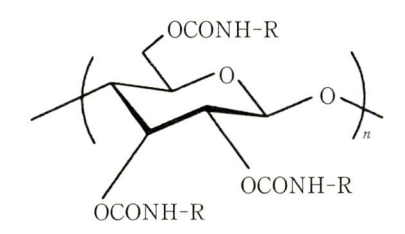

図12.1 セルロースのトリス-4-メチルフェニルカルバメート誘導体

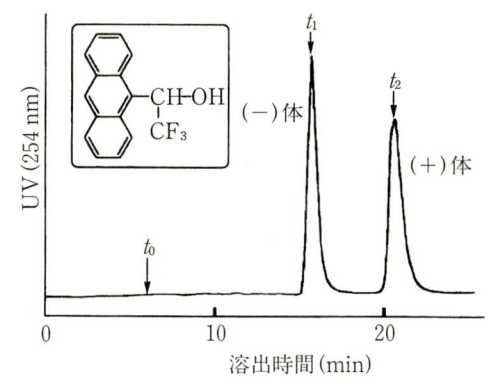

図12.2 液体クロマトグラフィーによる1-(9-アンスリル)-2,2,2-トリフルオロエタノールの光学分割
固定相 図12.1のセルロース誘導体,溶離液 ヘキサン:2-プロパノール(90:10)
(山本智代,岡本佳男,参考文献1)

図12.3 $\alpha$-CD, $\beta$-CD, $\gamma$-CD

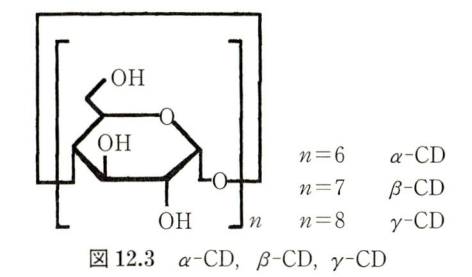

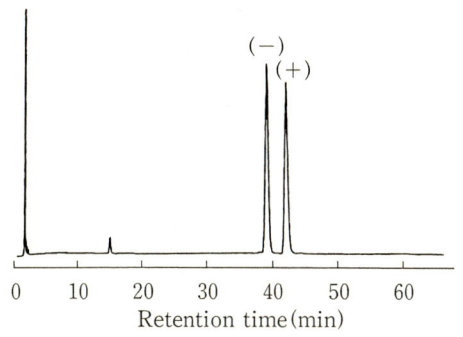

図12.4 メントール光学異性体のGC分離
GC固定相:CD
(大井尚文ら:分析化学, **42**, 801, 1993)

### ケース2　シクロデキストリンの包接による認識

シクロデキストリン(CD)は,液体クロマトグラフィー(LC),ガスクロマトグラフィー(GC),薄層クロマトグラフィー(TLC)の固定相,またキャピラリー電気泳動(CE)のホスト役を果たす添加剤として光学異性体分離に用いられる.

$\alpha$-CD, $\beta$-CD, $\gamma$-CDはグルコピラノース単位が6, 7, 8個の$\alpha$-1,4結合した環状オリゴ糖(図12.3)で,それぞれの空孔の大きさに対応して溶質分子を選択的に取り込むことができる.

ガスクロマトグラフィーでは,水酸基をアルキルエーテル化,アシル化した化合物やCDをポリシロキサン(GCの一般的な固定相)に化学結合し固定相として用いる.

キャピラリー電気泳動においては$\beta$-CD, $\gamma$-CDをそのまま媒体に溶かすか,CDの水酸基をカルボキシメチル誘導体化やリン酸化したイオン性CDを媒体に溶かして,これらのCDと溶質との相互作用により光学異性体の認識(ホスト-ゲストの関係と称する)を発現する.

液体媒体中における各溶質とCDとの会合定数の差により分離する.すなわち,溶質がCDの中に入り,安定に空間的に保持されたり,溶質がCDの入口や外側でCD水酸基との相互作用に保持される.電気泳動では溶質の電気泳動移動度,2つの会合体(会合定数:$K$)の電気移動度差により溶質が分離されていく.これまで,D-, L-アミノ酸のCD会合体には,DとLとの差がなく,同一の電気泳動移動度をもつとされてきたが,ここにも微小な移動度の差がある.これらはいずれ

$$\text{CyD} + \text{AA} \xrightleftharpoons{K} \text{complex}$$

$$K = \frac{[\text{complex}]}{[\text{CyD}] \cdot [\text{AA}]}$$

**図 12.5** トリメチルアンモニオ CD (CyD) によるアセチル化 D-, L-アミノ酸誘導体 (AA) の液体中での抱合体 (complex) 形成平衡

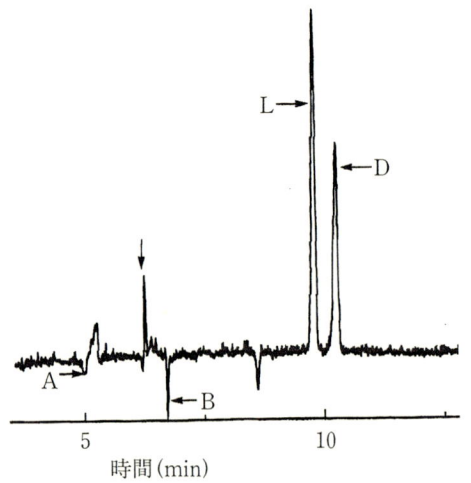

**図 12.6** トリメチルアンモニオ CD による D-, L-アミノ酸誘導体の分離
キャピラリー電気泳動，媒体 pH 6.9，50 mM リン酸溶液，キャピラリーカラム（内径 50 μm，長さ 50 cm，電圧 5 kV），CD：amino-β-CD
（赤崎麻子：名工大修士論文，2001）

も立体的な会合体の構造に基づく．

> **ケース 3** タンパク質，低分子量化合物を保有した固定相，粘土

タンパク質は，本来的に光学活性を有しており，液体クロマトグラフィーの充填剤にタンパク質を塗布すれば光学活性認識能をもつ固定相となる．

LC において汎用されるオクタデシルシラン固定相に光学活性の低分子化学物質を保持させれば（すなわち，溶離液中に添加すればよい），光学活性体の分離ができる．この方法は非常に多様な選択ができ，手軽で有効である．

LC の充填剤として粘土の表面の $Na^+$ イオンをルテニウム金属イオンとイオン交換により保持させ，溶質と $Ru^+$ との錯形成により光学認識能をもたせる．

#### d. 光学活性認識の基本

固定相-溶質の相互作用による光学活性体認識の基本は，次の項目に要約できよう．

1) 水素結合の形成（O…H，N…H）
2) 静電力（＋，－の電荷による引き合い，双極子モーメントの相殺）
3) 立体的な空間の形成：重なり合いを避ける立体的な配置，スタッキング（折り重なり），空間への溶質の受け入れ

固定相が溶質と相互作用するには，充填剤自体の固体粒子表面の影響を避けるために，炭素鎖 7 個から 11 個の表面よりの伸び上がりが必要である．すなわち，溶質が光学活性部位と空間的に容易に相互作用ができることや，その光学活性部位に到着できる確率が高いことが望ましい．

典型的な事例として，図 12.7 にアセチルバリン第三級ブチルエステルの L-型と L-型および L-型と D-型の会合体を示した．

L-型同士の会合体では，アミド平面がその双極子を打ち消しあうようにスタッキングしながら，2 本の水素結合により結合した会合体を与える．L-型と D-型の会合体でも水素結合は形成されるが，スタッキングによる安定性の付与がない．したがって L-型と L-型がより安定で会合定数も大きくなり，もし一方が溶質でもう一方が固定相であれば，クロマトグラフフィーにおける保持が大きくなる．

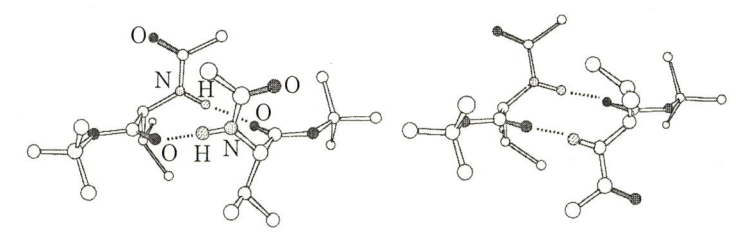

図 12.7 アセチルバリン第三級ブチルエステルの L-型と L-型の会合体(左側)および L-型と D-型の会合体(右側)のモデリング(土橋 朗, 参考文献 1)

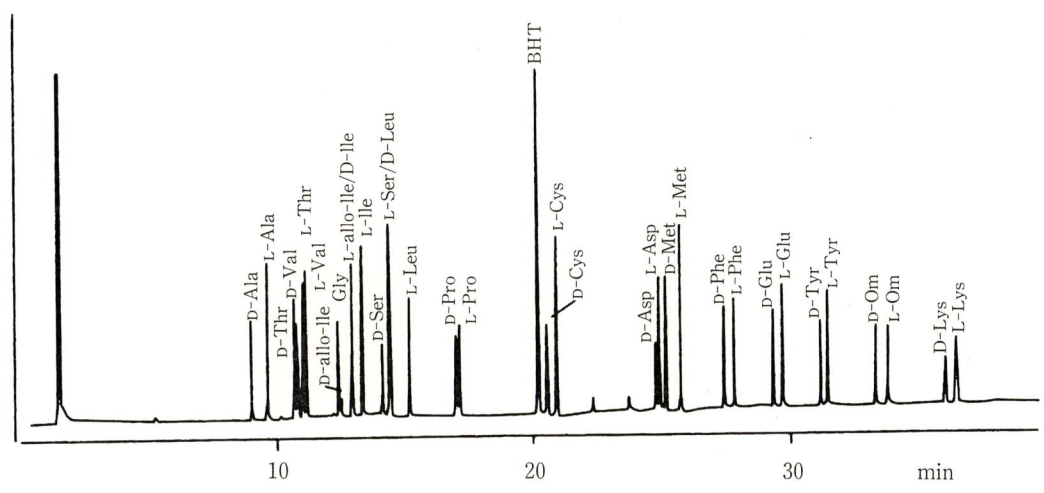

図 12.8 D-, L-アミノ酸誘導体のガスクロマトグラフィーによる分離((株)ケムコ 提供)

## ■機器分析としての配慮

装置的には,クロマトグラフィーのあらゆる検出器が用いられる.光学活性特有の検出器としては,円二色性検出器がある.

立体的な空間を設定するために,溶質を誘導化することが多いが,カラムの分離が優れている場合には,誘導化処理なしで分離が達成できる.図 12.8 に,ガスクロマトグラフィーによるアミノ酸誘導体間の分離を示した.

#### 参考文献

1) 今井一洋, 後藤順一, 津田孝雄:キラル分離の理論と実際, 第 1 章, 第 4 章, 学会出版センター, 2002
2) 大井尚文ら:分析化学, **42**, 801, 1993

# 13 腐食現象への走査型電気化学顕微鏡でのアプローチ

## a. 界面で起こる反応が見える！

　界面は，材料がそれを取り巻く環境のもとで機能を発現する場である．材料機能の向上，新しい触媒の設計，腐食の抑制などを図るためには，界面で起こる反応を詳しく知る必要がある．走査型電気化学顕微鏡（scanning electrochemical microscopy：SECM）は，プローブ（探針）として微小電極をとりつけた走査型プローブ顕微鏡の一種であり，溶液中の界面で起こる局所的な電気化学反応を調べることができる新しい表面解析法である．ここでは，その動作原理と腐食研究への応用例を紹介する．

## b. SECM の動作原理

　SECM のプローブは，直径 $10^{-5}$ m 以下の微小ディスク電極である．微小電極は，通常サイズの電極に比べると応答速度および感度に優れており，単体でもセンサーとしての役割を果たすことが知られている．これは，微小電極上に形成する拡散層が電極サイズほどに薄く，かつ 3 次元の構造をもつためである．微小ディスク電極が溶液の沖合いにあるとき（図 13.1（a）参照），拡散層は半球状となり，電極には次に示す定常限界電流 $I_{\text{limit}}$ が流れる．

$$I_{\text{limit}} = 4nFDc^*a \tag{13.1}$$

ここで，$n$ は電子移動数，$F$ は Faraday 定数，$D$ と $c^*$ は反応物の拡散係数と溶液沖合いにおける濃度，$a$ は電極半径である．

　図 13.2 に SECM の装置概略を示す．溶液中，電気化学的に制御された微小電極プローブが，試料表面近傍を走査する．微小電極が溶液沖合いにおける半球状拡散層の厚さより

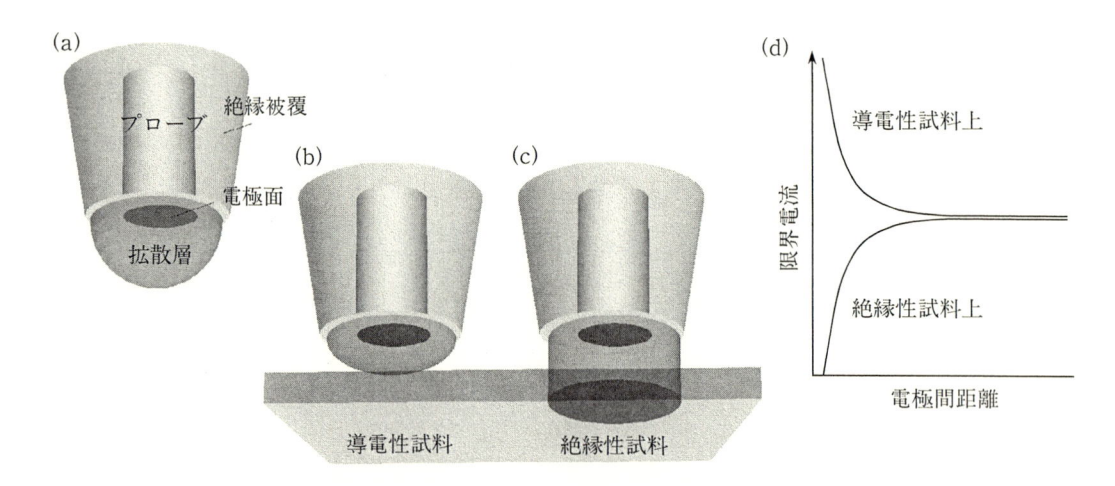

**図 13.1　微小ディスク電極上に形成する拡散層**
溶液の沖合いでは半球状（a）であるが，試料の表面近傍では，導電性（b）あるいは絶縁性（c）に応じて形状および微小電極に流れる電流（d）は変化する．

も試料表面に接近すると，反応物の拡散が試料表面の性状および試料表面-微小電極間の空間制約の影響を以下のように受ける．

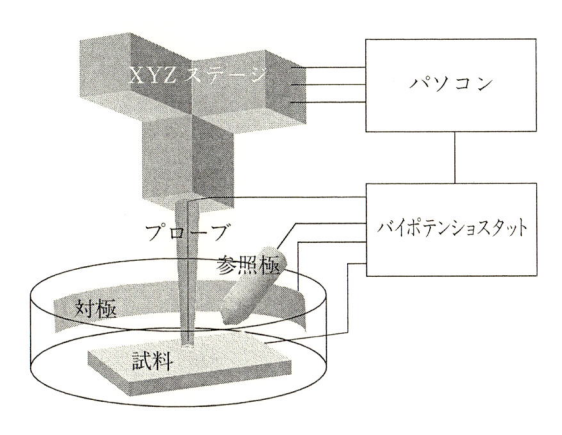

**図13.2　SECM装置概略図**
プローブと試料の電位は独立に制御される．

① 活性表面：自然浸漬状態，あるいは分極により，プローブ電極での生成物がもとの反応物へ（電気）化学的に変換される場合（図13.1 (b) 参照），拡散層は半球を押しつぶしたような形状で，厚さは薄くなる．

② 不活性表面：試料表面が絶縁体である場合（図13.1 (c) 参照），微小電極の試料表面への接近により，拡散層は電極間空間の外側へと膨張する．

電極反応の速度は，その拡散距離が短いほど大きくなることから，微小電極に流れる限界電流は図13.1 (d) のように試料-微小電極間距離に応じて変化する．したがって，プローブを試料表面近傍で一定距離に保ちながら走査すると，試料表面の性状をモニタリングすることができる．

SECM測定上の要は，プローブあるいは試料表面上に形成する拡散層である．上で述べた相互作用がプローブ-試料表面間で適切に起こるよう，プローブおよび試料表面上に形成する拡散層を構成する反応物（メディエーター）および両電極電位を選定することが肝要である．この点で，SECMは電気化学測定に他ならない．

### c. 不均一な純鉄の表面

金属材料の表面を覆う不働態皮膜[*1]は，一般的にn型の半導体[*2]である．このため，金属がそれを囲む環境との相互作用によりアノードに分極されても，不働態皮膜内に空間

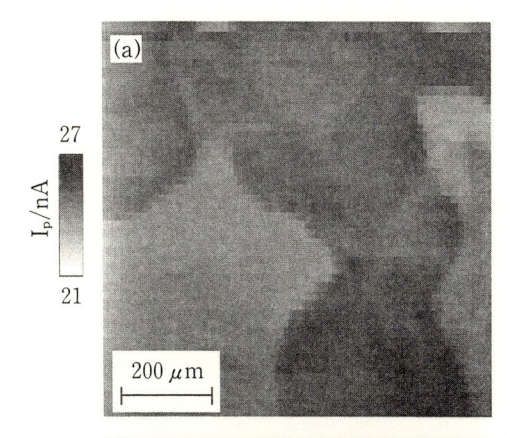

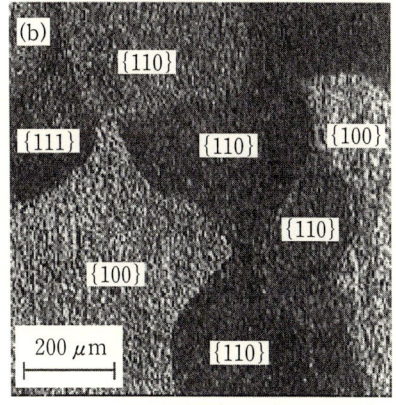

**図13.3** (a) pH 8.4 ホウ酸水溶液中，1 V(SHE) で不働態化した多結晶鉄電極上のレドックス反応分布．0.03 M $K_4Fe(CN)_6$ を含むホウ酸塩水溶液中，鉄電極を 0.1 V (SHE)，プローブ電極を 1.2 V(SHE) に保持し，プローブ電流像を得た．(b) (a)を測定した部分の光学顕微鏡写真（結晶粒の面方位はエッチピット法により求めた）．

---

[*1] 緻密で薄く化学的に安定な酸化物皮膜．自己修復性がある．鉄の場合，厚さは 3〜6 nm．
[*2] 銅やニッケルの不働態皮膜はp型の半導体．

電荷層が形成するので,良好な耐食性を示す.しかし,皮膜の薄い部分や欠陥構造を多く含む部分は,電子バリヤー性に乏しく腐食の起点となり得る.そこで,皮膜を評価するためにSECMが適用されている.

$Fe(CN)_6^{4-}/Fe(CN)_6^{3-}$などのレドックス系メディエーターは,電極表面上に特異吸着せずに皮膜を介して直接電子移転型の酸化還元反応を行うので,不働態皮膜内に形成する空間電荷層の評価に有効である.図13.3(a)に多結晶鉄電極上に形成した不働態皮膜を試料として,$Fe(CN)_6^{4-}$を含むホウ酸塩水溶液中でSECM測定した際のプローブ電流像を示す.プローブ電極上での反応生成物$Fe(CN)_6^{3-}$は,その直下の皮膜を介する電子移転の反応速度に応じて再び還元される.図13.3(b)との比較より,皮膜の性状は下地結晶面方位に応じて不均一性を示すことが明らかであり,疎な原子密度を有する面(鉄の場合,{100}面)上で電子バリヤー性の高い皮膜が形成していることがわかる.

### d. 選択的に起きる腐食の起点を探る

ステンレス鋼は,その表面に形成する不働態皮膜がきわめて安定であるため高耐食性を示す.反面,鋼中の介在物[*3]が表面にあると,その上に形成する皮膜が他よりも不安定であることから,ここを起点とした選択的な腐食(孔食)が発生するといわれている.特に,塩化物を多く含む環境では,孔食の発生頻度が高い.そこで,腐食の起点を予知し,その部位で実際に腐食が起きるかどうかがしばしば検討されている.

NaCl水溶液中,MnSは,次式に従ってHS$^-$あるいは$S_2O_3^{2-}$イオンの形で溶解する.

$$MnS + 2Cl^- \longrightarrow MnCl_2 + S^{2-} \quad (13.2a)$$
$$S^{2-} + H^+ \longrightarrow HS^- \quad (13.2b)$$
$$2MnS + 4Cl^- + 3H_2O \longrightarrow$$
$$S_2O_3^{2-} + 2MnCl_2 + 6H^+ + 8e^- \quad (13.3)$$

SECMの測定溶液中に$I_3^-$を添加し,メディエーターとして用いた場合,MnSからの溶解物と以下の反応が起きる.

$$3I^- \longrightarrow I_3^- + 2e^- \quad (13.4)$$
$$I_3^- + HS^- \longrightarrow 3I^- + H^+ + S \quad (13.5)$$
$$I_3^- + 2S_2O_3^{2-} \longrightarrow 3I^- + S_4O_6^{2-} \quad (13.6)$$

プローブ電極における$I^-$の酸化(=検出)反応速度は,介在物の溶解速度に対応するので,図13.4のようにMnSの場所および反応活性を解析することができる.

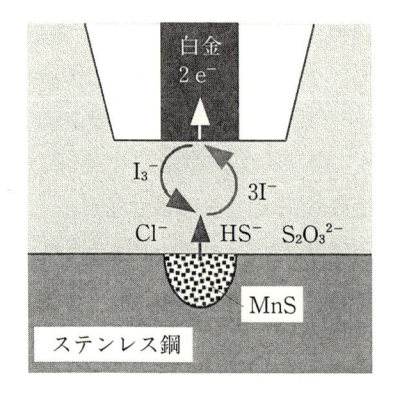

図13.4 介在物の溶解反応を利用したSECM測定反応スキーム

### e. 不働態皮膜の破壊メカニズム

上述のように,SECMは試料表面の不均一性評価に有効である.しかしながら,試料の"平面"に対してプローブは"点"であるため,試料全面を同時測定することはできない.一方,プローブを任意位置に固定すると,その直下の試料表面局部における時々刻々変化する反応を追跡することができる.さらに,プローブから変質をもたらす化学種を意図的に発生させ,その発生種による反応の進行を局部試料表面の時間変化により追跡することが可能となる.

---

[*3] 鋼中の非金属相.鋳造時,母相内に固溶せず,結晶粒界などに形成,腐食や破壊の起点となる.MnSは鉄鋼材料の代表的介在物.

プローブとして塩化銀で覆われた微小銀電極を用い，これを鉄不働態皮膜近傍でカソード還元した際，プローブ直下の皮膜を破壊し，局部的な腐食を誘導することができる（図13.5参照）．プローブ電極および鉄電極の電流応答から，皮膜局部破壊過程は，図13.6のように区別される．

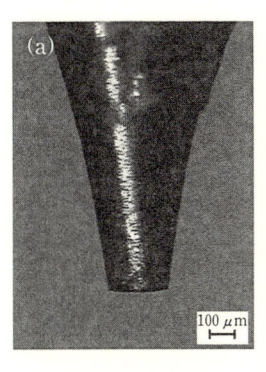

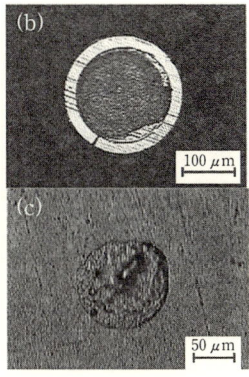

図13.5 局部腐食環境を形成するための塩化物で覆われた微小電極プローブ側面(a)，底面(b)と局部的に腐食された鉄表面(c)

I）誘導過程：微小銀-鉄電極局所空間に$Cl^-$イオンが濃縮する．

$$AgCl + e^- \rightarrow Ag + Cl^- \quad (13.7)$$

局部的に濃厚な$Cl^-$イオン環境下において，皮膜構造に欠陥が導入される，あるいは変質および微小溶解が起こるが，不働態は保持されている．

II）皮膜破壊過程：皮膜の欠陥構造および変質が許容限界値を超え，急激な溶解が始まる．微小銀電極では，鉄から溶出した$Fe^{3+}$イオンの還元反応が，また，微小銀電極直下の鉄表面では非常に薄い残余皮膜を介して$Fe^{2+}$イオンの酸化反応が繰り返される．

$$Fe^{3+} + e^- \rightarrow Fe^{2+}（微小電極上）(13.8a)$$
$$Fe^{2+} \rightarrow Fe^{3+} + e^-（鉄電極上）\quad (13.8b)$$

III）局部腐食進展過程：皮膜破壊部において下地鉄が$Fe^{2+}$イオンとして溶解する．

$$Fe \rightarrow Fe^{2+} + 2e^- \quad (13.9)$$

I）の継続時間は，皮膜破壊の誘導時間に相当する．誘導時間は，膜厚，皮膜欠陥濃度，皮膜にかかる電場に依存する．また，下地の結晶面方位依存性があることもわかっている．

このように，SECMによって腐食環境を局部的に形成し，不働態皮膜の化学的安定性を調べることができる．

### f. SECMの可能性

SECMの測定方法は多彩である．プローブ，試料ともに作用電極であるので，両電極の分極方法（定電位法，動電位法，定電流法など）により得られる情報の性格が異なってくる．紹介例はすべて，プローブ電極のクーロメトリーであったが，プローブでの電気化学反応生成物の試料表面への影響が懸念され

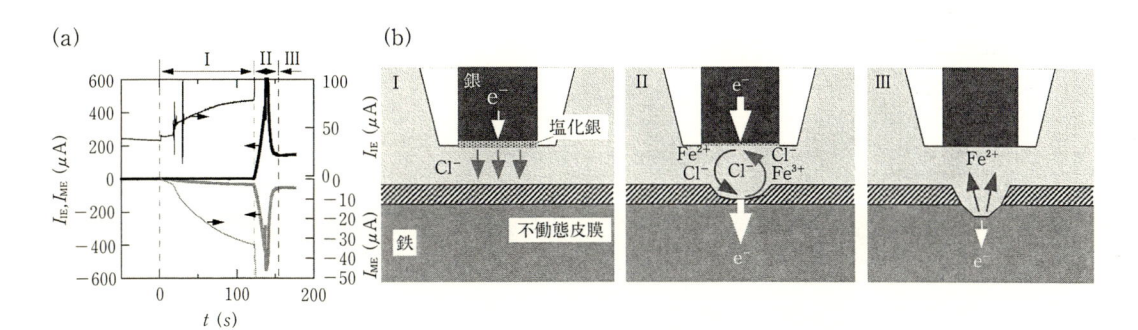

図13.6 鉄不働態皮膜破壊に伴う鉄電極電流$I_{IE}$，微小銀電極電流$I_{ME}$応答(a)とその解釈(b) pH6.5ホウ酸塩水溶液中，鉄電極を0.7 V(SHE)で不働態化したのち，微小銀電極電位を−0.1 V(SHE)に保つ．

る場合，ポテンシオメトリーが適用されている．プローブにイオン選択性を付加することにより，特異性を強めることができる．たとえば，プローブがプロトンのみに感受性がある場合，表面のpH分布像が得られる．さらに，プローブや試料に他の機能を付加することにより，SECMの応用範囲が広くなる．たとえば，プローブを複数本とした多チャンネル測定可能なSECM，プローブに光ファイバーを利用して光電気化学反応も評価できるSECM，音叉を用いたシェアフォース測定により表面形状を独立計測できるSECM，SECMと電気化学水晶振動子微量天秤法との組合せなどがある．

動作原理上，SECMの面分解能は，プローブ電極表面に形成する拡散層のサイズよりも小さくならない．したがって，AFM/STMで実現可能な原子/分子サイズの面分解能には至らない．しかし，SECMでは局部反応を利用して界面反応そのものを見ている．局部界面反応のサイズが，SECMの面分解能であるともいえる．界面機能の発現サイズと面分解能が同じであるSECMの応用は，多岐の界面分析・評価に有効であろう．

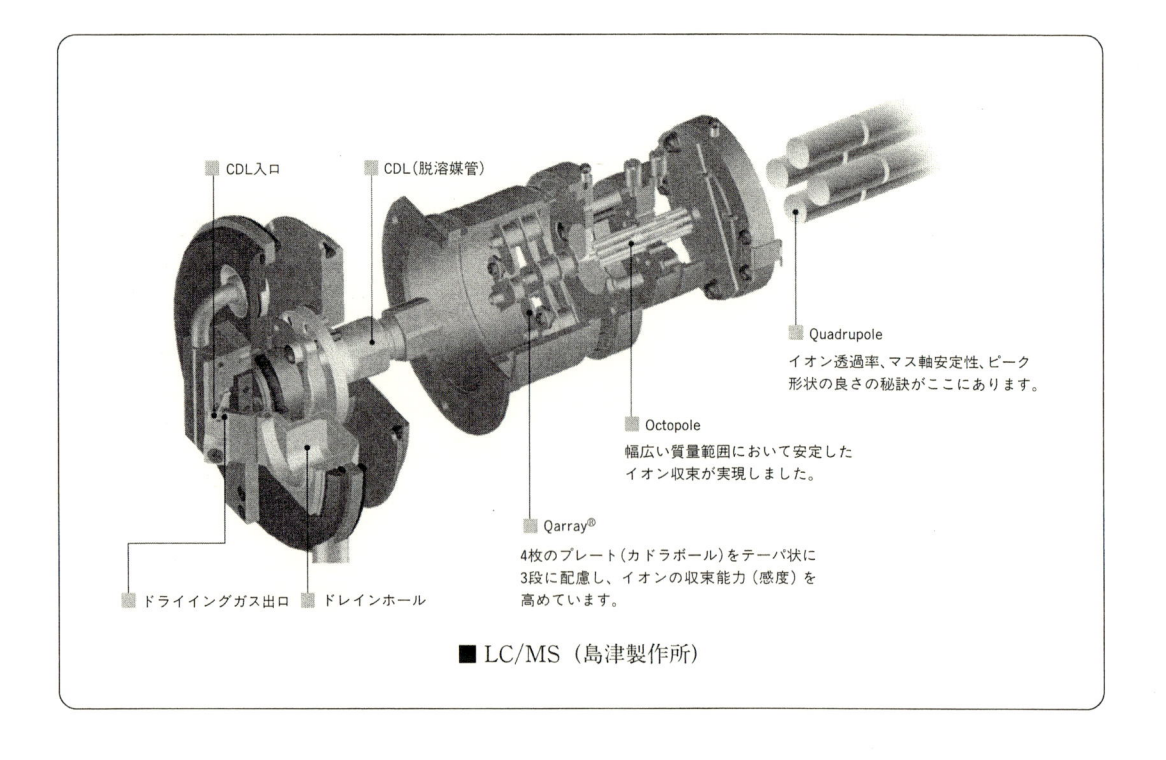

■ LC/MS（島津製作所）

# 索　引

## あ

アインシュタインの拡散式　43
圧力差流　25, 43
アナライト　171
アフィニティクロマトグラフィー　37, 179
アミノ酸　190
アミノ酸シークエンサー　184
アルゴンプラズマ　81
アレニウスの酸・塩基　6
安定度定数　16
安定ラジカル　142
アンペロメトリー　119

## い

イオン移動度　21
イオン化傾向　123
イオン化法　147
イオン感応性電界効果トランジスター　130
イオン強度　6
イオンクロマトグラフィー　47
イオン交換クロマトグラフィー　37, 50, 177
イオン交換分離　47
イオン選択係数　127
イオン選択性電極　121, 126
イオン対クロマトグラフィー　50
イオン対抽出　61
イオン電極　128
イオン独立移動の法則　22
イオントラップ法　152
イオン排除クロマトグラフィー　50
1次イオン　148
一重項状態　97
移動係数　112
移動相　30
移動度　22

異方的 ESR スペクトル　145
陰イオン交換カラム　47

## う

渦巻状拡散　43
渦巻セル　93

## え

液体クロマトグラフィー　36, 176
　　——の分離モード　37
　　——の分類　37
液体クロマトグラフィー用検出器　38
液体ヘリウム　132
液体捕集法　65
液体膜電極　128
SI 単位　3
X 線回折法　76
X 線透過率　75
エドマン分解　185
エネルギー分散型検出系　77
エバネッセント光　169
エレクトロスプレーイオン化法　148, 185
塩基　6
塩基解離定数　7
塩基配列　188
遠心分離　60, 175
エンタルピー変化　46
エントロピー変化　46
円二色性検出器　193

## お

オーバーハウザー効果　136
オンライン前濃縮　58

## か

解離速度定数　173
解離度　8
解離平衡　5
化学イオン化法　147
化学吸着　167
化学シフト　134
化学発光　92
化学発光イムノアッセイ法　94
化学分析　2
化学平衡　5
可逆　116
拡散係数　113
核磁気共鳴法　132
核スピン　133, 140
隔膜型電極　129
嵩高誘導化　190
過酸化ラジカル　145
ガスクロマトグラフィー　34
ガスクロマトグラフィー用検出器　36
活性化エネルギー　112
活量係数　5, 6
過電圧　112
カーボン NMR　136
ガラス膜電極　127
カラム　35
カロメル電極　124
還元　26
還元剤　26
還元電流　112
換算質量　69
干渉型赤外分光光度計　71
カンチレバー　158
官能基の同定　70
緩和時間　138

## き

基準振動　69

規定度　3
ギブスエネルギー　112, 173
逆相型カラム　51
逆相クロマトグラフィー　37, 179
キャピラリーゾーン電気泳動法　54
キャピラリー電気泳動装置　56
キャピラリー電気泳動法　53
キャピラリー等速電気泳動法　55
キャピラリー等電点電気泳動法　55
キャラクタリゼーション　2
キャリヤーガス　82
吸光度　74
吸収遷移　134
吸着法　65
共役酸　6
共鳴角　170
キレート滴定　19
キレート錯体　17
キレート抽出　61
均一液液抽出　61
銀-塩化銀電極　124
金属指示薬　19

## く

偶然誤差　3
空洞共振器　142
屈折率変化　167
グッド緩衝剤　13
クラウンエーテル　20
クラーク型酸素電極　120
グラジエント溶離　38
グラジエント溶離法　52
グラッシーカーボン　114
グルコースセンサー　121
クロスポーラリゼーション　138
クロノアンペロメトリー　118
クロノポテンシオメトリー　119
クロマトグラフ　32
クロマトグラフィー　30
クロマトグラム　31

## け

蛍光　98
　──の消光　99
蛍光X線法　77
蛍光強度　98

蛍光波長　101
蛍光分光光度計　99
蛍光分析　96
蛍光放射　97
系統誤差　4
結合速度定数　173
ゲル充填キャピラリー電気泳動法　55
ゲルパーミエイションクロマトグラフィー　178
限界電流　113
原子
　──のエネルギー準位　79
　──を見る　157
原子核　133
原子間力顕微鏡　158
原子吸光分析法　80
　──における干渉　81
原子スペクトル法　79
原子セル　80
原子発光分析法　81
原子分解能　160
検出下限濃度　58
検量線　93

## こ

光学異性体認識　190
光学活性体　190
　──の分離　190
孔食　196
構造解析　136
高配向性熱分解グラファイト　162
高分子のイオン化法　150
固相抽出　62
固相抽出法　60
固体NMR　138
固体膜電極　127
固定相　30
コロナ放電　149

## さ

サイクリックボルタンメトリー　116
サイズ排除クロマトグラフィー　37
錯形成平衡　16
サプレッサーカラム　48

サプレッサー式イオンクロマトグラフィー　47
作用極　113
酸　6
酸塩基指示薬　15
酸塩基平衡　5
酸化　26
酸解離定数　7
酸化還元滴定　26
酸化剤　26
酸化電流　112
三重項状態　97
参照電極　113
サンプリング　2
サンプルインジェクター　103

## し

紫外・可視分光光度計　74
紫外・可視分光法　73
紫外吸収検出　176
磁気回転比　133
磁気モーメント　133, 140
シグナル伝達　167
シクロデキストリン　191
示差走査熱量計　87
示差熱分析法　83
支持電解液　56
実効移動度　23
実効電荷　9
質量作用の法則　5
質量電荷比　151
質量濃度　3
質量パーセント　3
質量分析システム　150
質量分析法　147
シュウ酸エステル　91
　──の化学発光機構　92
シュウ酸エステル法　96
修飾電極　117
充填カラム　35
充填剤　33
順相クロマトグラフィー　37
昇温分析　34
条件安定度定数　18
ジョン・B・フェン　147
試料導入法　57
伸縮振動　69

索引

## す

水素電極　124
垂直分解能　161
水平分解能　161
ストークス線　72
ストリッピングボルタンメトリー　119
スピン　133
スピン-スピン結合　134

## せ

正確さ　4
制限酵素　188
生体高分子間相互作用　167
精度　4
石英キャピラリー　53
赤外線分光光度計　70
赤外線分光法　68
絶対移動度　23
ゼーマン準位　133
ゼーマン分裂　140
センサーグラム　172
選択律　70, 77
栓流　25

## そ

掃引速度　118
送液ポンプ　92
走査型電気化学顕微鏡　194
走査トンネル顕微鏡　157, 162
走査プローブ顕微鏡　157, 159
双性イオン　10
総電荷数　177
測定誤差　3
速度論　42
ソックスレー抽出器　62

## た

対イオン　61
大気圧イオン化法　149
対極　113
多塩基酸　9
多座配位子　17
多成分同時分析システム　108
田中耕一　147

単一分子の化学反応　165
単座配位子　16
深針　157
炭素電極　114
タンデム型四重極法　152
タンパク質　175
　——のアミノ酸配列　184
　——の構造　175
　——の分子量　182
タンパク質固定・染色　183
タンパク質分解酵素　187
タンパク質分析法　175
段理論　41

## ち

逐次解離定数　9
中空陰極ランプ　80
中空キャピラリーカラム　33, 35
抽出　60
抽出定数　61
抽出有機溶媒　61
中和滴定　13
超伝導磁石　132
超臨界抽出　63
超臨界流体　63
チロシン　176
沈殿　63
沈殿形成反応　20

## て

定常限界電流　194
定電流電解　112
デカップリング　136
滴下水銀電極　115
滴定曲線　14
テトラメチルシラン　134
電位窓　114
電解質溶液の電気伝導　21
電解質溶液のpH　10
電解セル　113
電荷均衡の法則　6
電気泳動　180
電気泳動移動度　22
電気化学的測定法　111
電気クロマトグラフィー　54
電気浸透流　25
　——のミスマッチ　59
電気的中性の法則　6

電極電位　112
電極反応　26
電極反応速度　111
電子イオン化法　147
電子状態密度　164
電子スピン　140
電子スピン共鳴法　140
電子スペクトル　73
デンシトグラム　40
電磁波　68
電子プローブX線マイクロアナライザー　78
伝導度　21
電離平衡　5
電流-電位曲線　115

## と

銅アンミン錯イオン　16
透過率　74
動作極　113
等電点　10, 180
等電点電気泳動　180
等方的ESRスペクトル　144
当量伝導度　22
　——の温度依存性　23
特性X線　75, 77
特性吸収　70
トポグラフィー　158
トリプトファン　176
トンネル効果　160
トンネル電流　157
　——の減衰距離　161

## な

ナノスプレー　149
ナノテクノロジー　165
難溶性塩　21

## に

2次イオン　148
2次元NMR法　137
2次元ゲル電気泳動　183
二流路・四流路フローシステム　106

## 索引

### ね

熱電子　147
熱天秤　84
ネルンストの式　122

### の

濃度表記　3
ノンサプレッサー式イオンクロマトグラフィー　49

### は

配位子　16
パウリの交換反発力　158
薄層クロマトグラフィー　38
波数　69
パスカルの三角形　135
波長分散型検出系　77
発光検出器　92
発光試薬　90
発光セル　93
発光分析法　90
パルスNMR法　134
パルスレーザー　150
反ストークス線　72
半値幅　46
反応ガス　147
半波電位　116

### ひ

pMジャンプ　19
非可逆　116
微小電極　194
ピーク電位　117
ピーク電流　117
ピーク幅　42
飛行時間型法　153
非水溶媒　8
比伝導率　21
ヒトゲノムDNA　189
P偏光　168
標準単極電位　122
標準電極電位　26
標準偏差　4
表面シラノール　25
表面のエネルギー分布　163

表面波　168
表面プラズモン共鳴　167

### ふ

ファーネス原子吸光法　81
不安定ラジカル　143
ファン・デル・ワールス力　158
フェノールフタレイン　14
フォトダイオードアレイ　75
腐食現象　194
物質不滅の法則　5
物理分析　2
不働態皮膜　195, 196
プライマー　188
フラグメント化　147
ブラジキニン　154
プラズマトーチ　82
フーリエ変換NMR　134
フレーム原子吸光法　80
ブレンステッド-ローリーの酸塩基　6
フローインジェクション分析　103
プロテオーム解析　156
プロトンNMR　135
プローブ　2
分光干渉　82
分散型赤外分光光度計　71
分子イオン化法　147
分子間力　167
分子振動　68
分析　2
分析試料前処理　64
分析法の要素　2
分離係数　46
分離度　46
分裂パターン　135

### へ

平均活量係数　123
平均線流速　43
平衡電位　112
pHメーター　125
pH緩衝溶液　12
pH勾配　180
pH指示薬　14
pH標準液　126
ペーパークロマトグラフィー　38
ペプチド質量セット　186

ペプチドマスフィンガープリント法　185
ベールの法則　74
変角振動　69

### ほ

放射遷移　134
保持比　41, 45
ポストカラム誘導体化検出法　53
ホスト-ゲストの関係　191
ホスホロスコープ　102
ポテンシオメトリー　121, 130
ポーラログラフィー　115
ポーラログラム　115
ポリアクリルアミドゲル　181
ポリペプチド鎖　175
ボルタモグラム　116
ボルタンメトリー　116

### ま

マイクロ波発振器　142
膜抽出　62
マジックアングル　138
マスキング効果　94
マトリックス　150
マトリックス支援レーザーイオン化法　150, 185

### み

水のイオン積　7
ミセル動電クロマトグラフィー　54

### む

無限希釈　5
無放射遷移　97

### め

メチルオレンジ　15
メチルラジカル　142
$N, N'$-メチレンビスアクリルアミド　181

## も

モル吸光率　74
モル伝導率　21

## ゆ

誘電率　170
誘導結合プラズマ-原子発光分析法　81
誘導結合プラズマ-質量分析法　83

## よ

陽イオン交換カラム　48
溶解度積　20
溶媒抽出　60
溶媒抽出/FIA法　107
溶媒の比誘電率　8
容量パーセント　3
容量モル濃度　3
四重極フィルター法　151

## ら

ラマン光　101
ラマン散乱　72
ラマン分光光度計　72
ラマン分光法　71
ランベルトの法則　74
ランベルト-ベールの法則　74, 80

## り

リガンド　171
リニアースイープボルタンメトリー　116
硫酸キニーネ　99
量子収率　92, 98
両性電解質　10
理論段高　43, 45
理論段数　42, 45
リン光　98
リン光分析法　101

## る

ルシゲニン　91

ルシゲニン法　94
ルテニウム錯体の発光機構　91
ルテニウム錯体法　95
ルミノール　90
ルミノール化学発光法　93

## れ

励起波長　101
冷却トラップ法　65
レーザーソース　150
レーリー散乱　72
連続X線　75

## ■ 欧　字

AAS　80
AFM　158
APCI　149

Bis　181
Braggの式　76
BSA　173

$^{13}$C　136
CD 会合体　191
C-HCOSY　137
CI　147
CIEF　55
CITP　55
CV　116
CZE　54

DNAの検出・分離法　188
DQFCOSY　136
DSC　87
DTA　83
DTA装置　84

EDTA　17
EI　147
EPMA　78
ESI　148, 185
ESR　140
ESR装置　142

FAB法　149
FIA　103
FIA装置　103
Fremy塩　144
FT-IR　71
FT-NMR　134

GFCE　55
GPC　178

Hookeの法則　69

ICP-AES　81
ICP-MS　83
ISFET　130

## 索引

Kohlrausch の式　22

LC-MS　148, 154
LSV　116

MALDI　150, 185
MALDI-TOF MS　185
MALDI-TOF 法　153
Maxwell-Boltzmann 分布則　79
MEKC　54
Moseley の式　77
MRI　139
MS/MS 法　152

NMR　132
NMR 影像法　139

NOE　136
$n-\pi^*$遷移　73

ODS カラム　50

$\pi-\pi^*$遷移　73
pC　11
PC　38
pI　10, 180
pM　19
p$K_a$　8
PTH アミノ酸　184

Q-TOF 法　154

$R_f$ 値　40

SDS ゲル電気泳動　181
SECM　194
SPM　159
SPR　167
SPR カーブ　169
SPR センサー　168
STM　162
　——の測定モード　165
Stokes の法則　97

TG　84
TG-DTA　86
TLC　38
TOF 法　153

XAFS　76

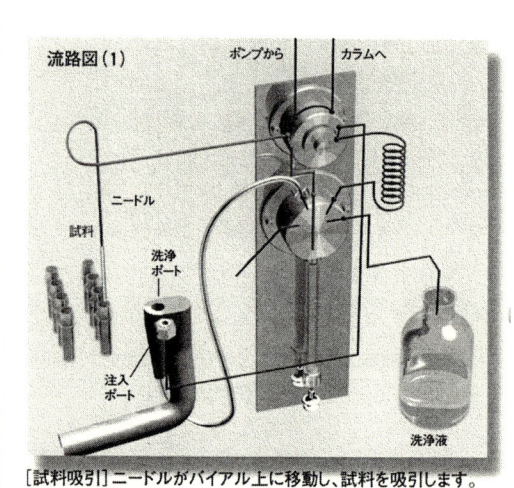

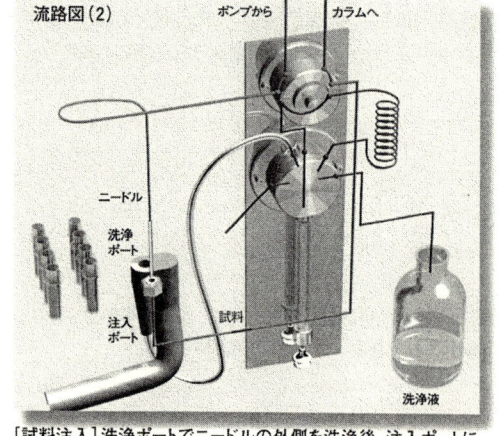

[試料吸引] ニードルがバイアル上に移動し、試料を吸引します。

[試料注入] 洗浄ポートでニードルの外側を洗浄後、注入ポートに移動して試料を注入します。

■オートサンプラー（日立ハイテクノロジーズ）

編著者略歴

津田孝雄 (つだ・たかお)

1940年 滋賀県に生まれる
1965年 名古屋大学大学院工学研究科
 修士課程修了
現 在 藤田保健衛生大学客員教授／
 名古屋工業大学インキュベー
 ション施設・工学博士

廣川 健 (ひろかわ・たけし)

1947年 広島県に生まれる
1975年 広島大学大学院理学研究科
 博士課程修了
現 在 広島大学大学院工学研究科
 教授・理学博士


機器分析化学   定価はカバーに表示

2004年12月10日 初版第1刷
2009年10月20日 第4刷

編著者 津 田 孝 雄
　　　 廣 川 　 健
発行者 朝 倉 邦 造
発行所 株式会社 朝 倉 書 店
東京都新宿区新小川町6-29
郵便番号　162-8707
電話　03(3260)0141
FAX　03(3260)0180
http://www.asakura.co.jp

〈検印省略〉

© 2004 (無断複写・転載を禁ず)　　　壮光舎印刷・渡辺製本

ISBN 978-4-254-14067-5　C 3043　　　Printed in Japan

日本分析化学会ガスクロ研究懇談会編

## キャピラリーガスクロマトグラフィー

14052-1 C3043　　A5判 176頁 本体3500円

ガスクロマトグラフィーの最新機器である「キャピラリーガスクロマトグラフィー」を用いた分離分析の手法と簡単な理論についてわかりやすく解説。〔内容〕序論／分離の理論／構成と操作／定性分析／定量分析／応用技術／各種の応用例

理科大 中井 泉・物質・材料研機構 泉富士夫編著

## 粉末X線解析の実際（第2版）

14082-8 C3043　　B5判 296頁 本体5800円

〔内容〕原理の理解／データの測定／データの読み方／データ解析の基礎知識／特殊な測定法と試料／結晶学の基礎／リートベルト法／RIETAN-FPの使い方／回折データの測定／MEMによる解析／粉末結晶構造解析／解析の実際／他

日本分析化学会編

## 分析化学実験の単位操作法

14063-7 C3043　　B5判 292頁 本体4800円

研究上や学生実習上，重要かつ基本的な実験操作について，〔概説〕〔機器・器具〕〔操作〕〔解説〕等の項目毎に平易・実用的に解説。〔主内容〕てんびん／測容器の取り扱い／濾過／沈殿／抽出／滴定法／容器の洗浄／試料採取・溶解／機器分析／他

舟橋重信編　内田哲男・金 継業・竹内豊英・
中村 基・山田眞吉・山田碩道・湯地昭夫他著

## 定　量　分　析
―基礎と応用―

14064-4 C3043　　A5判 184頁 本体2900円

分析化学の基礎的原理や理論を実験も入れながら平易に解説した。〔内容〕溶液内反応の基礎／酸塩基平衡と中和滴定／錯形成平衡とキレート滴定／沈殿生成平衡と重量分析・沈殿滴定／酸化還元反応と酸化還元滴定／溶媒抽出／分光分析／他

日本分析化学会編

## 基　本　分　析　化　学

14066-8 C3043　　B5判 216頁 本体3600円

理学・工学系，農学系，薬学系の学部学生を対象に，必要十分な内容を盛り込んだ標準的な教科書。〔内容〕分析化学の基礎／化学分析，分離と濃縮・電気泳動／機器分析，元素分析法・電気化学分析法・熱分析法・表面分析法／生物学的分析法／他

前東大 竹内敬人・加藤敏代・角屋和水著

## 初歩から学ぶ NMRの基礎と応用

14068-2 C3043　　B5判 168頁 本体3500円

NMRを親しみやすく，ていねいに解説。〔内容〕知っておきたいNMRの基本／プロトン化学シフト／$^{13}$C化学シフトは有機化学に不可欠／スピン結合は原子のつながりを教える／緩和も重要な情報源／2次元NMRを理解するために／他

理科大 中井 泉編

## 蛍光X線分析の実際

14072-9 C3043　　B5判 248頁 本体5700円

試料調製，標準物質，蛍光X線装置スペクトル，定量分析などの基礎項目から，土壌・プラスチック・食品中の有害元素分析，毒物混入飲料の分析，文化財などへの非破壊分析等の応用事例，さらに放射光利用分析，などについて平易に解説

前日赤看護大 山崎 昶編

## 化学データブックⅠ　無機・分析編

14626-4 C3343　　A5判 192頁 本体3500円

研究・教育，あるいは実験をする上で必要なデータを収録。元素，原子，単体に関わるデータについては，周期表順，数値の大→小の順に配列。〔内容〕元素の存在，原子半径，共有結合半径，電気陰性度，密度，融点，沸点，熱，解離定数，他

中込和哉・秋澤俊史編著　神崎 愷・川原正博・
定金 豊・小林茂樹・馬渡健一・金子希代子著
薬学テキストシリーズ

## 分　析　化　学　Ⅰ　―定量分析編―

36262-6 C3347　　B5判 152頁 本体3500円

モデルコアカリキュラムにも準拠し，定量分析を中心に学部学生のためにわかりやすく，ていねいに解説した教科書。〔内容〕1部　化学平衡：酸と塩基／各種の化学平衡／2部　化学物質の検出と定量：定性試験／定量の基礎／容量分析

中込和哉・秋澤俊史編著　神崎 愷・川原正博・
定金 豊・小林茂樹・馬渡健一・金子希代子著
薬学テキストシリーズ

## 分　析　化　学　Ⅱ　―機器分析編―

36263-3 C3347　　B5判 216頁 本体4800円

モデルコアカリキュラムにも準拠し，機器分析を中心にわかりやすく，ていねいに解説した教科書．〔内容〕各種元素の分析／分析の準備／分析技術／薬毒物の分析／分光分析法／核磁気共鳴スペクトル／質量分析／X線結晶解析

D.M.コンシディーヌ編
今井淑夫・中井 武・小川浩平・
小尾欣一・柿沼勝己・脇原将孝監訳

## 化　学　大　百　科

14045-3 C3543　　B5判 1072頁 本体58000円

化学およびその関連分野から基本的かつ重要な化学用語約1300を選び，アメリカ，イギリス，カナダなどの著名化学者により，化学物質の構造，物性，合成法や，歴史，用途など，解りやすく，詳細に解説した五十音配列の事典。Encyclopedia of Chemistry（第4版，Van Nostrand社）の翻訳。〔内容〕有機化学／無機化学／物理化学／分析化学／電気化学／触媒化学／材料化学／高分子化学／化学工学／医薬品化学／環境化学／鉱物学／バイオテクノロジー／他

上記価格（税別）は2009年9月現在